速通版

NICELOO® 优路教育
www.niceloo.com

2016

全国二级建造师执业资格考试**速通宝典**

建筑工程
管理与实务

（1纲2点3题速通宝典）

最新考纲·知识点+采分点·真题+模拟题+押题

优路教育全国二级建造师执业资格考试命题研究组◎编

U0251409

中国经济出版社
CHINA ECONOMIC PUBLISHING HOUSE

图书在版编目（CIP）数据

建筑工程管理与实务1纲2点3题速通宝典／优路教育全国二级建造师执业资格考试命题研究组编．—3版．

北京：中国经济出版社，2015.12

（2016全国二级建造师执业资格考试速通宝典）

ISBN 978-7-5136-4024-4

Ⅰ．建… Ⅱ.①优… Ⅲ.①建筑工程—施工管理—建筑师—资格考试—自学参考资料 Ⅳ.①TU71

中国版本图书馆 CIP 数据核字（2015）第263961号

责任编辑　葛　晶
责任审读　贺　静
责任印制　马小宾
封面设计　时代共美

出版发行　中国经济出版社
印　刷　者　北京艾普海德印刷有限公司
经　销　者　各地新华书店
开　　本　787mm×1092mm　1/16
印　　张　15.75
字　　数　393千字
版　　次　2015年12月第3版
印　　次　2015年12月第1次
定　　价　34.80元
广告经营许可证　京西工商广字第8179号

中国经济出版社 网址 www.economyph.com 社址 北京市西城区百万庄北街3号 邮编 100037

本版图书如存在印装质量问题，请与本社发行中心联系调换（联系电话:010-68330607）

丛书序

本着为考生服务的宗旨，同时针对二建考生们有一定现场经验，却严重缺乏应试经验的实际情况，优路教育精心策划了这套《2016 全国二级建造师执业资格考试速通宝典》。该丛书已在 2015 年出版的时候获得了广大考生的好评。丛书处处体现了十六字备考方针："围绕考纲，凝练知识，学会抓分，深度备考。"也正因为如此，该丛书在汗牛充栋的备考资料中独树一帜，极富含金量。在 2016 版新书出版前，丛书编委会根据最新考纲及教材的变化和命题趋势对书稿进行了精心修订。

修订后丛书具有以下特点：

一、名牌机构策划，专家团队主笔

该丛书为建造师培训领域卓越在线教育平台——环球优路教育在线精心策划，集机构名下左红军、王玲、戚振强、李建华等百位专家顾问和一线教师之多年教学经验总结，全心全意为考生服务，让尽可能多的考生顺利通过考试。

二、体例科学新颖，学习应试皆宜

该丛书以"1 纲 2 点 3 题"为体例："1 纲"为统一考纲，深度解构考纲含义；"2 点"为知识点和采分点，提炼知识点以夯实考生基础，强化采分点以增强考生应试得分能力；"3 题"为真题、模拟题及点睛押题，三题合一，展现命题规律和脉络。"1 纲 2 点 3 题"的体例，三位一体，以"纲"为要，以"知识点"为载体，以"采分"为目的，以"题"为展示，层层深入。同时，在深度把握题源的基础上，缩小应试时的记忆范围，让备考不再没有目的和方向，加快复习节奏，提高应试效率，"试"如破竹，完美"速"通。

三、定制复习规划，合理分解任务

该丛书的另一大亮点，即按照时间进度为考生朋友们制定了一份合理的复习规划，让考生知道什么时间应该做什么，如何复习，为在有效的时间里真正"速"通打下基础。

四、完美精品课程，随书超值附送

该丛书每个分册均有超值配套课程赠送服务，由环球优路教育在线提供专业服务和技术支持。平台提供的超值附送如下：

1.《建设工程法规及相关知识》配套课程为：基础班 8 讲高清网络课程（价值 320 元）

+2 套考前押题试卷；

2.《建设工程施工管理》配套课程为：基础班 8 讲高清网络课程（价值 320 元）+2 套考前押题试卷；

3.《建筑工程管理与实务》配套课程为：基础班 8 讲高清网络课程（价值 320 元）+2 套考前押题试卷；

4.《机电工程管理与实务》配套课程为：基础班 8 讲高清网络课程（价值 320 元）+2 套考前押题试卷；

5.《市政公用工程管理与实务》配套课程为：基础班 8 讲高清网络课程（价值 320 元）+2 套考前押题试卷。

赠送内容使用方法：2016 年 1 月 20 日后刮开封面上的账号和密码登录www.jiaoyu361.com（环球优路教育在线），按照"图书赠送课程学习流程"进行学习即可。环球优路教育在线技术支持及服务热线：400-015-1365。

本丛书撰写过程中参考了部分授课教师的讲义，由于篇幅所限，不一一列举，编委会在此一并表示诚挚的感谢！

本丛书编写时间有限，虽然几经斟酌和校对，但难免有不尽如人意之处，恳请广大考生对疏漏之处给予批评和指正。

环球优路在线

优路教育二级建造师考试命题研究组

2015 年 12 月

考前四阶段复习规划

第1~3周（全面掌握知识点）：认真按照大纲要求，做好教材基础知识学习，这是学习的关键。基础知识学习是否到位，直接决定后期冲刺、操练乃至点题试卷的效果。要配合该丛书中的知识点总结，全面学习，不能急于求成。想用三天时间突击成功是不可能的，因为即使考前押题试卷押中率很高，但教材生疏，考试时翻书也根本找不到地方。

第4~6周（采分点串联突破）：通过对教材和速通宝典中知识点的学习，一一理解并掌握重要的知识点，同时将知识点贯通整个复习过程，对采分点进行重点学习，对于那些考点比较散，而且在历年考试中不经常出现的知识，进行必要的秒杀，分清主次。此时建议利用思维导图式的学习方法，有助于快速掌握知识脉络和体系。

第7~9周（真题模拟训练）：在对知识点和采分点有了基本认知的前提下，需要通过做题增强答题手感，获得解题思路，并提高解题速度。在做题过程中，需要把握好度，并做好以下三点：宜精不宜多，宜真不宜假，宜正不宜偏。首先，做题不在于多，而在于精。现在题库和网络上的题很多，但真正有价值的并不多，如果做模拟题，建议直接找正规机构和正规出版社的题，切勿在网络海搜题进行试手。其次，做题先做真题。真题是最能反映考试重难点以及分值分布合理性的，所以在做模拟题之前先做近三年真题，把真题搞熟搞透，学习效果会事半功倍。最后，做题不宜过分追求难度和偏度。二级建造师考试中超纲题有时也会出现，但那只占极低的分值，还是应该将主要精力放在大纲规定的重难点上，对于那些千年不遇的"难偏怪"不用去钻，那样只会浪费学习时间，而且也起不到促进学习的效果。速通宝典中的3题（真题、模拟题、押题）正好能满足考生此阶段的复习需要。

第10~12周（考前知识突破）：此阶段要把握好时间，不能再普遍撒网，而应重点捕鱼，做好查漏补缺，对重要知识点进一步巩固。在最后这个阶段，二建三门课程的复习要串起来，特别是施工管理和实务这两科。最后这半个月，是冲刺的最佳时间，建议法规、管理、实务三科复习时间分配比例为2∶3∶5。这个阶段学习要注重质，学会抓住主要矛盾，法规和管理在之前的基础上加以适当的记忆，专业实务侧重于对案例分析知识点的理解和掌握，而且要学会放弃一些细枝末节的知识点。再次巩固高频采分点，果断放弃学习中瓶颈，只要放掉这些不必要的投入，把大部分时间放在能够拿分的地方，比如《建筑工程管理与实务》

中，如果网络计划还没有弄明白，那道 8~12 分的案例题就不要了，把时间放到质量、安全、合同涉及的案例分析知识点上，考试中也能取得不错的成绩，从而顺利过关。方法论是因人而异的，对于二级建造师考试的学习和备考，编委会建议以 2016 年考试大纲为根本，以教材为依据，以 1 纲 2 点 3 题速通宝典为复习方向，以真题为训练对象，坚持适时适度适用的原则，坚信 2016 年的考试，您一定能够轻松过关。

2016 年全国二级建造师执业资格考试 《建筑工程管理与实务》 考情分析

一、知己知彼，一战则胜

1. 认知考试

近年来，随着全国建筑施工企业的增加，对建造师的需求量也不断增加，从而使参加二级建造师考试的考生也在逐年增长。据不完全统计，2015 年全国二级建造师的考生人数近 200 万，也是人数较多的一个执业资格考试。从考试难度来讲，与人社部各类相关执业资格考试相比，全国二级建造师考试是比较容易的一个考试，考试是统一大纲、统一教材，近来年也基本上是统一试卷，但不统一的是由各个省份自主划定合格标准。以北京为例，近几年来北京的合格标准在全国范围来看是较高的，平均通过率大概在 20% 。

2. 了解科目

全国二级建造师考试有三个科目：《建设工程施工管理》《建设工程法规及相关知识》《建筑工程管理与实务》，从历年二级建造师考试的情况来看，最难的莫过于《建筑工程管理与实务》，其次是《建设工程法规及相关知识》和《建设工程施工管理》。《建筑工程管理与实务》满分是 120 分，20 个单选题，每题 1 分；10 个多选题，每题 2 分；4 个案例分析题（每年案例分析题基本上有四个问题），每题 20 分，共 80 分。实务教材主要围绕"三大平台"来进行编写，所以知识体系即技术平台、管理平台、法规平台。主要考查的是管理平台知识、一般技术平台和法规平台，以单选题和多选题为主，管理平台同时会结合相关技术内容，重点考查案例分析内容，《建筑工程管理与实务》每年会在进度、质量、安全、成本四个方面各出一道案例题，有时也会综合现场管理考查相关知识。

二、知纲知材，轻松应考

1. 以大纲为依据，以教材为准绳

全国二级建造师执业资格考试大纲是确定考试内容和难度的唯一依据。2016 年是大纲改版的第三年，从本次大纲调整和变化来看，基本上延续了上一版大纲的精髓，人社部指定的《建筑工程管理与实务》的考试教材也沿用了上一版教材的主体内容，对部分内容作了更新，基本考核点和重点并没有发生太大变化。

2. 以真题为蓝本，以习题为实战

在学习完教材和权威的辅导用书后，要检验学习效果，必须通过大量的真题来反复验证。通过对历年真题的重难点和分值分布情况的分析，掌握 2016 年《建筑工程管理与实务》教材和考试重点，加以高质量习题进行配合训练，做到知己知彼，一战则胜。

《建筑工程管理与实务》历年各章节分值分布情况

章	内容	单项选择题	多项选择题	案例分析题
2A310000	建筑工程技术	8～10分	8～10分	2～8分
2A320000	施工管理实务	4～6分	6～8分	65～72分
2A330000	建筑工程法规及相关知识	1～2分	2～4分	2～6分

3. 以理解为根本，以记忆为辅助

在《建筑工程管理与实务》考试中，大部分知识不能仅凭借简单记忆。因为教材内容涉及面比较广，而且知识点较多，所以在复习备考过程中，要加强对知识的理解，不能局限于记忆，特别要对进度案例、合同案例以及成本案例题里的计算加强理解，同时可通过部分记忆加强对于质量管理、安全管理和现场管理中的一些细节的理解。

三、答题技巧和方法探究

1. 单项选择题——四种方法，不留空题

单项选择题相对来说比较简单，每题1分，每题4个选项，其中只有1个是最符合题意的，其余3个是错误或干扰选项。它主要考查书本中的概念、原理、方法、规定等，如果考生掌握了这些知识就可以很快地选出最符合题意的答案，拿到这一分。如果没有掌握考查的知识点，就不能迅速、准确地选出答案。

单项选择题可采用"四法"来判断正误：

（1）排除法。排除肯定错误的选项，从而缩小范围，找到答案。

（2）逻辑推理法。即利用选项之间的逻辑关系、题支与选项之间的逻辑关系缩小选项范围。

（3）分析法。思考出题者的目的，和题干题支相结合分析出答案。

（4）猜测法。不会的题猜写一个选项，千万不要空题。

2. 多项选择题——不多选，认准必选，保二争三

多项选择题每题2分，每题5个选项，每题至少有2个、最多有4个选项最符合题意，至少有1个错误或干扰选项，错选，则题目不得分；少选，则所选的每个选项得0.5分。

多项选择题有一定的难度，做题时要把握好3个原则：

（1）心细，会做的题一定要看清楚是选"正确"的还是选"错误"的，是选"包含"还是选"不包含"，是选"属于"还是选"不属于"等，题干条件和题支的关键词一定要细心看。

（2）没有把握的答案坚决不选。

（3）每一题不留空，不会的题猜写一个选项，这样得到0.5分的概率比较大。

3. 案列分析题——熟练掌握实务标准题型，会学、会干、会答才是关键

在实务考试里，决定能否通过考试的关键因素是案例分析题部分，所以在平时学习和做题的过程中，要注意加强对教材重要知识点的理解，一些重要管理类知识要记牢，而且关键词要记忆清楚。案例分析题一共四道大题（80分），答题要切中要害。

目　录

建 筑 工 程 管 理 与 实 务

■ 第一部分

建筑工程施工技术

第一章　建筑工程技术要求

第一节　建筑构造要求

 大纲考点：民用建筑构造要求

 **民用建筑分类**

1. 住宅建筑按层数分类分为：一层至三层为低层住宅，四层至六层为多层住宅，七层至九层为中高层住宅，十层及十层以上为高层住宅。

2. 除住宅建筑之外的民用建筑高度不大于24m者为单层和多层建筑，大于24m者为高层建筑（不包括高度大于24m的单层公共建筑），大于100m的为超高层建筑。

3. 按建筑物主要结构所使用的材料分类可分为：木结构建筑、砖木结构建筑、砖混结构建筑、钢筋混凝土结构建筑、钢结构建筑。

采分点

建筑分类。

 **建筑的组成**

建筑物由结构体系、围护体系和设备体系组成。

采分点

1. 结构体系：墙、柱、梁、屋顶等和基础结构。
2. 围护体系：屋面、外墙、门、窗等。
3. 设备体系：排水系统、供电系统和供热通风系统。

知识点三　民用建筑的构造

1. 建筑构造的影响因素
（1）荷载因素的影响。
（2）环境因素的影响。

（3）技术因素的影响。

（4）建筑标准。

2. 建筑构造设计的原则

（1）坚固实用。

（2）技术先进。

（3）经济合理。

（4）美观大方。

3. 民用建筑主要构造要求

（1）实行建筑高度控制区内建筑高度，应按建筑物室外地面至建筑物和构筑物最高点的高度计算。

（2）非实行建筑高度控制区内建筑高度：平屋顶应按建筑物室外地面至其屋面面层或女儿墙顶点的高度计算；坡屋顶应按建筑物室外地面至屋檐和屋脊的平均高度计算。

（3）民用建筑不宜设置垃圾管道，如需设置时，宜靠外墙独立设置；烟道或通风道应伸出屋面，平屋面伸出高度不得小于 0.6m，且不得低于女儿墙的高度。

（4）开向公共走道的窗扇，其底面高度不应低于 2m；临空窗台低于 0.8m 时，应采取防护措施，防护高度由地面起计算，不应低于 0.8m；住宅窗台低于 0.9m 时，应采取防护措施。

（5）轮椅通行门净宽应符合以下标准：自动门不小于 1m；平开门、弹簧门、推拉门、折叠门不小于 0.8m。

（6）梯段改变方向时，平台扶手处的最小宽度不应小于梯段净宽，并不得小于 1.2m，当有搬运大型物件需要时，应适量加宽；每个梯段的踏步一般不应超过 18 级，亦不应少于 3 级。楼梯平台上部及下部过道处的净高不应小于 2m，梯段净高不宜小于 2.2m。

（7）凡阳台、外廊、室内回廊、内天井、上人屋面及室外楼梯等临空处应设置防护栏杆。临空高度在 24m 以下时，栏杆高度不应低于 1.05m，临空高度在 24m 及 24m 以上（包括中高层住宅）时，栏杆高度不应低于 1.1m。

（8）地下室、局部夹层、走道等有人员正常活动的最低处的净高不应小于 2m。

（9）严禁将幼儿、老年人生活用房设在地下室或半地下室；居住建筑中的居室不应布置在地下室内；当布置在半地下室时，必须对采光、通风、日照、防潮、排水及安全防护采取措施；建筑物内的歌舞、娱乐、放映、游艺场所不应设置在地下二层及以下；当设置在地下一层时，地下一层地面与室外出入口地坪的高差不应大于 10m。

（10）超高层民用建筑，应设置避难层（间）。有人员正常活动的架空层及避难层的净高不应低于 2m。

 采 分 点

1. 建筑高度计算

（1）实行建筑高度控制区内建筑高度，应按建筑物室外地面至建筑物和构筑物最高点的高度计算。

（2）非实行建筑高度控制区内建筑高度，下列突出物不计入建筑高度内：局部突出屋面的楼梯间、电梯机房、水箱间等辅助用房占屋顶面积不超过 1/4 者，突出屋面的通风道、烟囱、通信设施和空调冷却塔等。

2. 相关规定

（1）楼梯平台上部及下部过道处的净高不应小于 2m，梯段净高不宜小于 2.2m。

（2）严禁将幼儿、老年人生活用房设在地下室或半地下室；居住建筑中的居室不应布置在地下室内。

 大纲考点：建筑物理环境技术要求

知识点一　室内光环境

1. 自然采光

每套住宅至少应有一个居住空间能获得冬季日照。需要获得冬季日照的居住空间的窗洞开口宽度不应小于 0.60m。卧室、起居室（厅）、厨房应有天然采光。

2. 自然通风

每套住宅的自然通风开口面积不应小于地面面积的 5%；公共建筑外窗可开启面积不小于外窗总面积的 30%；屋顶透明部分的面积不大于屋顶总面积的 20%。

3. 人工照明

应急照明包括疏散照明、安全照明和备用照明，必须选用能瞬时启动的光源。工作场所内安全照明的照度不宜低于该场所一般照明照度的 5%；备用照明（不包括消防控制室、消防水泵房、配电室和自备发电机房等场所）的照度不宜低于一般照明照度的 10%。

图书馆存放或阅读珍贵资料的场所，不宜采用具有紫外光、紫光和蓝光等短波辐射的光源。

长时间连续工作的办公室、阅览室、计算机显示屏等工作区域，宜控制光幕反射和反射眩光；在顶棚上的灯具不宜设置在工作位置的正前方，宜设在工作区的两侧，并使灯具的长轴方向与水平视线相平行。

采分点

1. 光源的适用场所。
2. 热辐射光源适用于开关频繁、要求瞬时启动和连续调光的场所。
3. 混合光源适用于有高速运转物体的场所。

知识点二　室内声环境

1. 多孔吸声材料：麻棉毛毡、玻璃棉、岩棉、矿棉等，主要吸中高频声。
2. 薄膜吸声结构：皮革、人造革、塑料薄膜等材料，主要吸中频声。
3. 薄板吸声结构：各类板材固定在框架上，连同板后的封闭空气层，构成振动系统，主要吸低频声。

采分点

1. 住宅卧室、起居室（厅）内噪声级：昼间卧室内的等效连续 A 声级不应大于 45dB，夜间卧室内的等效连续 A 声级不应大于 37dB；起居室（厅）的等效连续 A 声级不应大于 45dB。
2. 分隔卧室、起居室（厅）的分户墙和分户楼板，空气声隔声评价量（$R_W + C_{tr}$）应大于 45dB；分隔住宅和非居住用途空间的楼板，空气声隔声评价量（$R_W + C_{tr}$）应大于 51dB。

 室内热工环境

1. 建筑物耗热量指标

体形系数是建筑物与室外大气接触的外表面积 F_0 与其所包围的体积 V_0 的比值（面积中不包括地面和不采暖楼梯间隔墙与户门的面积）。严寒、寒冷地区的公共建筑的体形系数应小于等于 0.4。建筑物的高度相同，其平面形式为圆形时体形系数最小，依次为正方形、长方形以及其他组合形式。体形系数越大，耗热量比值也越大。

2. 围护结构保温层的设置

（1）间歇使用空调的房间宜采用内保温；连续空调的房间宜采用外保温。旧房改造使用外保温的效果最好。

（2）围护结构保温措施：控制窗墙面积比，公共建筑每个朝向的窗（包括透明幕墙）墙面积比不大于 0.7；提高窗框的保温性能，采用塑料构件或断桥处理；采用双层中空玻璃或双层玻璃窗；结构转角或交角，外墙中钢筋混凝土柱、圈梁、楼板等处是热桥；热桥部分的温度值如果低于室内的露点温度，会造成表面结露；应在热桥部位采取保温措施。

（3）防止夏季结露的方法：将地板架空、通风，用导热系数小的材料装饰室内墙面和地面。隔热方法：外表面采用浅色处理，增设墙面遮阳以及绿化，设置通风间层，内设铝箔隔热层。

建筑物的高度相同，其平面形式为圆形时体形系数最小，依次为正方形、长方形以及其他组合形式。体形系数越大，耗热量比值也越大。

大纲考点：建筑抗震构造需求

 结构抗震相关知识

我国规范抗震设防的目标简单地说就是"小震不坏、中震可修、大震不倒"。建筑物的抗震设计根据其使用功能的重要性分为甲、乙、丙、丁类四个抗震设防类别。

采 分 点

抗震设防三水准：小震不坏、中震可修、大震不倒。

知识点（二） 框架结构的抗震构造措施

1. 梁的抗震构造要求

（1）梁端纵向受拉钢筋的配筋率不宜大于 2.5%。

（2）梁端加密区的箍筋肢距，一级不宜大于 200mm 和 20 倍箍筋直径的较大值，二级、三级不宜大于 250mm 和 20 倍箍筋直径的较大值，四级不宜大于 300mm。

2. 柱的抗震构造要求

（1）剪跨比宜大于 2。

（2）截面长边与短边的边长比不宜大于 3。

（3）柱总配筋率不应大于 5%；剪跨比不大于 2 的一级框架的柱，每侧纵向钢筋配筋率

不宜大于 1.2%。

框架结构震害的严重部位多发生在框架柱节点和填充墙处，一般是柱的震害重于梁，柱顶的震害重于柱底，角柱的震害重于内柱，短柱的震害重于一般柱。

知识点三 多层砌体房屋的抗震构造措施

1. 多层砖砌体房屋的构造柱构造要求

（1）多层砖房设置构造柱最小截面是 240mm × 180mm（墙厚 190mm 时为 180mm × 190mm）。

（2）构造柱与墙连接处应砌成马牙槎，且应沿墙高每隔 500mm 设 2Φ6 水平钢筋和 Φ4 分布短筋平面内点焊组成的拉结网片或 Φ4 点焊钢筋网片，每边伸入墙内不宜小于 1m。

（3）构造柱可不单独设置基础，但构造柱应伸入室外地面下 500mm，或与埋深小于 500mm 的基础圈梁相连。

（4）7 ~ 9 度时其他各层楼梯间墙体应在休息平台或楼层半高处设置 60mm 厚的钢筋混凝土带，纵向钢筋不宜少于 2Φ10。

（5）当外纵墙开间大于 3.9m 时，应另设加强措施。内纵墙的构造柱间距不宜大于 4.2m。

2. 多层小砌块房屋的芯柱构造要求

（1）小砌块房屋芯柱截面不宜小于 120mm × 120mm。

（2）芯柱混凝土强度等级不应低于 Cb20。

（3）芯柱的竖向插筋应贯通墙身，且与圈梁连接。

（4）芯柱应伸入室外地面下 500mm 或与埋深小于 500mm 的基础圈梁相连。

（5）为提高墙体抗震受剪承载力而设置的芯柱，宜在墙体内均匀布置，最大净距不宜大于 2.0m。

1. 多层砖砌体房屋的构造柱构造要求

（1）多层砖房设置构造柱最小截面是 240mm × 180mm（墙厚 190mm 时为 180mm × 190mm）。

（2）构造柱可不单独设置基础，但构造柱应伸入室外地面下 500mm，或与埋深小于 500mm 的基础圈梁相连。

2. 多层小砌块房屋的芯柱构造要求

（1）小砌块房屋芯柱截面不宜小于 120mm × 120mm。

（2）芯柱混凝土强度等级不应低于 Cb20。

（3）芯柱应伸入室外地面下 500mm 或与埋深小于 500mm 的基础圈梁相连。

真题回顾

单项选择题

1. 建筑物高度相同、面积相等时，耗热量比值最小的平面形式是（   ）。
A. 正方形 　　　　 B. 长方形 　　　 C. 圆形 　　　　 D. L 型

【答案】C

【解析】在平面内，面积相等的封闭图形以圆的周长最小。因此，将平面几何与立体几何进行类比，建筑物高度相同、面积相等时，耗热量比值最小的平面形式是圆形。

2. 某住宅建筑，地上层数为八层，建筑高度为24.3m，该住宅属（　　　）。

A. 低层住宅　　　　B. 多层住宅　　　　C. 中高层住宅　　　　D. 高层住宅

【答案】C

【解析】住宅建筑按层数分类：一层至三层为低层住宅，四层至六层为多层住宅，七层至九层为中高层住宅，十层及十层以上为高层住宅；除住宅建筑之外的民用建筑高度不大于24m者为单层和多层建筑，大于24m者为高层建筑（不包括高度大于24m的单层公共建筑），大于100m的民用建筑为超高层建筑。

3. 某实行建筑高度控制区内房屋，室外地面标高为 −0.300m，屋面面层标高为18.000m，女儿墙顶点标高为19.100m，突出屋面的水箱间顶面为该建筑的最高点，其标高为21.300m，该房屋的建筑高度是（　　　）m。

A. 18.300　　　　B. 19.100　　　　C. 19.400　　　　D. 21.600

【答案】D

【解析】实行建筑高度控制区内建筑高度，应按建筑物室外地面至建筑物和构筑物最高点的高度计算。则该房屋的建筑高度 = 21.300 − (−0.300) = 21.600m。

4. 下列用房通常可以设置在地下室的是（　　　）。

A. 游艺厅　　　　B. 医院病房　　　　C. 幼儿园　　　　D. 老年人生活用房

【答案】A

【解析】严禁将幼儿、老年人生活用房设在地下室或半地下室；建筑内的歌舞、娱乐、放映、游艺场所不应设置在地下二层及以下。

 知识拓展

单项选择题

1. 某住宅楼，地上层数为十层，建筑高度为23.300m，该住宅属（　　　）。

A. 低层住宅　　　　B. 多层住宅　　　　C. 中高层住宅　　　　D. 高层住宅

2. 民用建筑不宜设置垃圾管道，通风道应伸出屋面，平屋面伸出高度不得小于（　　　）m。

A. 0.5　　　　B. 0.6　　　　C. 0.8　　　　D. 0.9

3. 多层砖砌体房屋的构造柱最小截面可采用（　　　）。

A. 190mm×190mm　　　　B. 190mm×240mm

C. 180mm×240mm　　　　D. 240mm×240mm

4. 梯段改变方向时，平台扶手处的最小宽度（　　　）。

A. 不应小于梯段的净宽　　　　B. 等于梯段的净宽

C. 不应大于梯段的净宽　　　　D. 是梯段净宽的两倍

5. 关于建筑物体形系数和耗热量比值的关系，下列说法正确的是（　　　）。

A. 体形系数越大，耗热量比值越大

B. 体形系数越大，耗热量比值越小

C. 体形系数越小，耗热量比值越大

D. 耗热量比值与体形系数无关

6. 开向公共走道的窗扇，其底面高度不应低于（　　　）m。

A. 0. 8　　　　　　　　B. 0. 9　　　　　　　　C. 1. 0　　　　　　　　D. 2. 0

7. 开关频繁、要求瞬时启动和连续调光的场所，宜采用（　　　）。

A. 气体放电光源　　　　　　　　　　B. 热辐射光源

C. 混合光源　　　　　　　　　　　　D. 短波辐射光源

8. 建筑物的组成不包括（　　　）。

A. 结构体系　　　　　B. 围护体系　　　　　C. 设备体系　　　　　D. 钢结构体系

9. 昼间卧室内的噪声等级连续 A 声级不应大于（　　　）dB。

A. 37　　　　　　　　B. 35　　　　　　　　C. 40　　　　　　　　D. 45

参考答案

单项选择题

1. D　2. B　3. C　4. A　5. A　6. D　7. B　8. D　9. D

第二节　　建筑结构技术要求

大纲考点：房屋结构平衡技术要求

 知识点一 荷载的分类

1. 按随时间的变异分类：永久作用；可变作用；偶然作用。

2. 按结构的反应分类：静态作用或静力作用；动态作用或动力作用。

3. 按荷载作用面大小分类：均布面荷载；线荷载；集中荷载。

4. 按荷载作用方向分类：垂直荷载；水平荷载。

采分点

荷载种类	举例
永久作用（永久荷载或恒载）	结构自重、土压力、预加应力、混凝土收缩、基础沉降、焊接变形等
可变作用（可变荷载或活荷载）	安装荷载、屋面与楼面活荷载、雪荷载、风荷载、吊车荷载、积灰荷载等
偶然作用（偶然荷载、特殊荷载）	爆炸力、撞击力、雪崩、严重腐蚀、地震、台风等
静荷载	结构自重、住宅与办公楼的楼面活荷载、雪荷载等
动荷载	地震作用、吊车设备振动、高空坠物冲击作用等
均布面荷载	铺设的木地板、地砖、花岗石、大理石面层等
集中荷载	洗衣机、冰箱、空调机、吊灯等

知识点 二 平面力系的平衡条件及其应用

1. 平面力系的平衡条件

（1）二力的平衡条件：两个力大小相等，方向相反，作用线相重合，这就是二力的平衡条件。

（2）平面汇交力系的平衡条件：一个物体上的作用力系，作用线都在同一平面内，且汇交于一点，这种力系称为平面汇交力系。平面汇交力系的平衡条件是 $\sum X = 0$ 和 $\sum Y = 0$。

（3）一般平面力系的平衡条件还要加上力矩的平衡，即作用在物体上的力对某点取矩时，顺时针力矩之和等于逆时针力矩之和，所以平面力系的平衡条件是 $\sum X = 0$，$\sum Y = 0$ 和 $\sum M = 0$。

2. 利用平衡条件求未知力

一个物体重量为 W，通过两条绳索 AC 和 BC 吊着，计算 AC、BC 拉力的步骤为：

首先取隔离体，作出隔离体受力图。然后再列平衡方程，$\sum X = 0$ 和 $\sum Y = 0$，求未知力 T_1、T_2，如图 1-1、图 1-2 所示。

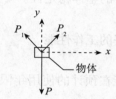

图1-1　平面汇交力系平衡条件

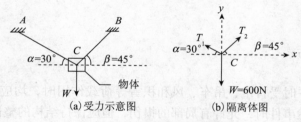

（a）受力示意图　　　　（b）隔离体图

图1-2　利用平衡条件求未知力

3. 杆件的受力与稳定

（1）杆件的受力形式

结构杆件的基本受力形式按其变形特点可归纳为以下五种：拉伸、压缩、弯曲、剪切和扭转。

（2）材料强度的基本概念

结构杆件所用材料在规定的荷载作用下，材料发生破坏时的应力称为强度。根据外力作用方式不同，材料有抗拉强度、抗压强度、抗剪强度等。

（3）杆件稳定的基本概念

在工程结构中，受压杆件如果比较细长，受力达到一定的数值（这时一般未达到强度破坏）时，杆件突然发生弯曲，以致引起整个结构的破坏，这种现象称为失稳。临界力越大，压杆的稳定性就越好。

 大纲考点：房屋结构的安全性、适用性及耐久性要求

知识点一　结构的功能要求与极限状态

1. **安全性**

在正常使用的条件下，结构应能承受可能出现的各种荷载作用和变形而不发生破坏；在偶然事件发生后，结构仍能保持必要的整体稳定性。

2. **适用性**

在正常使用时，结构应具有良好的工作性能。

3. **耐久性**

在正常维护的条件下，结构应能在预计的使用年限内满足各项功能要求，即应具有足够的耐久性。

安全性、适用性和耐久性统称为结构的可靠性。

结构的可靠性包括：

1. **安全性**

例如，厂房结构平时受自重、吊车、风和积雪等荷载作用时，均应坚固不坏，而在遇到强烈地震、爆炸等偶然事件时，允许有局部的损伤，但应保持结构的整体稳定而不发生倒塌。

2. **适用性**

例如，吊车梁变形过大会使吊车无法正常运行，水池出现裂缝便不能蓄水等，都影响正常使用，需要对变形、裂缝等进行必要的控制。

3. **耐久性**

例如，不致因混凝土的老化、腐蚀或钢筋的锈蚀等而影响结构的使用寿命。

知识点二　结构的安全性要求

1. **建筑安全等级**

建筑物中各类结构构件的安全等级不得低于三级。

表 1 - 1　建筑结构的安全等级

安全等级	破坏后果	建筑物类别
一级	很严重	重要的房屋
二级	严重	一般的房屋
三级	不严重	次要的房屋

2. 建筑装饰装修荷载变动对建筑结构安全性的影响

（1）在楼面上加铺任何材料属于对楼板增加了面荷载。

（2）在室内增加隔墙、封闭阳台属于增加了线荷载。

（3）在室内增加装饰性的柱子，特别是石柱，悬挂较大的吊灯，房间局部增加假山盆景，这些装修做法都是对结构增加了集中荷载。

建筑物中各类结构构件的安全等级不得低于三级。

知识点 三　结构的适用性要求

1. 杆件刚度与梁的位移计算

（1）公式：简支梁最大位移为 $f = 5ql^4/384EI$。

（2）影响位移的因素：荷载大小、材料性能、构件的截面、构件的跨度。

2. 混凝土结构的裂缝控制分为三个等级

（1）构件不出现拉应力。

（2）构件虽有拉应力，但不超过混凝土的抗拉强度。

（3）允许出现裂缝，但裂缝宽度不超过允许值。

位移的计算：

1. 公式 $f = 5ql^4/384EI$。

2. 影响因素：

（1）荷载。

（2）材料性能：与材料的弹性模量 E 成反比。

（3）构件的截面：与截面的惯性矩 I 成反比，如矩形截面梁，其截面惯性矩为 $I = b \times h^3/12$。

（4）构件的跨度：与跨度的 4 次方成正比，此因素影响最大。

知识点 四　结构的耐久性要求

1. 结构设计使用年限

结构设计使用年限可分为 1、2、3、4 级，设计使用年限分别为 5 年、25 年、50 年、100 年。

2. 混凝土结构的环境类别

表1-2　混凝土结构的环境类别

环境类别	名称	腐蚀机理
Ⅰ	一般环境	保护层混凝土碳化引起钢筋腐蚀
Ⅱ	冻融环境	反复冻融导致混凝土损伤
Ⅲ	海洋氯化物环境	氯盐引起钢筋锈蚀
Ⅳ	除冰盐等其他氯化物环境	氯盐引起钢筋锈蚀
Ⅴ	化学腐蚀环境	硫酸盐等化学物质对混凝土的腐蚀

3. 混凝土结构耐久性的要求

（1）结构构件混凝土最低强度等级应同时满足耐久性和承载能力的要求。

（2）保护层厚度：其纵向受力钢筋的混凝土保护层厚度不应小于钢筋的公称直径。

表1-3　纵向受力钢筋的混凝土保护层最小厚度　　　　　　单位：mm

环境类别		板、墙、壳			梁			柱		
		≤C20	C25～C45	≥C50	≤C20	C25～C45	≥C50	≤C20	C25～C45	≥C50
一		20	15	15	30	25	25	30	30	30
二	a	—	20	20	—	30	30	—	30	30
	b	—	25	20	—	35	30	—	35	30
三		—	30	25	—	40	35	—	40	35

注：基础中纵向受力钢筋的混凝土保护层厚度不应小于40mm；当无垫层时，不应小于70mm。

 采 分 点

1. 结构设计使用年限

（1）临时性结构：5年。

（2）易于替换的结构构件：25年。

（3）普通房屋和构筑物：50年。

（4）纪念性建筑和特别重要的建筑结构：100年。

2. 混凝土结构的环境类别

可分为五类，一般为Ⅰ类。

3. 混凝土结构耐久性的要求

（1）预应力混凝土构件的混凝土最低强度等级不应低于C40。

（2）保护层厚度只需要关注一下15mm、25mm、30mm三个最小厚度即可。基础中纵向受力钢筋的混凝土保护层厚度不应小于40mm；当无垫层时，不应小于70mm。

知识点 五　既有建筑的可靠性评定

既有结构需要进行可靠性评定的情况：结构的使用时间超过规定的年限；结构的用途或使用要求发生改变；结构的使用环境出现恶化；结构存在较严重的质量缺陷；出现影响结构安全性、适用性或耐久性的材料性能劣化、构件损伤或其他不利状态；对既有结构的可靠性

有怀疑或有异议。

既有建筑进行可靠性评定的情况。

 大纲考点：钢筋混凝土梁、板、柱的特点和配筋要求

知识点一 钢筋混凝土梁的受力特点及配筋要求

1. 钢筋混凝土梁的受力特点

梁和板为典型的受弯构件。

（1）梁的正截面破坏

梁的正截面破坏形式与配筋率、混凝土强度等级、截面形式等有关，影响最大的是配筋率。适筋破坏为塑性破坏，适筋梁钢筋和混凝土均能充分利用，既安全又经济，是受弯构件正截面承载力极限状态验算的依据。超筋破坏和少筋破坏均为脆性破坏，既不安全又不经济。为避免工程出现超筋梁或少筋梁现象，规范对梁的最大和最小配筋率均作出了明确的规定。

（2）梁的斜截面破坏

在一般情况下，受弯构件既受弯矩又受剪力，剪力和弯矩共同作用引起的主拉应力将使梁产生斜裂缝。影响斜截面破坏形式的因素很多，如截面尺寸、混凝土强度等级、荷载形式、箍筋和弯起钢筋的含量等，其中影响较大的是配箍率。

2. 钢筋混凝土梁的配筋要求

梁中一般配制下面几种钢筋：纵向受力钢筋、箍筋、弯起钢筋、架立钢筋、纵向构造钢筋。

（1）纵向受力钢筋

①伸入梁支座范围内的钢筋不应少于两根。

②在梁的配筋密集区域宜采用并筋的配筋形式。在室内干燥环境，设计使用年限50年的条件下，当混凝土强度等级小于或等于C25时，钢筋保护层厚度不小于25mm；当混凝土强度等级大于C25时，钢筋保护层厚度不小于20mm，且不小于受力钢筋直径d。

（2）箍筋

箍筋的直径根据梁高确定，当梁高不大于800mm时，直径不小于6mm；当梁高大于800mm时，直径不小于8mm；梁中配有计算需要的纵向受压钢筋时，箍筋直径应不小于$d/4$（d为纵向受压钢筋的最大直径）。箍筋的最大间距不得超过规范的有关规定。

1. 钢筋混凝土梁的受力特点是梁和板为典型的受弯构件

梁的破坏形式	影响因素
正截面破坏	与配筋率、混凝土强度等级、截面形式等有关，影响最大的是配筋率
斜截面破坏	与截面尺寸、混凝土强度等级、荷载形式、箍筋和弯起钢筋的含量等有关，其中影响较大的是配箍率
适筋破坏为塑性破坏，超筋破坏和少筋破坏均为脆性破坏	

2. 钢筋混凝土梁的配筋要求

（1）纵向受力钢筋数量一般不得少于两根（当梁宽小于100mm时，可为一根）。

（2）箍筋主要是承担剪力的。

知识点 二　钢筋混凝土板的受力特点及配筋要求

1. 钢筋混凝土板的受力特点

（1）单向板与双向板的受力特点

两对边支承的板是单向板，一个方向受弯；而双向板为四边支承，双向受弯。若板两边均布支承，当长边与短边之比小于或等于2时，应按双向板计算；当长边与短边之比大于2且小于3时，宜按双向板计算；当按沿短边方向受力的单向板计算时，应沿长边方向布置足够数量的构造筋；当长边与短边长度之比大于或等于3时，可按沿短边方向受力的单向板计算。

（2）连续板的受力特点

连续梁、板的受力特点是跨中有正弯矩，支座有负弯矩。

2. 钢筋混凝土板的配筋要求

（1）现浇钢筋混凝土板的最小厚度：单向受力屋面板和民用建筑楼板60mm，单向受力工业建筑楼板70mm，双向板80mm，无梁楼板150mm，现浇空心楼盖200mm。

（2）板中受力钢筋的间距，当板厚不大于150mm时不宜大于200mm；当板厚大于150mm时不宜大于板厚的1.5倍，且不宜大于250mm。

3. 板的钢筋混凝土保护层

在室内干燥环境，设计使用年限50年的条件下，当混凝土强度等级小于或等于C25时，钢筋保护层厚度为20mm；当混凝土强度等级大于C25时，钢筋保护层厚度为15mm，且不小于受力钢筋直径d。

采 分 点

1. 单向板长边与短边长度之比大于或等于3；双向板的长边与短边之比小于3。

2. 连续梁、板的受力特点是跨中有正弯矩，支座有负弯矩。

3. 单跨板跨中产生正弯矩，受力钢筋应布置在板的下部；悬臂板在支座处产生负弯矩，受力钢筋应布置在板的上部。

4. 当混凝土强度等级小于或等于C25时，钢筋保护层厚度为20mm；当混凝土强度等级大于C25时，钢筋保护层厚度为15mm，且不小于受力钢筋直径d。

知识点 三　钢筋混凝土柱的受力特点及配筋要求

1. 柱中纵向钢筋的配置要求

（1）纵向受力钢筋直径不宜小于12mm；全部纵向钢筋的配筋率不宜大于5%。

（2）柱中纵向钢筋的净间距不应小于50mm，且不宜大于300mm。

（3）圆柱中纵向钢筋不宜超过8根，不应少于6根，且宜沿周边均匀布置。

2. 柱中的箍筋配置要求

（1）箍筋直径不应小于$d/4$，且不应小于6mm，d为纵向钢筋的最大直径。

（2）箍筋间距不应大于400mm及构件截面的短边尺寸，且不应大于15d，d为纵向钢筋的最小直径。

（3）当柱截面短边尺寸大于400mm且各边纵向钢筋多于3根时，或当柱截面短边尺寸不大于400mm但各边纵向钢筋多于4根时，应设置复合箍筋。

箍筋直径不应小于 $d/4$（ d 为纵向钢筋的最大直径），且不应小于6mm。

大纲考点：砌体结构的特点及技术要求

知识点一 砌体结构的特点

砌体结构是由块材和砂浆砌筑而成的墙、柱作为建筑物主要受力构件的结构，是砖砌体、砌块砌体和石砌体结构的统称。

砌体结构的特点：

1. 容易就地取材。
2. 具有较好的耐久性、良好的耐火性。
3. 保温隔热性能好，节能效果好。
4. 施工方便，工艺简单。
5. 具有承重与围护双重功能。
6. 自重大，抗拉、抗剪、抗弯能力低。
7. 抗震性能差。
8. 砌筑工程量繁重，生产效率低。

知识点二 砌体结构的主要技术要求

砌体结构的构造是确保房屋结构整体性和结构安全的可靠措施。

1. 预制钢筋混凝土板在混凝土圈梁上的支承长度不应小于80mm，板端伸出的钢筋应与圈梁可靠连接，且同时浇筑；预制钢筋混凝土板在墙上的支承长度不应小于100mm，并应按下列方法进行连接：

（1）板支承于内墙时，板端钢筋伸出长度不应小于70mm，且与支座处沿墙配置的纵筋绑扎，并用强度等级不应低于C25的混凝土浇筑成板带。

（2）板支承于外墙时，板端钢筋伸出长度不应小于100mm，且与支座处沿墙配置的纵筋绑扎，并用强度等级不应低于C25的混凝土浇筑成板带。

2. 在砌体中埋设管道时，不应在截面长边小于500mm的承重墙体、独立柱内埋设管线。

1. 预制钢筋混凝土板在混凝土圈梁上的支承长度不应小于80mm，板端伸出的钢筋应与圈梁可靠连接，且同时浇筑。
2. 在砌体中埋设管道时，不应在截面长边小于500mm的承重墙体、独立柱内埋设管线。

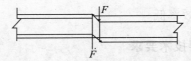（此处为装饰性图标及"真题回顾"字样）

真题回顾

一、单项选择题

1. 悬挑空调板的受力钢筋应布置在板的（　　）。

A. 上部 　　　　　　 B. 中部 　　　　　　 C. 底部 　　　　　　 D. 端部

【答案】A

【解析】钢筋混凝土板是建筑房屋中典型的受弯构件，其中，钢筋主要分布在构件的主要受拉位置。对于梁、板，其钢筋分布在构件的下部；而悬挑梁、板，由于其上部承受弯矩，所以，钢筋应布置在构件的上部。

2. 一般情况下，钢筋混凝土梁是典型的受（　　）构件。

A. 拉 　　　　　　 B. 压 　　　　　　 C. 弯 　　　　　　 D. 扭

【答案】C

【解析】梁和板为典型的受弯构件。

3. 下列各选项中，对梁的斜截面破坏形式影响最大的是（　　）。

A. 混凝土强度等级 　　　　　　　　 B. 截面形式

C. 配箍率 　　　　　　　　　　　　 D. 配筋率

【答案】C

【解析】影响斜截面破坏形式的因素很多，如截面尺寸、混凝土强度等级、荷载形式、箍筋和弯起钢筋的含量等，其中影响较大的是配箍率。

4. 某杆件受力形式示意图如下，该杆件的基本受力形式是（　　）。

A. 压缩 　　　　　　 B. 弯曲 　　　　　　 C. 剪切 　　　　　　 D. 扭转

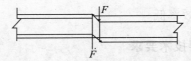

【答案】C

【解析】结构杆件的基本受力形式按其变形特点可归纳为以下五种：拉伸、压缩、弯曲、剪切和扭转。题中所示为剪切变形。

5. 根据《建筑结构可靠度设计统一标准》（GB 50086），普通房屋的设计使用年限通常为（　　）年。

A. 40 　　　　　　 B. 50 　　　　　　 C. 60 　　　　　　 D. 70

【答案】B

【解析】临时性结构为5年，易于替换的结构构件为25年，普通房屋和构筑物为50年，纪念性建筑和特别重要的建筑结构为100年。

二、多项选择题

1. 对混凝土构件耐久性影响较大的因素有（　　）。

A. 结构形式 　　　　　　　　　　 B. 环境类别

C. 混凝土强度等级 　　　　　　　 D. 混凝土保护层厚度

E. 钢筋数量

【答案】CD

【解析】对混凝土构件耐久性影响较大的因素有混凝土强度等级、混凝土保护层厚度。结构构件的混凝土强度等级应同时满足耐久性和承载能力的要求。混凝土保护层厚度是一个重要的参数，它关系到构件的承载力、适用性以及耐久性的影响。所以该题正确选项为 C、D。

2. 房屋结构的可靠性包括（　　　）。

A. 经济性   B. 安全性

C. 适用性   D. 耐久性

E. 美观性

【答案】BCD

【解析】安全性、适用性和耐久性统称为结构的可靠性。

 知识拓展

一、单项选择题

1. 某房屋装修施工中，在原有地面上铺设木地板、地砖，按荷载作用面分类，该地面上分布的荷载是（　　　）。

A. 线荷载   B. 均布面荷载   C. 集中荷载   D. 分散荷载

2. 预应力混凝土构件的混凝土最低强度等级不应低于（　　　）。

A. C25   B. C30   C. C35   D. C40

3. 材料强度的基本概念，不包括哪一项？（　　　）

A. 抗拉强度   B. 抗弯强度   C. 抗剪强度   D. 抗压强度

4. 根据钢筋混凝土板的受力特点，当长边与短边之比小于或等于 2 时，宜按（　　　）来计算。

A. 双向板

B. 单向板

C. 沿短边方向受力单向板

D. 沿长边方向受力双向板

5. 如右图所示悬臂梁固定端弯矩为（　　　）。

A. $1/2qa^2$ B. qa^2

C. $\frac{3}{2}qa^2$ D. $2qa^2$

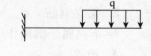

6. 当梁宽 $b \leq 120mm$ 时，采用（　　　）。

A. 单肢箍

B. 双肢箍

C. 四肢箍

D. 不设置

7. 基础中纵向受力钢筋的混凝土保护层厚度不应小于（　　　）mm；当无垫层时，不应小于（　　　）mm。

A. 40，60   B. 40，70   C. 30，60   D. 30，70

8. 在室内干燥环境，设计使用年限 50 年的条件下，当板混凝土强度等级小于或等于 C25 时，钢筋保护层厚度为（　　　）mm。

A. 20   B. 25   C. 30   D. 35

9. 影响梁斜截面破坏的因素很多，其中最主要的因素是（　　　）。

A. 配箍率   B. 配筋率   C. 混凝土强度等级   D. 截面形式

10. 一受均布荷载作用的简支梁，已知矩形截面梁的高度 h 是宽度 b 的两倍，其他条件都不变，现将其旋转 90 度（宽变成高，高变成宽）时，最大变形是原来的（　　）倍。

A. 4 　　　　　　　　B. 2 　　　　　　　　C. 1/4 　　　　　　　　D. 1/2

11. 当受均布荷载作用的简支梁的跨度增大 1 倍时，其最大变形 f（　　）。

A. 将增大到原来的 4 倍 　　　　　　　　B. 将增大到原来的 8 倍

C. 将增大到原来的 12 倍 　　　　　　　　D. 将增大到原来的 16 倍

12. 砌体结构的特点不包括（　　）。

A. 保温隔热性能好 　　　　　　　　B. 抗震性能差

C. 造价高 　　　　　　　　D. 施工方便，工艺简单

13. 当梁端下砌体的局部应力过大时，最简单的方法是在梁端下设置（　　）。

A. 构造体 　　　　　　　　B. 窗过梁

C. 混凝土或钢筋混凝土垫块 　　　　　　　　D. 圈梁

14. 多层小砌块房屋的女儿墙高度最小超过（　　）m 时，应增设锚固于顶层圈梁的构造柱或芯柱。

A. 0.50 　　　　　　　　B. 0.75 　　　　　　　　C. 0.90 　　　　　　　　D. 1.20

二、多项选择题

1. 既有结构需要进行可靠性评定的情况包括（　　）。

A. 结构的使用时间超过规定的年限

B. 结构的用途或使用要求发生改变

C. 结构的使用环境出现变化

D. 结构存在一般的质量缺陷

E. 对既有结构的可靠性有怀疑或有异议

2. 梁中一般配有（　　）。

A. 纵向受力钢筋 　　　　　　　　B. 箍筋

C. 弯起钢筋 　　　　　　　　D. 拉结筋

E. 架立钢筋

3. 下列属于偶然作用的有（　　）。

A. 地震 　　　　　　　　B. 爆炸力

C. 焊接变形 　　　　　　　　D. 积灰荷载

E. 台风

4. 梁的正截面破坏形式与（　　）有关。

A. 配筋率 　　　　　　　　B. 混凝土强度等级

C. 截面形式 　　　　　　　　D. 设计水平

E. 试验水平

参考答案

一、单项选择题

1. B　2. D　3. B　4. A　5. C　6. A　7. B　8. A　9. A　10. A　11. D　12. C　13. C　14. A

二、多项选择题

1. ABE　2. ABCE　3. ABE　4. ABC

第三节　建筑材料

 大纲考点：常用建筑金属材料的品种、性能及应用

知识点一　常用的建筑钢材

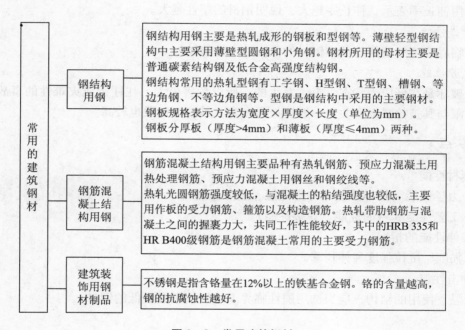

常用的建筑钢材	钢结构用钢	钢结构用钢主要是热轧成形的钢板和型钢等。薄壁轻型钢结构中主要采用薄壁型圆钢和小角钢。钢材所用的母材主要是普通碳素结构钢及低合金高强度结构钢。 钢结构常用的热轧型钢有工字钢、H型钢、T型钢、槽钢、等边角钢、不等边角钢等。型钢是钢结构中采用的主要钢材。 钢板规格表示方法为宽度×厚度×长度（单位为mm）。 钢板分厚板（厚度>4mm）和薄板（厚度≤4mm）两种。
	钢筋混凝土结构用钢	钢筋混凝土结构用钢主要品种有热轧钢筋、预应力混凝土用热处理钢筋、预应力混凝土用钢丝和钢绞线等。 热轧光圆钢筋强度较低，与混凝土的粘结强度也较低，主要用作板的受力钢筋、箍筋以及构造钢筋。热轧带肋钢筋与混凝土之间的握裹力大，共同工作性能较好，其中的HRB 335和HR B400级钢筋是钢筋混凝土常用的主要受力钢筋。
	建筑装饰用钢材制品	不锈钢是指含铬量在12%以上的铁基合金钢。铬的含量越高，钢的抗腐蚀性越好。

图 1 – 3　常用建筑钢材

国家标准规定，有较高要求的抗震结构适用的钢筋牌号为在已有带肋钢筋牌号后加 E（例如：HRB 400E、HRBF 400E）的钢筋。

 **采分点**

1. 型钢是钢结构中采用的主要钢材。

2. 钢板中的厚板主要用于结构，薄板主要用于屋面板、楼板和墙板。

3. 有较高要求的抗震结构适用的钢筋除与相对应的已有排号钢筋的要求相同外，还应满足下列要求：

（1）钢筋实测抗拉强度与实测屈服强度之比不小于 1.25。

（2）钢筋实测屈服强度与规定的屈服强度特征值之比不大于 1.30。

（3）钢筋的最大力总伸长率不小于 9%。

4. 不锈钢是指含铬量在 12% 以上的铁基合金刚。

建筑钢材的力学性能

钢材的主要性能包括力学性能和工艺性能。其中力学性能是钢材最重要的使用性能，包括拉伸性能、冲击性能、疲劳性能等。工艺性能表示钢材在各种加工过程中的行为，包括弯曲性能和焊接性能等。

1. 拉伸性能

反映建筑钢材拉伸性能的指标包括屈服强度、抗拉强度和伸长率。屈服强度是结构设计中钢材强度的取值依据。抗拉强度与屈服强度之比（强屈比）是评价钢材使用可靠性的一个参数。强屈比越大，钢材受力超过屈服点工作时的可靠性越大，安全性越高。但强屈比太大，钢材强度利用率偏低，浪费材料。钢材在受力破坏前可以经受永久变形的性能，称为塑性。塑性通常用伸长率表示，伸长率越大，说明钢材的塑性越大。

2. 冲击性能

脆性临界温度的数值越低，钢材的低温冲击性能越好。

3. 疲劳性能

疲劳破坏是在低应力状态下突然发生的，所以危害极大，往往造成灾难性的事故。钢材的疲劳极限与其抗拉强度有关，一般抗拉强度高，其疲劳极限也较高。

 采 分 点

1. 钢材性能
（1）力学性能（拉伸性能、冲击性能、疲劳性能）。
（2）工艺性能（弯曲性能、焊接性能）。
2. 拉伸性能的指标
屈服强度、抗拉强度和伸长率。
3. 冲击性能
在负温下使用的结构，应当选用脆性临界温度较使用温度低的钢材。

 大纲考点：无机胶凝材料的性能及应用

无机胶凝材料按其硬化条件的不同又可分为气硬性和水硬性两类。只能在空气中硬化，也只能在空气中保持和发展其强度的称气硬性胶凝材料，如石灰、石膏和水玻璃等；既能在空气中，又能更好地在水中硬化、保持和继续发展其强度的称水硬性胶凝材料，如各种水泥。气硬性胶凝材料一般只适用于干燥环境中，不宜用于潮湿环境，更不可用于水中。

石灰

1. 将主要成分为碳酸钙（$CaCO_3$）的石灰石在适当的温度下煅烧，得到的以 CaO 为主要成分的产品即为石灰，又称生石灰。
2. 生石灰（CaO）与水反应生成氢氧化钙（熟石灰，又称消石灰）的过程，称为石灰的熟化或消解（消化），在此过程中放出大量的热。
3. 石灰的技术性质：保水性好；硬化较慢、强度低；耐水性差；硬化时体积收缩大；生

石灰吸湿性强。

4. 石灰的应用：

（1）石灰乳。主要用于内墙和顶棚的粉刷。

（2）砂浆。用石灰膏或消石灰粉配成石灰砂浆或水泥混合砂浆，用于抹灰或砌筑。

（3）硅酸盐制品。常用的有蒸压灰砂浆、粉煤灰砖，蒸压加气混凝土砌块及板材等。

石灰的技术性质。

知识点 二 石膏

1. 石膏胶凝材料是一种以硫酸钙（$CaSO_4$）为主要成分的气硬性无机胶凝材料。

2. 建筑石膏的应用很广，除加水、砂及缓凝剂拌合成石膏砂浆用于室内抹面粉刷外，更主要的用途是制成各种石膏制品，如石膏板、石膏砌块及装饰件等。

3. 建筑石膏的技术性质：凝结硬化快；硬化时体积微膨胀；硬化后孔隙率高；防火性能好；耐水性和抗冻性差。

建筑石膏的技术性质。

知识点 三 水泥

1. 常用水泥的技术要求

普通硅酸盐水泥代号为 P·O，强度等级中，R 表示早强型。

（1）凝结时间

水泥的凝结时间分初凝时间和终凝时间。初凝时间是从水泥加水拌合起至水泥浆开始失去可塑性所需的时间；终凝时间是从水泥加水拌合起至水泥浆完全失去可塑性并开始产生强度所需的时间。国家标准规定，六大常用水泥的初凝时间均不得短于 45min，硅酸盐水泥的终凝时间不得长于 6.5h，其他五类常用水泥的终凝时间不得长于 10h。

（2）体积安定性

水泥的体积安定性是指水泥在凝结硬化过程中，体积变化的均匀性。施工中必须使用安定性合格的水泥。

（3）强度及强度等级

国家标准规定，采用胶砂法来测定水泥的 3d 和 28d 的抗压强度和抗折强度，根据测定结果来确定该水泥的强度等级。

（4）其他技术要求

水泥中的含碱量高时，如果配制混凝土的骨料具有碱活性，可能产生碱骨料的反应，导致混凝土因不均匀膨胀而破坏，因此，若使用活性骨料，用户要求提供低碱水泥时，则水泥中的碱含量应不大于 0.6% 或由买卖双方协商确定。

2. 常用水泥的特性及应用

表 1-4　常用水泥的特性

类别	硅酸盐水泥	普通水泥	矿渣水泥	火山灰水泥	粉煤灰水泥	复合水泥
主要特性	①凝结硬化快、早期强度高 ②水化热大 ③抗冻性好 ④耐热性差 ⑤耐蚀性差 ⑥干缩性较小	①凝结硬化较快、早期强度较高 ②水化热较大 ③抗冻性较好 ④耐热性较差 ⑤耐蚀性较差 ⑥干缩性较小	①凝结硬化慢、早期强度低，后期强度增长较快 ②水化热较小 ③抗冻性差 ④耐热性好 ⑤耐蚀性较好 ⑥干缩性较大 ⑦泌水性大、抗渗性差	①凝结硬化慢、早期强度低，后期强度增长较快 ②水化热较小 ③抗冻性差 ④耐热性较差 ⑤耐蚀性较好 ⑥干缩性较大 ⑦抗渗性较好	①凝结硬化慢、早期强度低，后期强度增长较快 ②水化热较小 ③抗冻性差 ④耐热性较差 ⑤耐蚀性较好 ⑥干缩性较小 ⑦抗裂性较高	①凝结硬化慢、早期强度低，后期强度增长较快 ②水化热较小 ③抗冻性差 ④耐蚀性较好 ⑤其他性能与所掺入的两种或两种以上混合材料的种类、掺量有关

采分点

1. 国家标准规定，六大常用水泥的初凝时间均不得短于 45min，硅酸盐水泥的终凝时间不得长于 6.5h，其他五类常用水泥的终凝时间不得长于 10h。

2. 采用胶砂法来测定水泥的 3d 和 28d 的抗压强度和抗折强度，根据测定结果来确定该水泥的强度等级。

3. 硅酸盐水泥的水化热最大，矿渣水泥的耐热性好，火山灰水泥的抗渗性较好。

 # 大纲考点：混凝土（含外加剂）的技术性能和应用

知识点一　混凝土的技术性能

1. 混凝土拌合物的和易性

和易性是指混凝土拌合物易于施工操作（搅拌、运输、浇筑、捣实）并能获得质量均匀、成型密实的性能，又称工作性。

工地上常用坍落度试验来测定混凝土拌合物的坍落度或坍落扩展度，作为流动性指标，坍落度或坍落扩展度越大表示流动性越大。

影响混凝土拌合物和易性的主要因素包括单位体积用水量、砂率、组成材料的性质、时间和温度等。

2. 混凝土的强度

（1）混凝土立方体抗压标准强度（或称立方体抗压强度标准值）是指按标准方法制作和养护的边长为 150mm 的立方体试件，在 28d 龄期，用标准试验方法测得的抗压强度总体分布中具有不低于 95% 保证率的抗压强度值，以 $f_{cu,k}$ 表示。混凝土划分为 C15、C20、C25、C30、C35、C40、C45、C50、C55、C60、C65、C70、C75 和 C80 共 14 个等级，C30 即表示混凝土立方体抗压强度标准值 30MPa≤$f_{cu,k}$<35MPa。

（2）轴心抗压强度的测定采用 150mm × 150mm × 300mm 棱柱体作为标准试件。试验表明，在立方体抗压强度 f_{cu} = 10 ~ 55Mpa 的范围内，轴心抗压强度 f_c = （0.70 ~ 0.80）f_{cu}。

（3）混凝土抗拉强度 f_t 只有抗压强度的 1/20～1/10。

（4）影响混凝土强度的因素：

①原材料的因素：水泥强度与水灰比，骨料的种类、质量和数量，外加剂和掺合料。

②生产工艺方面的因素：搅拌与振捣，养护的温度和湿度，龄期。

3. 混凝土的耐久性

混凝土的耐久性是指混凝土抵抗环境介质作用并长期保持其良好的使用性能和外观完整性的能力。

混凝土的耐久性包括抗渗、抗冻、抗侵蚀、碳化、碱骨料反应及混凝土中的钢筋锈蚀等性能。

（1）混凝土的抗渗性直接影响到混凝土的抗冻性和抗侵蚀性。混凝土的抗渗性用抗渗等级表示，分 P4、P6、P8、P10、P12 共五个等级。混凝土的抗渗性主要与其密实度及内部空隙的大小和构造有关。

（2）抗冻等级 F50 以上的混凝土简称为抗冻混凝土。

1. 和易性

（1）包括流动性、黏聚性和保水性三方面的含义。

（2）影响因素有单位体积用水量、砂率、组成材料的性质、时间和温度等；单位体积用水量决定水泥浆的数量和稠度，是最主要因素。

2. 耐久性

包括抗渗、抗冻、抗侵蚀、碳化、碱骨料反应及混凝土中的钢筋锈蚀等性能。

知识点二 混凝土外加剂的种类与应用

1. 外加剂的分类

（1）改善混凝土拌合物流变性能的外加剂。包括各种减水剂、引气剂和泵送剂等。

（2）调节混凝土凝结时间、硬化性能的外加剂。包括缓凝剂、早强剂和速凝剂等。

（3）改善混凝土耐久性的外加剂。包括引气剂、防水剂和阻锈剂等。

（4）改善混凝土其他性能的外加剂。包括膨胀剂、防冻剂、着色剂、防水剂和泵送剂等。

2. 外加剂的应用

（1）混凝土中掺入减水剂，若不减少拌合用水量，能显著提高拌合物的流动性。当减水而不减少水泥时，可提高混凝土强度。若减水的同时适当减少水泥用量，则可节约水泥。同时，混凝土的耐久性也能得到显著改善。

（2）早强剂可加速混凝土硬化和早期强度发展，缩短养护周期，加快施工速度，提高了模板周转率。多用于冬期施工或紧急抢修工程。

（3）缓凝剂主要用于高温季节混凝土、大体积混凝土、泵送与滑模方法施工以及远距离运输的商品混凝土等，不宜用于日最低气温 5℃ 以下施工的混凝土，也不宜用于有早强要求的混凝土和蒸汽养护的混凝土。

（4）引气剂是在搅拌混凝土过程中能引入大量均匀分布、稳定而封闭的微小气泡的外加剂。引气剂可改善混凝土拌合物的和易性，减少泌水离析，并能提高混凝土的抗渗性和抗冻性。引气剂适用于抗冻、防渗、抗硫酸盐、泌水严重的混凝土等。

1. 减水剂的应用：

（1）若不减少拌合用水量，能显著提高拌合物的流动性。

（2）当减水而不减少水泥时，可提高混凝土强度。

（3）若减水的同时适当减少水泥用量，则可节约水泥，同时，混凝土的耐久性也能得到显著改善。

2. 缓凝剂不宜用于日最低气温5℃以下施工的混凝土。

3. 引气剂对提高混凝土的抗裂性有利。

 大纲考点：砂浆及砌块的技术性能和应用

知识点一 砂浆

建筑砂浆按所用胶凝材料的不同，可分为水泥砂浆、石灰砂浆、水泥石灰混合砂浆等；按用途不同，可分为砌筑砂浆、抹面砂浆等；根据其功能不同，抹面砂浆一般可分为普通抹面砂浆、装饰砂浆、防水砂浆和特种砂浆，特种砂浆主要有隔热砂浆、吸声砂浆、耐腐蚀砂浆、聚合物砂浆、防辐射砂浆等。

1. 砂浆的组成材料

砂浆的组成材料包括胶凝材料、细集料、掺合料、水和外加剂。

建筑砂浆常用的胶凝材料有水泥、石灰、石膏等。潮湿环境或水中使用的砂浆，则必须选用水泥作为胶凝材料。

对于砌筑砂浆用砂，优先选用中砂，既可满足和易性要求，又可节约水泥。

掺合料对砂浆强度无直接贡献。

2. 砂浆的主要技术性质

（1）流动性

砂浆的流动性指砂浆在自重或外力作用下流动，用稠度表示。

（2）保水性

砂浆的保水性指砂浆拌合物保持水分的能力，用分层度表示。

（3）抗压强度与强度等级

砌筑砂浆的强度用强度等级来表示。砂浆强度等级是以边长为70.7mm的立方体试件，在标准养护条件下，用标准试验方法测得28d龄期的抗压强度值（单位为MP_a）确定。砌筑砂浆的强度等级宜采用M20、M15、M10、M7.5、M5、M2.5六个等级。

对于砂浆立方体抗压强度的测定：立方体试件以三个为一组进行评定，以三个试件测值的算术平均值的1.3倍（f_2）作为该组试件的砂浆立方体试件抗压强度平均值（精确至0.1MPa）。当三个测值的最大值或最小值中有一个与中间值的差值超过中间值的15%时，则把最大值及最小值一并舍除，取中间值作为该组试件的抗压强度值。如有两个测值与中间值的差值均超过中间值的15%时，则该组试件的试验结果无效。

1. 稠度越大砂浆的流动性越大，砂浆的分层度不得大于30mm。

2. 影响砂浆稠度的因素：所用胶凝材料的种类及数量，用水量，掺合料的种类与数量，砂的形状、粗细与级配，外加剂的种类与掺量，搅拌时间。

 **知识点 二** 砌块

空心率小于25%或无孔洞的砌块为实心砌块；空心率大于或等于25%的砌块为空心砌块。常用的砌块有：

1. 普通混凝土小型空心砌块

砌块的主规格尺寸为390mm×390mm×190mm。混凝土砌块的吸水率小（一般为5%~8%），吸水速度慢，砌筑前不允许浇水，以免发生"走浆"现象。抗压强度分为MU3.5、MU5.0、MU7.5、MU10.0、MU15.0和MU20.0六个等级。

2. 轻集料混凝土小型空心砌块

与普通混凝土小型空心砌块相比，轻集料混凝土小型空心砌块密度较小、热工性能较好，但干缩值较大，使用时更容易产生裂缝。

3. 蒸压加气混凝土砌块

砌块按干密度分为六个级别；按抗压强度分七个强度级别。加气混凝土砌块保温隔热性能好，表观密度小，可减轻结构自重，有利于提高建筑物抗震能力；表面平整、尺寸精确，容易提高墙面平整度。用作墙体可降低建筑物采暖、制冷等使用能耗。

采 分 点

普通混凝土小型空心砌块砌筑前不允许浇水，以免发生"走浆"现象。
轻集料混凝土小型空心砌块主要用于非承重的隔墙和围护墙。

 大纲考点：饰面石材、陶瓷的特性及应用

知识点 一 饰面石材

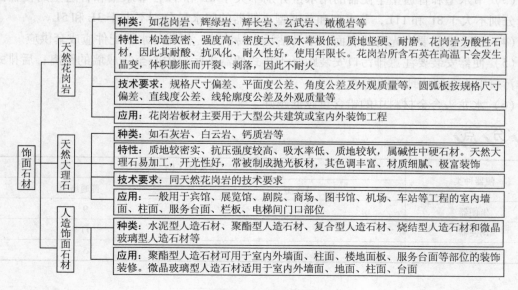

图1-4 饰面石材

1. 天然花岗岩

（1）石材性质：酸性石材。

（2）石材特点：构造致密、强度高、密度大、吸水率极低、质地坚硬、耐磨。

（3）应用范围：应用于大型公共建筑或装饰等级要求较高的室内外装饰工程，特别适宜做大型公共建筑大厅的地面。

2. 天然大理石

（1）石材性质：碱性石材。

（2）石材特点：质地密实、抗压强度较高、吸水率低、质地较软。

（3）应用范围：绝大多数大理石品种只宜用于室内。

知识点二　建筑陶瓷

1. 陶瓷砖

（1）陶瓷砖按成型方法可分为挤压砖、干压砖和其他方法成型的砖。按吸水率可分为低吸水率砖、中吸水率砖和高吸水率砖。按应用特性可分为釉面内墙砖、墙地砖、陶瓷砖等。釉面内墙砖只能用于室内，不能用于室外。

（2）陶瓷墙地砖具有强度高、致密坚实、耐磨、吸水率小、抗冻、耐污染、易清洗、耐腐蚀、耐急冷急热、经久耐用等特性。

2. 陶瓷卫生产品

分为瓷质卫生陶瓷（吸水率要求不大于0.5%）和陶质卫生陶瓷（吸水率大于或等于8.0%、小于15.0%）。

（1）陶瓷卫生产品的主要技术指标是吸水率，它直接影响到洁具的清洗性和耐污性。

（2）耐急冷急热要求必须达到标准要求。

（3）节水型和普通型坐便器的用水量分别不大于6L和9L，节水型和普通型蹲便器的用水量分别不大于8L和11L，节水型和普通型小便器的用水量分别不大于3L和5L。

（4）卫生洁具要有光滑的表面，不易沾污也易清洁；便器与水箱配件应成套供应。

（5）便器安装要注意排污口安装距（下排式便器排污口中心至完成墙的距离；后排式便器排污口中心至完成地面的距离）。

（6）水龙头合金材料中的铅含量越低越好。

便器种类	用水量（L）	
	节水型	普通型
坐便器	6	9
蹲便器	8	11
小便器	3	5

大纲考点：木材、木制品的特性及应用

 **木材的含水率与湿胀干缩变形**

　　影响木材物理力学性质和应用的最主要的含水率指标是纤维饱和点和平衡含水率。纤维饱和点是木材仅细胞壁中的吸附水达饱和而细胞腔和细胞间隙中无自由水存在时的含水率，是木材物理力学性质是否随含水率而发生变化的转折点。平衡含水率是指木材中的水分与周围空气中的水分达到吸收与挥发动态平衡时的含水率。

　　木材仅当细胞壁内吸附水的含量发生变化时才会引起木材的变形，即湿胀干缩变形。木材的变形在各个方向上不同，顺纹方向最小，径向较大，弦向最大。

采 分 点

　　木材的变形在各个方向上不同，顺纹方向最小，径向较大，弦向最大。干缩会使木材翘曲、开裂，接榫松动，拼缝不严；湿胀可造成表面鼓凸。

知识点二　木制品的特性与应用

　　1. 实木地板

　　适用于体育馆、练功房、舞台、高级住宅的地面装饰。

　　2. 人造木地板

　　（1）实木复合地板

　　适合地热采暖地板铺设和家庭居室、办公室、宾馆的中高档地面铺设。

　　（2）浸渍纸层压木质地板（强化木地板）

　　公共场所用要求耐磨转数≥9000转、家庭用要求耐磨转数≥6000转。

　　强化地板适用于会议室、办公室、高清洁度实验室等，也可用于中高档宾馆、饭店及民用住宅的地面装修等。强化地板虽然有防潮层，但不宜用于浴室、卫生间等潮湿的场所。

　　（3）软木地板

　　第一类软木地板适用于家庭居室，第二、三类软木地板适用于商店、走廊、图书馆等人流量大的地面铺设。

　　3. 人造木板

　　（1）胶合板

　　室内用胶合板按甲醛释放限量分为 E_0（可直接用于室内）、E_1（可直接用于室内）、E_2（必须进行饰面处理后方可允许用于室内）三个级别。

　　（2）纤维板

　　建筑装饰工程中应用较多的是硬质纤维板，软质纤维板可用作保温、吸声材料。

采 分 点

　　1. 强化地板虽然有防潮层，但不宜用于浴室、卫生间等潮湿的场所。

　　2. 室内用胶合板按甲醛释放限量分为 E_0（可直接用于室内）、E_1（可直接用于室内）、E_2（必须进行饰面处理后方可允许用于室内）三个级别。

大纲考点：玻璃的特性及应用

 **净片玻璃**

净片玻璃是指未经深加工的平板玻璃，也称为白片玻璃。现在普遍采用的制造方法是浮法。净片玻璃有良好的透视、透光性能。

3～5mm 的净片玻璃一般直接用于有框门窗的采光，8～12mm 的平板玻璃可用于隔断、橱窗、无框门。净片玻璃的另一个重要用途是作深加工玻璃原片。

采 分 点

净片玻璃有良好的透视、透光性能。

 **装饰玻璃**

装饰玻璃包括以装饰性能为主要特性的彩色平板玻璃、釉面玻璃、压花玻璃、喷花玻璃、乳花玻璃、刻花玻璃、冰花玻璃等。

采 分 点

种类	应用范围及注意事项
压花玻璃	作为浴室、卫生间门窗玻璃时，则应注意将其花纹面朝外，以防表面浸水而透视
冰花玻璃	用于宾馆、酒楼、饭店、酒吧间等场所的门窗、隔断、屏风和家庭装饰

知识点 三 安全玻璃

安全玻璃包括钢化玻璃、防火玻璃和夹层玻璃。

钢化玻璃机械强度高，抗冲击性也很高，弹性比普通玻璃大得多，热稳定性好，在受急冷急热作用时，不易发生炸裂，碎后不易伤人。但钢化玻璃使用时不能切割、磨削，需定制。

防火玻璃按耐火性能指标分为隔热型防火玻璃（A 类）和非隔热型防火玻璃（C 类）两类。A 类防火玻璃要同时满足耐火完整性、耐火隔热性的要求，C 类防火玻璃要满足耐火完整性的要求。

夹层玻璃是在两片或多片玻璃原片之间，用 PVB（聚乙烯醇缩丁醛）树脂胶片经加热、加压黏合而成的平面或曲面的复合玻璃制品。夹层玻璃透明度好，抗冲击性能高，玻璃破碎不会散落伤人。但不能切割，需要定制。

采 分 点

安全玻璃包括钢化玻璃、防火玻璃和夹层玻璃。

 **节能装饰型玻璃**

节能装饰型玻璃包括着色玻璃、镀膜玻璃和中空玻璃。

着色玻璃是一种既能显著地吸收阳光中的热射线，又能保持良好透明度的节能装饰性玻璃。一般多用作建筑物的门窗或玻璃幕墙。

阳光控制镀膜玻璃是对太阳光中的热射线具有一定控制作用的镀膜玻璃。其具有良好的隔热性能，可以避免暖房效应，节约室内降温空调的能源消耗。低辐射膜玻璃一般不单独使用，往往与净片玻璃、浮法玻璃、钢化玻璃等配合，制成高性能的中空玻璃。适用于高档建筑的玻璃幕墙。

中空玻璃的性能特点为光学性能良好。其主要用于有保温隔热、隔声等功能要求的建筑物，如宾馆、住宅、医院、商场、写字楼等幕墙工程。

节能装饰型玻璃包括着色玻璃、镀膜玻璃和中空玻璃。

大纲考点：防水材料的特性和应用

知识点 常用的防水材料

常用的防水材料有四类：防水卷材、建筑防水涂料、刚性防水材料和建筑密封材料。

1. 防水卷材

防水卷材分为 SBS、APP 改性沥青防水卷材，聚乙烯丙纶（涤纶）防水卷材，PVC、TPO 高分子防水卷材，自粘复合防水卷材等。

2. 建筑防水涂料

防水涂料分为 JS 聚合物水泥基防水涂料、聚氨酯防水涂料、水泥基渗透结晶型防水涂料等。水泥基渗透结晶型防水涂料是一种刚性防水材料。

3. 刚性防水材料

刚性防水材料通常指防水砂浆与防水混凝土，俗称刚性防水。通常用于地下工程的防水与防渗。

4. 建筑密封材料

常用的建筑密封材料有硅酮、聚氨酯、聚硫、丙烯酸酯等密封材料。

SBS、APP 改性沥青防水卷材具有不透水性能强、抗拉强度高、延伸率大、耐高低温性能好、施工方便等特点。适用于工业与民用建筑的屋面、地下等处的防水防潮以及桥梁、停车场、游泳池、隧道等建筑物的防水。

大纲考点：其他常用建筑材料的特性和应用

知识点一 建筑塑料

1. 硬聚氯乙烯（PVC—U）管

通常管径为 40～100mm，使用温度不大于 40℃，抗老化性能好、难燃，可采用橡胶圈柔性接口安装。主要用于给水管道（非饮用水）、排水管道、雨水管道。

2. 氯化聚氯乙烯（PVC—C）管

高温、机械强度高，适用于受压的场合，使用温度可高达90℃。主要应用于冷热水管、消防水管系统、工业管道系统。

3. 无规共聚聚丙烯管（PP—R 管）

耐热性能好，在工作压力不超过 0.6MPa 时，其长期工作水温为 70℃，短期使用水温可达 95℃。不得用于消防给水系统，主要应用于饮用水管、冷热水管。

4. 丁烯管（PB 管）

有较高的强度，韧性好、无毒，长期工作水温为 90℃ 左右，最高使用温度可达 110℃，用于饮用水、冷热水管。特别适用于薄壁小口径压力管道，如地板辐射采暖系统的盘管。

5. 交联聚乙烯管（PEX 管）

无毒、卫生、透明，有折弯记忆性，不可热熔连接，热蠕动性较小，低温抗脆性较差，原料便宜，可输送冷水、热水、饮用水及其他液体。主要用于地板辐射采暖系统的盘管。

6. 铝塑复合管

长期使用温度（冷热水管）80℃，短时最高温度为 95℃，安全无毒、耐腐蚀、不结垢、流量大、阻力小、寿命长、柔性好、弯曲后不反弹、安装简单。应用于饮用水，冷、热水管。

 采 分 点

1. 不可用于饮用水管的塑料管

硬聚氯乙烯（PVC—U）管、氯化聚氯乙烯（PVC—C）管。

2. 可用于饮用水管的塑料管

无规共聚聚丙烯管（PP—R 管）、丁烯管（PB 管）、交联聚乙烯管（PEX 管）、铝塑复合管。

知识点二 建筑涂料

1. 木器涂料

溶剂型涂料用于家具饰面或室内木装修，又常称为油漆。传统的油漆品种有清油、清漆、调和漆、磁漆等；新型木器涂料有聚酯树脂漆、聚氨酯漆等。

聚酯树脂漆可高温固化，也可常温固化（施工温度不低于 15℃），干燥速度快。缺点是漆膜附着力差、稳定性差、不耐冲击。

聚氨酯漆可高温固化，也可常温或低温（0℃ 以下）固化，故可现场施工也可工厂化涂饰。遇水或潮气时易胶凝起泡。保色性差，遇紫外线照射易分解，漆膜泛黄。聚氨酯漆广泛用于竹、木地板的涂饰。

2. 内墙涂料

内墙涂料可分为乳液型内墙涂料（包括丙烯酸酯乳胶漆、苯－丙乳胶漆、乙烯－乙酸乙烯乳胶漆）和其他类型内墙涂料（包括复层内墙涂料、纤维质内墙涂料、绒面内墙涂料等）。

丙烯酸酯乳胶漆涂膜光泽柔和、耐候性好、保光保色性优良、遮盖力强、附着力高、易于清洗、施工方便、价格较高，属于高档建筑装饰内墙涂料。

苯－丙乳胶漆有良好的耐候性、耐水性、抗粉化性。色泽鲜艳、质感好，由于聚合物粒度细，可制成有光型乳胶漆，属于中高档建筑内墙涂料。与水泥基层附着力好，耐洗刷性好，可以用于潮气较大的部位。

乙烯－乙酸乙烯乳胶漆成膜性好，耐水性高，耐候性好，价格低，属于中低档内墙涂料。

3. 外墙涂料

过氯乙烯外墙涂料具有良好的耐大气稳定性、化学稳定性、耐水性、耐霉性。

丙烯酸酯外墙涂料有良好的抗老化性、保光性、保色性，不粉化，附着力强，施工温度范围广（0℃以下仍可干燥成膜）。施工时基体含水率不应超过8%，可以直接在水泥砂浆和混凝土基层上进行涂饰。

氟碳涂料又称氟碳漆，属于新型高档高科技全能涂料。

 采 分 点

1. 溶剂型涂料用于家具饰面或室内木装修，又常称为油漆。传统的油漆品种有清油、清漆、调和漆、磁漆等；新型木器涂料有聚酯树脂漆、聚氨酯漆等。

2. 丙烯酸酯外墙涂料施工时基体含水率不应超过8%，可以直接在水泥砂浆和混凝土基层上进行涂饰。

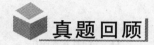 真题回顾

一、单项选择题

1. 关于建筑工程中常用水泥性能与技术要求的说法，正确的是（　　　）。

A. 水泥的终凝时间是从水泥加水拌合至水泥浆开始失去可塑性所需的时间

B. 六大常用水泥的初凝时间不得长于45min

C. 水泥的体积安全性不良是指水泥在凝结硬化过程中产生不均匀的体积变化

D. 水泥中的碱含量太低更容易产生碱骨料反应

【答案】C

【解析】水泥的终凝时间是从水泥加水拌合起至水泥砂浆完全失去可塑性并开始产生强度所需的时间，A 中描述的是水泥的初凝时间。水泥的初凝时间均不得短于45min，B 错。碱含量属于选择性指标，水泥中的碱含量高时，如果配置混凝土的骨料具有碱活性，可能产生碱骨料反应，导致混凝土因不均匀膨胀而破坏，D 错。C 项符合水泥体积安定性的定义。所以本题答案为 C。

2. 下列元素中，属于钢材有害成分的是（　　　）。

A. 碳　　　　　　　B. 硫　　　　　　　C. 硅　　　　　　　D. 锰

【答案】B

【解析】（1）碳。碳是决定钢材性能的最重要元素。当钢中含碳量在0.8%以下时，随着含碳量的增加，钢材的强度和硬度提高，而塑性和韧性降低；但当含碳量在1.0%以上时，随着含碳量的增加，钢材的强度反而下降。随着含碳量的增加，钢材的焊接性能变差（含碳量大于0.3%的钢材，可焊性显著下降），冷脆性和时效敏感性增大，耐大气锈蚀性下降。（2）硅（Si）、锰（Mn）可提高钢材强度及其他性能。（3）磷（P）、硫（S）、氧（O）都是有害元素。

3. 下列材料中，不属于常用建筑砂浆胶凝材料的是（　　　）。

A. 石灰　　　　　　B. 水泥　　　　　　C. 粉煤灰　　　　　D. 石膏

【答案】C

【解析】无机胶凝材料按其硬化条件的不同又可分为气硬性和水硬性两类。只能在空气中硬化，也只能在空气中保持和发展其强度的称气硬性胶凝材料，如石灰、石膏和水玻璃等；既能在空气中，又能更好地在水中硬化、保持和继续发展其强度的称水硬性胶凝材料，如各种水泥。

4. 水泥强度等级是根据胶砂法测定水泥（   ）的抗压强度和抗折强度来判定。

A. 3d 和 7d   B. 3d 和 28d   C. 7d 和 14d   D. 7d 和 28d

【答案】B

【解析】国家标准规定，采用胶砂法来测定水泥的 3d 和 28d 的抗压强度和抗折强度，根据测定结果来确定该水泥的强度等级。

5. 下列指标中，属于常用水泥技术指标的是（   ）。

A. 和易性   B. 可泵性   C. 安定性   D. 保水性

【答案】C

【解析】水泥的技术指标包括凝结时间、体积安定性、强度及强度等级和其他技术要求。其他三项属于混凝土的技术指标。

6. 硬聚氯乙烯（PVC—U）管不适用于（   ）。

A. 排水管道   B. 雨水管道   C. 给水管道   D. 饮用水管道

【答案】D

【解析】PVC—U 管主要用于给水管道（非饮用水）、排水管道、雨水管道。

二、多项选择题

1. 混凝土的耐久性包括（   ）等指标。

A. 抗渗性   B. 抗冻性

C. 和易性   D. 碳化

E. 粘结性

【答案】ABD

【解析】混凝土的耐久性是一个综合的概念，包括抗渗、抗冻、抗侵蚀、碳化、碱骨料反应及混凝土中的钢筋锈蚀等性能。

2. 下列钢筋牌号，属于光圆钢筋的有（   ）。

A. HPB 235   B. HPB 300

C. HRB 335   D. HRB 400

E. HRB 500

【答案】AB

【解析】常用的光圆钢筋的牌号有 HPB 235、HPB 300，选项 C、D、E 属于带肋钢筋。

知识拓展

一、单项选择题

1. 建筑钢材的力学性能不包括（   ）。

A. 拉伸性能   B. 弯曲性能   C. 冲击性能   D. 疲劳性能

2. 影响混凝土拌合物和易性的主要因素是（   ）。

A. 温度   B. 单位体积用水量   C. 砂率   D. 组成材料性质

3. 普通钢筋混凝土结构用钢的主要品种是（　　　）。

A. 热轧钢筋
B. 热处理钢筋
C. 钢丝
D. 钢绞线

4. 宾馆、酒楼、饭店、酒吧间等场所的门窗、隔断、屏风通常采用（　　　）。

A. 净片玻璃
B. 装饰玻璃
C. 平板玻璃
D. 防火玻璃

5. 日最低气温5℃以下施工的混凝土，不宜使用的外加剂是（　　　）。

A. 引气剂
B. 缓凝剂
C. 早强剂
D. 减水剂

6. HRB 335 钢筋的强度标准值是（　　　）。

A. 235N/mm²
B. 335N/mm²
C. 400N/mm²
D. 425N/mm²

7. 建筑钢材拉伸试验测得的各项指标中，不包括（　　　）。

A. 屈服强度
B. 疲劳强度
C. 抗拉强度
D. 伸长率

8. 在混凝土工程中，配制有抗渗要求的混凝土可优先选用（　　　）。

A. 火山灰水泥
B. 矿渣水泥
C. 粉煤灰水泥
D. 硅酸盐水泥

9. 石灰不宜在（　　　）中使用。

A. 干燥环境
B. 地下水位低的环境
C. 潮湿环境
D. 三合土

10. 节水型卫生坐便器的用水量最小应不大于（　　　）L。

A. 3
B. 5
C. 6
D. 8

二、多项选择题

1. 关于在混凝土中掺入减水剂所起的作用，正确的是（　　　）。

A. 若不减少拌合用水量，能显著提高拌合物的流动性
B. 当减水而不减少水泥时，可提高混凝土强度
C. 若减水的同时适当减少水泥用量，则可节约水泥
D. 混凝土的耐久性得到显著改善
E. 混凝土的安全性得到显著改善

2. 在建筑塑料管道中，能够应用于饮用水管的有（　　　）。

A. 交联聚乙烯管
B. 无规共聚聚丙烯管
C. 氯化聚氯乙烯管
D. 丁烯管
E. 硬聚氯乙烯管

3. 下列水泥中，凝结硬化快、抗冻性较好的水泥有（　　　）。

A. 硅酸盐水泥
B. 普通水泥
C. 复合水泥
D. 矿渣水泥
E. 粉煤灰水泥

4. 下列材料属于气硬性胶凝材料的有（　　　）。

A. 水泥
B. 生石灰
C. 建筑石膏
D. 粉煤灰
E. 石粉

5. 建筑石膏的特性包括（　　　）。

A. 凝结硬化快   B. 不溶于水

C. 硬化时体积微膨胀   D. 防火性能好

E. 石膏制品密实度高

6. 混凝土的和易性包括（   ）。

A. 保水性   B. 伸缩性

C. 流动性   D. 黏聚性

E. 适用性

参考答案

一、单项选择题

1. B   2. B   3. A   4. B   5. B   6. B   7. B   8. A   9. C   10. C

二、多项选择题

1. ABCD   2. ABD   3. AB   4. BC   5. ACD   6. ACD

第二章　建筑工程专业施工技术

第一节　施工测量技术

 大纲考点：常用测量仪器的性能与应用

知识点　常用测量仪器的性能与应用

1. 钢尺

钢尺的主要作用是距离测量，钢尺量距是目前楼层测量放线最常用的距离测量方法。

2. 水准仪

水准仪主要由望远镜、水准器和基座三个主要部分组成，是为水准测量提供水平视线和对水准标尺进行读数的一种仪器。

水准仪的主要功能是测量两点间的高差，它不能直接测量待定点的高程，但可由控制点的已知高程来推算测点的高程。另外，利用视距测量原理，它还可以测量两点间的水平距离。

3. 经纬仪

经纬仪由照准部、水平度盘和基座三部分组成，是对水平角和竖直角进行测量的一种仪器。

经纬仪的主要功能是测量两个方向之间的水平夹角，它还可以测量竖直角。借助水准尺，利用视距测量原理，它还可以测量两点间的水平距离和高差。

4. 全站仪

全站仪由电子经纬仪、光电测距仪和数据记录装置组成。

全站仪在测站上观测，必要的观测数据如斜距、天顶距（竖直角）、水平角等均能自动显示，而且几乎能在同一瞬间内得到平距、高差、点的坐标和高程。

5. 激光铅直仪

激光铅直仪主要用来进行点位的竖向传递，如高层建筑施工中轴线点的竖向投测等。

1. 水准仪

（1）类型：DS05 型和 DS1 型水准仪称为精密水准仪，用于国家一、二等水准测量及其他精密水准测量；DS3 型水准仪称为普通水准仪，用于国家三、四等水准测量及一般工程水准测量。

（2）功能：测量两点间的高差，它不能直接测量待定点的高程，但可由控制点的已知高程来推算测点的高程。

2. 经纬仪

在建筑工程中，常使用 DJ2 和 DJ6 型光学经纬仪。

 大纲考点：施工测量的内容与方法

知识点一 施工测量的工作内容

一般建筑工程，通常先布设施工控制网，再以施工控制网为基础，开展建筑物轴线测量和细部放样等施工测量工作。

知识点二 施工控制网测量

1. 建筑物施工平面控制网

平面控制网的主要测量方法有直角坐标法、极坐标法、角度交会法、距离交会法等。随着全站仪的普及，一般采用极坐标法建立平面控制网。

2. 建筑物施工高程控制网

建筑物高程控制应采用水准测量。

某点 P（工程 ±0.000）的设计高程为 $H_P = 81.500\text{m}$，附近一水准点 A 的高程为 $H_A = 81.345\text{m}$，现要将 P 点的设计高程测设在一个木桩上，其测设步骤如下：

（1）在水准点 A 和 P 点木桩之间安置水准仪，后视立于水准点 A 上的水准尺，读中线读数 a 为 1.458m。

（2）计算水准仪前视 P 点木桩水准尺的应读读数 b。可列出：$b = H_A + a - H_P$，将有关数据代入可求得 $b = 1.303\text{m}$。

（3）前视靠在木桩一侧的水准尺，上下移动水准尺，当读数恰好为 $b = 1.303\text{m}$ 时，木桩侧面沿水准尺底边画一横线。此线就是 P 点的设计高程 81.500m。

建筑物施工高程控制网测量公式：$b = H_A + a - H_P$。

知识点三 结构施工测量

结构施工测量的主要内容包括：主轴线内控基准点的设置、施工层的放线与抄平、建筑物主轴线的竖向投测、施工层标高的竖向传递等。

建筑物主轴线的竖向投测，主要有外控法和内控法两类。

采 分 点

多层建筑可采用外控法或内控法，高层建筑一般采用内控法。

真题回顾

一、单项选择题

1. 水准测量中，A 点为后视点，B 点为前视点，A 点高程为 h_a，后视读数为 a，前视读数为 b，则 B 点高程为（   ）。

A. $h_a - a + b$ B. $h_a + a - b$ C. $a + b - h_a$ D. $a - b - h_a$

【答案】B

【解析】$h_b = h_a +（a - b）$，所以该题的正确选项为 B。

2. 工程测量用水准仪的主要功能是（   ）。

A. 直接测量待定点的高程

B. 测量两个方向之间的水平夹角

C. 测量两点间的高差

D. 直接测量竖直角

【答案】C

【解析】水准仪的主要功能是测量两点间的高差，它不能直接测量待定点的高程，但可由控制点的已知高程来推算测点的高程。利用视距测量原理，它还可以测量两点间的水平距离。

二、案例分析题

1. 【背景资料】

某人防工程，建筑面积 5000m^2，地下一层，层高 4.0m。基础埋深为自然地面以下 6.5m。建设单位委托监理单位对工程实施全过程监理。建设单位和某施工单位根据《建设工程施工合同（示范文本）》（GF—1999–0201）签订了施工承包合同。

施工单位进场后，根据建设单位提供的原场区内方格控制网坐标进行该建筑物的定位测设。

【问题】

建筑物细部点定位测设有哪几种方法？本工程最适宜采用的方法是哪一种？

【参考答案】

建筑物细部点定位测设方法：直角坐标法、极坐标法、角度前方交会法、距离交会法、方向线交会法。本工程最适宜采用的是直角坐标法。

2. 【背景资料】

某新建办公楼，地下一层，筏板基础，地上十二层，剪力墙结构，筏板基础混凝土强度等级 C30，抗渗等级 P6，总方量 1980m^3，由某商品混凝土搅拌站供应，一次性连续浇筑。在施工现场内设置了钢筋加工区。

在合同履行过程中，由于建设单位提供的高程基准点 A 点（高程 H_A 为 75.141m）离基坑较远，项目技术负责人要求将高程控制点引测至邻近基坑的 B 点，技术人员在两点间架设水准仪，A 点立尺读数 a 为 1.441m，B 点立尺读数 b 为 3.521m。

【问题】

列式计算 B 点高程 H_B。

【参考答案】

$H_B = H_A + a - b = 75.141 + 1.441 - 3.521 = 73.061$（m）。

 知识拓展

一、单项选择题

1. 一施工现场进行高程测设，M 点为水准点，已知高程为 13.000m，N 点为待测点，安置水准仪于 M、N 之间，先在 M 点立尺，读得后视读数为 3.200m，然后在 N 点立尺，读得前视读数为 4.800m。N 点高程为（　　）m。

A. 9.800　　　　　　　　B. 11.400　　　　　　　C. 14.600　　　　　　　D. 17.800

2. 当建筑场地的施工控制网为方格网或轴线形式时，采用（　　）进行建筑物细部点的平面位置测设最为方便。

A. 直角坐标法　　　　　　　　　　　　B. 极坐标法

C. 角度前方交会法　　　　　　　　　　D. 距离交会法

3. 某高程测量，已知 A 点高程为 H_a，预测得 B 点高程 H_b，安置水准仪于 A、B 之间，后视读数为 a，前视读数为 b，则 B 点高程 H_b 为（　　）。

A. $H_b = H_a - a + b$　　　B. $H_b = H_a - a - b$　　　C. $H_b = H_a + a + b$　　　D. $H_b = H_a + a - b$

二、多项选择题

1. 水准仪主要由（　　）组成。

A. 照准部　　　　　　　　　　　　　　B. 水平度盘

C. 基座　　　　　　　　　　　　　　　D. 望远镜

E. 水准器

2. 能够测量建筑物两个方向之间水平夹角的仪器是（　　）。

A. DS1　　　　　　　　　　　　　　　B. DS3

C. DJ1　　　　　　　　　　　　　　　D. DJ2

E. DJ6

参考答案

一、单项选择题

1. B　2. A　3. D

二、多项选择题

1. CDE　2. CDE

第二节　地基与基础工程施工技术

 大纲考点：土方工程施工技术

 土方开挖

1. 坑边缘堆置土方和建筑材料，或沿挖方边缘移动运输工具和机械，一般应距基坑上部边缘不少于2m，堆置高度不应超过1.5m。在垂直的坑壁边，此安全距离还应适当加大。软土地区不宜在基坑边堆置弃土。

2. 挖土方案主要有放坡挖土、中心岛式（也称墩式）挖土、盆式挖土和逆作法挖土。前者无支护结构，后三种皆有支护结构。

3. 放坡开挖是最经济的挖土方案。当基坑开挖深度不大、周围环境允许，经验算能确保土坡的稳定性时，可采用放坡开挖。

4. 盆式挖土是先开挖基坑中间部分的土，周围四边留土坡，土坡最后挖除。优点：周边的土坡对围护墙有支撑作用，有利于减少围护墙的变形。缺点：大量的土方不能直接外运，需集中提升后装车外运。

5. 中心岛（墩）式挖土，宜用于大型基坑，支护结构的支撑形式为角撑、环梁式或边桁（框）架式，中间具有较大空间的情况下。优点：可以加快挖土和运土的速度。缺点：有可能增大支护结构的变形量，对于支护结构受力不利。

采分点

基坑开挖原则为开槽支撑、先撑后挖、分层开挖、严禁超挖。基坑堆置一般应距基坑上部边缘不少于2m，堆置高度不应超过1.5m。

知识点二　土方回填

1. 土料要求与含水量控制

填方土料应符合设计要求，保证填方的强度和稳定性。一般不能选用淤泥、淤泥质土、膨胀土、有机质大于8%的土、含水溶性硫酸盐大于5%的土、含水量不符合压实要求的黏性土。填方土应尽量采用同类土。土料含水量一般以手握成团、落地开花为适宜。

2. 基底处理

（1）清除基底上的垃圾、草皮、树根、杂物，排除坑穴中积水、淤泥和种植土，将基底充分夯实和碾压密实。

（2）应采取措施防止地表滞水流入填方区，浸泡地基，造成基土下陷。

（3）当填土场地地面陡于1/5时，应先将斜坡挖成阶梯形，阶高0.2~0.3m，阶宽大于1m，然后分层填土，以利结合和防止滑动。

3. 土方填筑与压实

（1）填土应从场地最低处开始，由下而上整个宽度分层铺填。每层虚铺厚度应根据夯实机械确定。

表 1-5　填土施工分层厚度及压实遍数

压实机具	分层厚度（mm）	每层压实遍数
平碾	250~300	6~8
振动压实机	250~350	3~4
柴油打夯机	200~250	3~4
人工打夯	<200	3~4

（2）填方应在相对两侧或周围同时进行回填和夯实。

（3）压实系数为土的控制（实际）干土密度 P_d 与最大干土密度 $P_d max$ 的比值。最大干土密度 $P_d max$ 是当最优含水量时，通过标准的击实方法确定的。

 采 分 点

1. 一般不能选用淤泥、淤泥质土、膨胀土、有机质大于 8% 的土、含水溶性硫酸盐大于 5% 的土、含水量不符合压实要求的黏性土。

2. 土料含水量一般以手握成团、落地开花为适宜。

3. 填方应在相对两侧或周围同时进行回填和夯实。

 大纲考点：基坑验槽及局部不良地基的处理方法

知识点一　验槽时必备的资料

1. 详勘阶段的岩土工程勘察报告。
2. 附有基础平面和结构总说明的施工图阶段的结构图。
3. 其他必须提供的文件或记录。

知识点二　验槽程序

1. 在施工单位自检合格的基础上进行。施工单位确认自检合格后提出验收申请。

2. 由总监理工程师或建设单位项目负责人组织建设、监理、勘察、设计及施工单位的项目负责人、技术质量负责人，共同按设计要求和有关规定进行。

知识点三　验槽的主要内容

1. 根据设计图纸检查基槽的开挖平面位置、尺寸、槽底深度，检查是否与设计图纸相符，开挖深度是否符合设计要求。

2. 仔细观察槽壁、槽底土质类型、均匀程度和有关异常土质是否存在，核对基坑土质及地下水情况是否与勘察报告相符。

3. 检查基槽之中是否有旧建筑物基础、古井、古墓、洞穴、地下掩埋物及地下人防工程等。

4. 检查基槽边坡外缘与附近建筑物的距离，基坑开挖对建筑物稳定是否有影响。

5. 天然地基验槽应检查核实分析钎探资料，对存在的异常点位进行复合检查。桩基应检测桩的质量合格。

知识点 四　验槽方法

地基验槽通常采用观察法。对于基底以下的土层不可见部位，通常采用钎探法。

1. 观察法

验槽时应重点观察柱基、墙角、承重墙下或其他受力较大部位，基槽边坡是否稳定。

2. 钎探法

钎探是用锤将钢钎打入坑底以下的土层内一定深度，根据锤击次数和入土难易程度来判断土的软硬情况及有无古井、古墓、洞穴、地下掩埋物等。

3. 轻型动力触探

遇到下列情况之一时，应在基底进行轻型动力触探：

（1）持力层明显不均匀。

（2）浅部有软弱下卧层。

（3）有浅埋的坑穴、古墓、古井等，直接观察难以发现时。

（4）勘察报告或设计文件规定应进行轻型动力触探时。

 采 分 点

1. 验槽时应重点观察柱基、墙角、承重墙下或其他受力较大部位。

2. 钎探是用锤将钢钎打入坑底以下的土层内一定深度，根据锤击次数和入土难易程度来判断土的软硬情况。

 大纲考点：砖、石基础施工技术

砖、石基础的特点：抗压性能好，整体性、抗拉性、抗弯性、抗剪性能较差，材料易得，施工操作简便，造价较低。适用于地基坚实、均匀，上部荷载较小，7层和7层以下的一般民用建筑和墙承重的轻型厂房基础工程。

知识点 一　施工准备工作要点

砖应提前 1～2d 浇水湿润，烧结普通砖含水率宜为 60%～70%。

知识点 二　砖基础施工技术要求

1. 砖基础大放脚一般采用一顺一丁砌筑形式，即一皮顺砖与一皮丁砖相间，上下皮垂直灰缝相互错开 60mm。

2. 砖基础的水平灰缝厚度和垂直灰缝宽度宜为 10mm。水平灰缝的砂浆饱满度不得小于 80%。

3. 砖基础底标高不同时，应从低处砌起，并应由高处向低处搭砌。当设计无要求时，搭砌长度不应小于砖基础大放脚的高度。

4. 砖基础的转角处和交接处应同时砌筑，当不能同时砌筑时，应留置斜槎。

5. 基础墙的防潮层，当设计无具体要求，宜用 1:2 水泥砂浆加适量防水剂铺设，其厚度宜为 20mm。防潮层位置宜在室内地面标高以下一皮砖处。

1. 砖基础的转角处和交接处应同时砌筑，当不能同时砌筑时，应留置斜槎。
2. 基础墙的防潮层位置宜在室内地面标高以下一皮砖处。

知识点三 石基础施工技术要求

1. 毛石基础截面形状有矩形、阶梯形、梯形等。基础上部宽一般比墙厚大20cm以上。为保证毛石基础的整体刚度和传力均匀，每一台阶应不少于2~3皮毛石，每阶宽度应不小于20cm，每阶高度不小于40cm。
2. 砌筑时应双挂线，分层砌筑，每层高度为30~40cm，大体砌平。
3. 毛石基础必须设置拉结石。

大纲考点：混凝土基础与桩基施工技术

知识点 混凝土基础施工技术要求

混凝土基础的主要形式有条形基础、单独基础、筏形基础和箱形基础等。

1. 单独基础浇筑

（1）台阶式基础施工

可按台阶分层一次浇筑完毕，不允许留设施工缝，每层混凝土要一次灌足，顺序先边角后中间。

（2）杯形基础施工

杯口模板的位置应在两侧对称浇筑。

2. 条形基础浇筑

根据基础深度宜分段分层连续浇筑混凝土，一般不留施工缝，每段浇筑长度控制在2000~3000mm距离，做到逐段逐层呈阶梯形向前推进。

3. 设备基础浇筑

一般应分层浇筑，并保证上下层之间不留施工缝，每层混凝土厚度为200~300mm。每层浇筑顺序应从低处开始，沿长边方向自一端向另一端浇筑，也可采用中间向两端或两端向中间浇筑的顺序。

4. 基础底板大体积混凝土工程

（1）大体积混凝土的浇筑

大体积混凝土浇筑时，采用分层浇筑时，应保证在下层混凝土初凝前将上层混凝土浇筑完毕。浇筑方案有全面分层、分段分层、斜面分层等方式。

（2）大体积混凝土的振捣

采用振捣棒进行振捣，在振动初凝以前对混凝土进行二次振捣，排除混凝土因泌水在粗骨料、水平钢筋下部生成的水分和空隙，提高混凝土与钢筋的握裹力，防止因混凝土沉落而出现的裂缝，减少内部微裂，增加混凝土密实度，使混凝土抗压强度提高，从而提高抗裂性。

（3）大体积混凝土的养护

①种类：养护方法分为保温法和保湿法两种。②养护时间：为了确保新浇筑的混凝土有

适宜的硬化条件，防止在早期由于干缩而产生裂缝，大体积混凝土浇筑完毕后，应在 12h 内加以覆盖和浇水。对有抗渗要求的混凝土，采用普通硅酸盐水泥拌制的混凝土养护时间不得少于 14d；采用矿渣水泥、火山灰水泥等拌制的混凝土养护时间不得少于 21d。

（4）大体积混凝土裂缝的控制

①优先选用低水化热的矿渣水泥拌制混凝土，并适当使用缓凝减水剂。②在保证混凝土设计强度等级前提下，适当降低水灰比，减少水泥用量。③降低混凝土的入模温度，控制混凝土内外的温差（当设计无要求时，控制在 25℃ 以内），如降低拌合水温度（拌合水中加冰屑或用地下水）。骨料需用水冲洗降温，避免暴晒。④及时对混凝土覆盖保温、保湿材料。⑤可在基础内预埋冷却水管，通入循环水，强制降低混凝土水化热产生的温度。⑥在拌合混凝土时，还可掺入适量的微膨胀剂或膨胀水泥，使混凝土得到补偿收缩，减少混凝土的温度应力。⑦设置后浇缝。当大体积混凝土平面尺寸过大时，可以适当设置后浇缝，以减小外应力和温度应力。同时，也有利于散热，降低混凝土的内部温度。⑧大体积混凝土可采用二次抹面工艺，减少表面收缩裂缝。

 **采 分 点**

1. 单独基础浇筑不允许留设施工缝；条形基础浇筑一般不留施工缝；设备基础浇筑上下层之间不留施工缝。

2. 大体积混凝土分层浇筑时，应在下层混凝土初凝前将上层混凝土浇筑完毕。

3. 二次振捣的目的。

4. 大体积混凝土的养护和裂缝的控制。

 大纲考点：人工降排地下水施工技术

知识点 人工降排地下水施工

基坑开挖深度浅，基坑涌水量不大时，可边开挖边用排水沟和集水井进行集水明排。在软土地区基坑开挖深度超过 3m，一般就要采用井点降水。

1. 明沟、集水井排水

明沟、集水井排水指在基坑的两侧或四周设置排水明沟，在基坑四角或每隔 30～40m 设置集水井，使基坑渗出的地下水通过排水明沟汇集于集水井内，然后用水泵将其排出基坑外。

2. 降水

降水即在基坑土方开挖之前，用真空（轻型）井点、喷射井点或管井深入含水层内，用不断抽水的方式使地下水位下降至坑底以下，同时使土体产生固结以方便土方开挖。

3. 防止或减少降水影响周围环境的技术措施

（1）采用回灌技术。

（2）采用砂沟、砂井回灌。

（3）减缓降水速度。

基坑开挖深度浅，基坑涌水量不大时，可边开挖边用排水沟和集水井进行集水明排。在软土地区基坑开挖深度超过 3m，一般就要采用井点降水。

 大纲考点：岩土工程与基坑监测技术

知识点 岩土工程与基坑监测技术

1. 岩土工程

根据土方开挖的难易程度不同，可将土石分为八类。

表 1-6 岩土的工程分类

等级	一类土	二类土	三类土	四类土	五类土	六类土	七类土	八类土
名称	松软土	普通土	坚土	沙砾坚土	软石	次坚石	坚石	特坚石

2. 基坑监测

基坑工程施工前，应由建设方委托具备相应资质的第三方对基坑工程实施现场检测。

岩土分类。

一、单项选择题

1. 基坑验槽应由（　　）组织。

A. 勘察单位项目负责人　　　　　　　　B. 设计单位项目负责人

C. 施工单位负责人　　　　　　　　　　D. 总监理工程师

【答案】D

【解析】基坑验槽由总监理工程师或建设单位项目负责人组织建设、监理、勘察、设计及施工单位的项目负责人、技术质量负责人，共同按设计要求和有关规定进行。

2. 大体积混凝土应分层浇筑，上层混凝土应在下层混凝土（　　）完成浇筑。

A. 初凝前　　　　　　B. 初凝后　　　　　　C. 终凝前　　　　　　　D. 终凝后

【答案】A

【解析】大体积混凝土浇筑时，采用分层浇筑时，应保证在下层混凝土初凝前将上层混凝土浇筑完毕。

二、多项选择题

1. 关于土方开挖的说法，正确的有（　　）。

A. 基坑开挖可采用机械直接开挖至基底标高

B. 基坑开挖方案应根据支护结构设计、降排水要求确定

C. 土方开挖前应进行测量定位，设置好控制点

D. 软土基坑必须分层均衡开挖

E. 基坑开挖完成后应及时验槽，减少暴露时间

【答案】CE

【解析】基坑开挖中，当基坑深度在5m以内，可一次开挖，A错。开挖前，应根据工程结构形式、基坑深度、地质条件、周围环境、施工方法、施工工期和地面荷载等资料，确定基坑开挖方案和地下水控制施工方案，所以B错误。土方开挖前先进行测量定位、抄平放线，设置好控制点，C正确。软土基坑地基土质复杂，所以，必须分层开挖，但不一定均衡，可由一侧挖向另一侧，D错误。基坑开挖完成后，应及时清底、验槽，减少暴露时间，防止暴晒和雨水浸刷破坏地基土的原状结构，E正确。所以，选C、E。

2. 下列施工措施中，有利于大体积混凝土裂缝控制的是（　　　）。

A. 选用低水化热的水泥

B. 提高水灰化

C. 提高混凝土的入模温度

D. 及时对混凝土进行保温、保湿养护

E. 采用二次抹面工艺

【答案】ADE

【解析】优先选用低水化热的矿渣水泥拌制混凝土，并适当使用缓凝减水剂，A正确。在保证混凝土设计强度等级前提下，适当降低水灰比，减少水泥用量，B错。降低混凝土的入模温度，控制混凝土内外的温差（当设计无要求时，控制在25℃以内），如降低拌合水温度（拌合水中加冰屑或用地下水）。骨料需用水冲洗降温，避免暴晒，C错。及时对混凝土覆盖保温、保湿材料，D正确。大体积混凝土可采用二次抹面工艺，减少表面收缩裂缝，E正确。

3. 基坑开挖完毕后，必须参加现场验槽并签署意见的单位有（　　　）。

A. 质监站 　　　　　　　　　　　B. 建立建设单位

C. 设计单位 　　　　　　　　　　D. 勘察单位

E. 施工单位

【答案】BCDE

【解析】基坑开挖完毕后，应由建设单位、设计单位、勘察单位、监理单位、施工单位等单位现场验槽。

4. 地基验槽时，需在基底进行轻型动力触探的部位有（　　　）。

A. 基底已处理的部位 　　　　　　B. 持力层明显不均匀的部位

C. 有浅埋古井的部位 　　　　　　D. 浅部有软弱下卧层的部位

E. 设计文件注明的部位

【答案】BCDE

【解析】遇到下列情况之一时，应在基底进行轻型动力触探：①持力层明显不均匀。②浅部有软弱下卧层。③有浅埋的坑穴、古墓、古井等，直接观察难以发现时。④勘察报告或设计文件规定应进行轻型动力触探时。

5. 关于大体积混凝土裂缝控制做法，正确的有（　　　）。

A. 控制混凝土入模温度 　　　　　B. 增大水灰比，加大水泥用量

C. 混凝土浇筑完毕，无须覆盖 　　D. 掺入适量微膨胀剂

E. 观测混凝土温度变化，以便采取措施

【答案】AD

【解析】大体积混凝土裂缝控制做法如下：①优先选用低水化热的矿渣水泥拌制混凝土，并适当使用缓凝减水剂。②适当降低水灰比，减少水泥用量。③降低混凝土的入模温度，控制混凝土内外的温差。④及时对混凝土覆盖保温、保湿材料。⑤可在基础内预埋冷却水管，通入循环水，强制降低混凝土水化热产生的温度。⑥在拌合混凝土时，还可掺入适量的微膨胀剂或膨胀水泥，使混凝土得到补偿收缩，减少混凝土的温度应力。⑦设置后浇缝。⑧大体积混凝土可采用二次抹面工艺，减少表面收缩裂缝。

6. 关于混凝土条形基础施工的说法，正确的有（　　）。

A. 宜分段分层连续浇筑　　　　　　　　B. 一般不留施工缝

C. 各段层间应相互衔接　　　　　　　　D. 每段浇筑长度应控制在 4～5m

E. 不宜逐段逐层呈阶梯形向前推进

【答案】ABC

【解析】根据基础深度宜分段分层连续浇筑混凝土，一般不留施工缝。各段层间应相互衔接，每段间浇筑长度控制在 2000～3000mm，做到逐段逐层呈阶梯形向前推进。

 知识拓展

一、单项选择题

1. 在大体积混凝土工程中，为控制其施工裂缝应优先选用（　　）拌制混凝土。

A. 火山灰水泥　　　　B. 矿渣水泥　　　　C. 粉煤灰水泥　　　　D. 硅酸盐水泥

2. 混凝土基础的主要形式有（　　）、单独基础、筏形基础和箱形基础等。

A. 圆形基础　　　　B. 柱形基础　　　　C. 板形基础　　　　D. 条形基础

3. 砖基础底标高不同时，应（　　）；设计无要求时，搭砌长度不应小于砖基础大放脚的高度。

A. 从低处砌起，并应由高处向低处搭砌

B. 从高处砌起，并应由高处向低处搭砌

C. 从高处砌起，并应由低处向高处搭砌

D. 从低处砌起，并应由低处向高处搭砌

4. 砖基础防潮层，当设计无要求时宜采用（　　）水泥砂浆加适量的（　　）铺设。

A. 1:2；减水剂　　　　　　　　　　　　B. 1:2；防水剂

C. 1:3；减水剂　　　　　　　　　　　　D. 1:3；防水剂

5. 基坑验槽的重点应选择在（　　）或其他受力较大部位。

A. 柱基、墙角　　　　B. 基坑中心　　　　C. 基坑四周　　　　D. 地基边缘

6. 大体积混凝土浇筑完毕后，应在 12 小时之内覆盖浇水养护，采用矿渣水泥拌制的混凝土养护时间不得少于（　　）。

A. 28d　　　　　　　　B. 21d　　　　　　　　C. 14d　　　　　　　　D. 7d

7. 基坑土方填筑应（　　）进行回填和夯实。

A. 从一侧向另一侧平推　　　　　　　　B. 在相对两侧或周围同时

C. 由近到远　　　　　　　　　　　　　D. 在基抗卸土方便处

8. 土方开挖时，基坑边缘堆置土方和建筑材料，一般应距基坑上部边缘不少于（　　）

m，堆置高度不应超过（　　）m。

A. 2，1.5　　　　　　B. 2，2　　　　　　C. 1.5，2　　　　　　D. 1.5，1.5

9. 土方回填后，由（　　）组织进行基坑验槽。

A. 监理工程师　　　　　　　　　　　　B. 总监理工程师

C. 施工单位负责人　　　　　　　　　　D. 勘察单位负责人

二、多项选择题

1. 遇到下列情况（　　）之一时，应在基底进行轻型动力触探。

A. 深部有软弱下卧层　　　　　　　　　B. 持力层明显不均匀

C. 浅部有软弱下卧层　　　　　　　　　D. 有浅埋的坑穴，直接观察难以发现时

E. 有深埋的坑穴，直接观察难以发现时

2. 基坑土方开挖应遵循（　　）原则。

A. 开槽支撑　　　　　　　　　　　　　B. 先撑后挖

C. 先围护后开挖　　　　　　　　　　　D. 严禁超挖

E. 分层开挖

3. 下列（　　）属于大体积混凝土裂缝的控制措施。

A. 优先选用低水化热的水泥

B. 尽量增加水泥用量

C. 及时对混凝土进行覆盖保温、保湿养护

D. 设置后浇缝

E. 进行二次抹面工作

三、案例分析题

【背景资料】

某工程建筑面积25000m²，采用现浇混凝土结构，基础为筏板式基础地下3层，地上12层，基础埋深12.4m，该工程位于繁华市区，施工场地狭小。基坑开挖到设计标高后，施工单位和监理单位共同对基坑进行了验槽，并对基底进行了钎探。发现有部分软弱下卧层，施工单位于是针对此问题制定了处理方案并进行了处理。

【问题】

基坑验槽的重点是什么？施工单位对软弱下卧层的处理是否妥当？说明理由。

参考答案

一、单项选择题

1. B　2. D　3. A　4. B　5. A　6. B　7. B　8. A　9. B

二、多项选择题

1. BCD　2. ABDE　3. ACDE

三、案例分析题

验槽时应重点观察柱基、墙角、承重墙下或其他受力较大的部位。施工单位对软弱土层下卧层处理不当，施工单位要会同勘察、设计等有关单位对异常部位进行处理。

第三节 主体结构工程施工技术

 大纲考点：钢筋混凝土结构工程施工技术

混凝土结构的缺点主要有：结构自重大，抗裂性差，施工过程复杂，受环境影响大，施工工期较长。

知识点一 模板工程

模板工程是由面板、支架和连接件三部分系统组成的体系，可简称为模板。

1. 常见模板体系及其特性

（1）木模板：优点是制作、拼装灵活，较适用于外形复杂或异形混凝土构件及冬期施工的混凝土工程；缺点是制作量大，木材资源浪费大等。

（2）组合钢模板：优点是轻便灵活、拆装方便、通用性强、周转率高等；缺点是接缝多且严密性差，导致混凝土成型后外观质量差。

（3）钢框木（竹）胶合板模板：特点为自重轻、用钢量少、面积大、模板拼缝少、维修方便等。

（4）大模板：优点是模板整体性好、抗震性强、无拼缝等；缺点是模板重量大，移动安装需起重机械吊运。

（5）散支散拆胶合板模板：优点是自重轻、板幅大、板面平整、施工安装方便简单等。

（6）早拆模板：优点是部分模板可早拆，加快周转，节约成本。

2. 模板工程设计的主要原则

实用性、安全性、经济性。

3. 模板工程安装要点

（1）安装现浇结构的上层模板及其支架时，下层楼板应具有足够的承载能力。

（2）对跨度不小于4m的现浇钢筋混凝土梁、板，其模板应按设计要求起拱；当设计无具体要求时，起拱高度应为跨度的 $1/1000 \sim 3/1000$。

4. 模板拆除顺序

一般按后支先拆、先支后拆、先拆除非承重部分后拆除承重部分的拆模顺序进行。底模及支架拆除时的混凝土强度应符合表 1A413041 的规定：

表 1-7 底模及支架拆除时的混凝土强度　　表 1A413041

构件类型	构件跨度（m）	达到设计的混凝土立方体抗压强度标准值的百分率（%）
板	≤2	≥50
	>2，≤8	≥75
	>8	≥100

构件类型	构件跨度（m）	达到设计的混凝土立方体抗压强度标准值的百分率（%）
梁拱壳	≤8	≥75
	>8	≥100
悬臂构件	—	≥100

1. 模板工程设计的主要原则。

（1）实用性：模板要保证构件形状尺寸和相互位置的正确，且构造简单、支拆方便、表面平整、接缝严密不漏浆等。

（2）安全性：要具有足够的强度、刚度和稳定性，保证施工中不变形、不破坏、不倒塌。

2. 对跨度不小于4m的现浇钢筋混凝土梁、板，当设计无具体要求时，起拱高度应为跨度的1/1000～3/1000。

3. 底模及支架拆除时的混凝土强度规定。

知识点二　钢筋工程

1. 钢筋配料

钢筋配料是根据构件配筋图，先绘出各种形状和规格的单根钢筋简图。各种钢筋下料长度计算如下：

直钢筋下料长度＝构件长度－保护层厚度＋弯钩增加长度

弯起钢筋下料长度＝直段长度＋斜段长度－弯曲调整值＋弯钩增加长度

箍筋下料长度＝箍筋周长＋箍筋调整值

如果上述钢筋需要搭接，还要增加钢筋搭接长度。

2. 钢筋代换

钢筋代换时，应征得设计单位的同意。

3. 钢筋连接

（1）钢筋的连接方法

包括焊接、机械连接和绑扎连接三种。

（2）钢筋的焊接

电渣压力焊适用于现浇钢筋混凝土结构中竖向或斜向（倾斜度在4:1范围内）的钢筋连接。直接承受动力荷载的结构构件中，纵向钢筋不宜采用焊接接头。

（3）钢筋机械连接

目前最常见、采用最多的方式是钢筋剥肋滚压直螺纹套筒连接。其通常适用的钢筋级别为 HRB 335、HRB 400、RRB 400；适用的钢筋直径范围通常为 16～50mm。

（4）钢筋绑扎连接（或搭接）

当受拉钢筋直径大于28mm、受压钢筋直径大于32mm时，不宜采用绑扎搭接接头。

轴心受拉及小偏心受拉杆件（如桁架和拱架的拉杆等）的纵向受力钢筋和直接承受动力荷载结构中的纵向受力钢筋均不得采用绑扎搭接接头。

（5）钢筋接头位置

钢筋接头位置宜设置在受力较小处。同一纵向受力钢筋不宜设置两个或两个以上接头。接头末端至钢筋弯起点的距离不应小于钢筋直径的 10 倍。

4. 钢筋加工

（1）钢筋加工包括调直、除锈、下料切断、接长、弯曲成型等。

（2）钢筋调直可采用机械调直和冷拉调直。当采用冷拉调直时，必须控制钢筋的伸长率。

（3）钢筋除锈：一是在钢筋冷拉或调直过程中除锈；二是可采用机械除锈机除锈、喷砂除锈、酸洗除锈和手工除锈等。

（4）钢筋下料的切断口不得有马蹄形或起弯等现象。

5. 钢筋安装

（1）柱钢筋的绑扎应在柱模板安装前进行；框架梁、牛腿及柱帽等钢筋，应放在柱子纵向钢筋的内侧。

（2）墙钢筋绑扎也应在墙模板安装前进行；墙钢筋的弯钩应朝向混凝土内；采用双层钢筋网时，在两层钢筋间应设置撑铁或绑扎架，以固定钢筋间距。

（3）板、次梁与主梁交叉处，板的钢筋在上，次梁的钢筋居中，主梁的钢筋在下；当有圈梁或垫梁时，主梁的钢筋在上；框架节点处钢筋穿插十分稠密时，应特别注意梁顶面主筋间的净距要有 30mm，以利浇筑混凝土。

6. 细部构造钢筋处理

（1）梁、柱的箍筋弯钩及焊接封闭箍筋的对焊点应沿纵向受力钢筋方向错开设置。在构件同一表面上，焊接封闭箍筋的对焊接头所占面积百分率不宜超过 50%。

（2）当设计无要求时，应优先保证主要受力构件和构件中主要受力方向的钢筋位置。框架节点处梁纵向受力钢筋宜置于柱纵向钢筋内侧；次梁钢筋宜放在主梁钢筋内侧；剪力墙中水平分布钢筋宜放在外部，并在墙边弯折锚固。

采 分 点

1. 钢筋代换原则。

2. 直接承受动力荷载的结构构件中，纵向钢筋不宜采用焊接接头。

3. 当受拉钢筋直径大于 28mm、受压钢筋直径大于 32mm 时，不宜采用绑扎搭接接头。

4. 对 HPB 300 级钢筋的冷拉伸长率不宜大于 4%；对于 HRB 335 级、HRB 400 级和 RRB 400级钢筋的冷拉伸长率不宜大于 1%。

5. 板、次梁与主梁交叉处，板的钢筋在上，次梁的钢筋居中，主梁的钢筋在下；当有圈梁或垫梁时，主梁的钢筋在上。

知识点 三 混凝土工程

1. 混凝土用原材料

（1）普通混凝土结构宜选用通用硅酸盐水泥；对于有抗渗、抗冻融要求的混凝土，宜选用硅酸盐水泥或普通硅酸盐水泥；处于潮湿环境的混凝土结构，当使用碱活性骨料时，宜采用低碱水泥。

（2）粗骨料最大粒径不应超过构件截面最小尺寸的 1/4，且不应超过钢筋最小净间距的 3/4。

（3）未经处理的海水严禁用于钢筋混凝土和预应力混凝土拌制和养护。

2. 混凝土配合比

（1）混凝土配合比应根据原材料性能及对混凝土的技术要求（强度等级、耐久性和工作性等），由具有资质的试验室进行计算，并经试配、调整后确定。

（2）混凝土配合比应采用重量比，且每盘混凝土试配量不应小于20L。

3. 泵送混凝土

泵送混凝土配合比设计。泵送混凝土的坍落度不低于100mm，外加剂主要有泵送剂、减水剂和引气剂等。

4. 混凝土浇筑

（1）浇筑中混凝土不能有离析现象。

（2）浇筑混凝土应连续进行。当必须间歇时，其间歇时间宜尽量缩短，并应在前层混凝土初凝之前，将次层混凝土浇筑完毕，否则应留置施工缝。

（3）混凝土宜分层浇筑，分层振捣。

（4）梁和板宜同时浇筑混凝土，有主次梁的楼板宜顺着次梁方向浇筑，单向板宜沿着板的长边方向浇筑；拱和高度大于1m时的梁等结构，可单独浇筑混凝土。

5. 施工缝

（1）施工缝的留置位置应符合下列规定：

①柱、墙水平施工缝可留设在基础、楼层结构顶面，柱施工缝与结构上表面的距离宜为0～100mm，墙施工缝与结构上表面的距离宜为0～300mm。②当板下有梁托时，留置在梁托下部。柱、墙水平施工缝也可留置在楼层结构底面，施工缝与结构下表面的距离宜为0～50mm；当板下有梁托时，可留置在梁托下0～20mm处。③单向板应留置在平行于板的短边的位置。④有主次梁的楼板，施工缝应留置在次梁跨中1/3范围内。⑤墙应留置在门洞口过梁跨中1/3范围内，也可留置在纵横墙的交接处。⑥楼梯梯段施工缝宜留置在梯段板跨度端部的1/3范围内。

（2）在施工缝处继续浇筑混凝土时，应符合下列规定：

已浇筑的混凝土，其抗压强度不应小于1.2N/mm^2。

6. 后浇带的设置和处理

后浇带通常根据设计要求留置，并保留一段时间（若设计无要求，则至少保留28d）后再浇筑，将结构连成整体。

填充后浇带，可采用微膨胀混凝土，强度等级比原结构强度提高一级，并保持至少14d的湿润养护。

7. 混凝土的养护

（1）混凝土浇筑后应及时进行保湿养护，保湿养护可分覆盖浇水养护、薄膜布覆盖包裹养护和养生液养护等。

（2）对已浇筑完毕的混凝土，应在混凝土终凝前（通常为混凝土浇筑完毕后8～12h内），开始进行自然养护。

（3）混凝土的养护时间，应符合下列规定：

①采用硅酸盐水泥、普通硅酸盐水泥或矿渣硅酸盐水泥配制的混凝土，不应少于7d。采用其他品种水泥时，养护时间应根据水泥性能确定。②采用缓凝型外加剂、大掺量矿物掺合料配制的混凝土，不应少于14d。③抗渗混凝土、强度等级C60及以上的混凝土，不应少于

14d。④后浇带混凝土的养护时间不应少于14d。

8. 大体积混凝土施工

（1）大体积混凝土施工应编制施工组织设计或施工技术方案。

（2）温控指标宜符合下列规定：

①混凝土浇筑体在入模温度基础上的温升值不宜大于50℃。②混凝土浇筑块体的里表温差（不含混凝土收缩的当量温度）不宜大于25℃。③混凝土浇筑体表面与大气温差不宜大于20℃。

（3）配制大体积混凝土所用水泥应选用中、低热硅酸盐水泥或低热矿渣硅酸盐水泥。

（4）大体积混凝土工程的施工宜采用整体分层连续浇筑施工或推移式连续浇筑施工。

（5）超长大体积混凝土施工，应选用下列方法控制结构不出现有害裂缝：

①留置变形缝。②后浇带施工。③跳仓法施工：跳仓的最大分块尺寸不宜大于40m，跳仓间隔施工的时间不宜少于7d，跳仓接缝处按施工缝的要求设置和处理。

 **采 分 点**

1. 泵送混凝土的坍落度不低于100mm。

2. 浇筑竖向结构混凝土前，应先在底部填50～100mm厚与混凝土中水泥、砂配比成分相同的水泥砂浆；梁和板宜同时浇筑混凝土，有主次梁的楼板宜顺着次梁方向浇筑，单向板宜沿着板的长边方向浇筑；拱和高度大于1m时的梁等结构，可单独浇筑混凝土。

3. 施工缝的留置位置规定。

4. 填充后浇带，可采用微膨胀混凝土，强度等级比原结构强度提高一级，并保持至少14d的湿润养护。

5. 混凝土的养护时间。

6. 配制大体积混凝土所用水泥应选用中、低热硅酸盐水泥或低热矿渣硅酸盐水泥。

7. 大体积混凝土工程的施工宜采用整体分层连续浇筑施工或推移式连续浇筑施工。

 大纲考点：砌体结构工程施工技术

知识点一 砌筑砂浆

1. 砂浆原材料要求

（1）水泥：水泥进场时应对其品种、等级、包装或散装仓号、出厂日期等进行检查，并应对其强度、安定性进行复验。

（2）砂：宜用过筛中砂，砂中不得含有有害杂物。

（3）拌制水泥混合砂浆的建筑生石灰、建筑生石灰粉熟化为石灰膏，其熟化时间分别不得少于7d和2d。

（4）水：宜采用自来水。

2. 砂浆配合比

（1）砌筑砂浆配合比应通过有资质的实验室，根据现场实际情况试配确定，并同时满足稠度、分层度和抗压强度的要求。

（2）砌筑砂浆的稠度通常为30～90mm，在砌筑材料为粗糙多孔且吸水较大的块料或在干热条件下砌筑时，应选用较大稠度值的砂浆，反之应选用稠度值较小的砂浆。

（3）砌筑砂浆的分层度不得大于 30mm，确保砂浆具有良好的保水性。

（4）施工中不应采用强度等级小于 M5 水泥砂浆替代同强度等级水泥混合砂浆，如需替代，应将水泥砂浆提高一个强度等级。

3. 砂浆的拌制及使用

（1）砂浆现场拌制时，各组分材料应采用重量计量。

（2）砂浆应采用机械搅拌。搅拌时间自投料完算起，应为：

①水泥砂浆和水泥混合砂浆，不得少于 2min。②水泥粉煤灰砂浆和掺用外加剂的砂浆，不得少于 3min。

（3）现场拌制的砂浆应随拌随用，拌制的砂浆应在 3h 内使用完毕；当施工期间最高气温超过 30℃时，应在 2h 内使用完毕。

4. 砂浆强度

由边长为 7.07cm 的正方体试件，经过 28d 标准养护，测得一组三块试件的抗压强度值来评定。

每检验一批不超过 250m³ 砌体的各种类型及强度等级的砂浆，每台搅拌机应至少抽验一次。

1. 砂浆原材料要求。

2. 现场拌制的砂浆应随拌随用，拌制的砂浆应在 3h 内使用完毕；当施工期间最高气温超过 30℃时，应在 2h 内使用完毕。

知识点二 砖砌体工程

1. 砌筑用砖

烧结普通砖的外形为直角六面体，其公称尺寸为：长 240mm、宽 115mm、高 53mm。

2. 砖砌体施工

（1）砌筑烧结普通砖、烧结多孔砖、蒸压灰砂砖、蒸压粉煤灰砖砌体时，砖应提前 1 ~ 2d 适度湿润，严禁采用干砖或处于吸水饱和状态的砖砌筑。

（2）混凝土多孔砖及混凝土实心砖不需浇水湿润。

（3）砌筑方法有"三一"砌筑法、挤浆法（铺浆法）、刮浆法和满口灰法四种。通常宜采用"三一"砌筑法，即一铲灰、一块砖、一揉压的砌筑方法。当采用铺浆法砌筑时，铺浆长度不得超过 750mm，施工期间气温超过 30℃时，铺浆长度不得超过 500mm。

（4）设置皮数杆。在砖砌体转角处、交接处应设置皮数杆，皮数杆上标明砖皮数、灰缝厚度以及竖向构造的变化部位。皮数杆间距不应大于 15m。在相对两皮数杆上砖上边线处拉水准线。

（5）砖墙灰缝宽度宜为 10mm，且不应小于 8mm，也不应大于 12mm。

（6）砖墙的水平灰缝砂浆饱满度不得小于 80%；垂直灰缝宜采用挤浆或加浆方法，不得出现透明缝、瞎缝和假缝。

（7）在砖墙上留置临时施工洞口，其侧边离交接处墙面不应小于 500mm，洞口净宽不应超过 1m。临时施工洞口应做好补砌。

（8）不得在下列墙体或部位设置脚手眼：

①120mm 厚墙、料石清水墙、附墙柱和独立柱。②过梁上与过梁成 60°角的三角形范围及过梁净跨度 1/2 的高度范围内。③宽度小于 1m 的窗间墙。④砌体门窗洞口两侧 200mm（石砌体为 300mm）和转角处 450mm（石砌体为 600mm）范围内。⑤梁或梁垫下及其左右 500mm 范围内。⑥设计不允许设置脚手眼的部位。⑦轻质墙体。⑧夹心复合墙外叶墙。

（9）施工脚手眼补砌时，灰缝应填满砂浆，不得用干砖填塞。

（10）砖墙的转角处和交接处应同时砌筑。对不能同时砌筑而又必须留置的临时间断处应砌成斜槎。普通砖砌体斜槎水平投影长度不应小于高度的 2/3，多孔砖砌体的斜槎长高比不应小于 1/2。斜槎高度不得超过一步脚手架的高度。

（11）非抗震设防及抗震设防烈度为 6 度、7 度地区的临时间断处，当不能留斜槎时，除转角处外，可留直槎，但直槎必须做成凸槎。留直槎处应加设拉结钢筋，拉结钢筋的数量为每 120mm 墙厚放置 1Φ6 拉结钢筋（120mm 厚墙放置 2Φ6 拉结钢筋），间距沿墙高不应超过 500mm，且竖向间距偏差不应超过 100mm，埋入长度从留槎处算起每边均不应少于 500mm，对抗震设防烈度 6 度、7 度地区，不应少于 1000mm，末端应有 90°弯钩。

（12）设有钢筋混凝土构造柱的抗震多层砖房，应先绑扎钢筋，然后砌砖墙，最后浇筑混凝土。墙与柱应沿高度方向每 500mm 设 2Φ6 拉筋（一砖墙），每边伸入墙内不应少于 1m，构造柱应与圈梁连接，砖墙应砌成马牙槎，每一马牙槎沿高度方向的尺寸不超过 300mm，马牙槎从每层柱脚开始，先退后进。该层构造柱混凝土浇筑完以后，才能进行上一层施工。

（13）砖墙工作段的分段位置，宜设在变形缝、构造柱或门窗洞口处。相邻工作段的砌筑高度不得超过一个楼层高度，也不宜大于 4m。

3. 砖柱

砖柱砌筑应保证砖柱外表面上下皮垂直灰缝相互错开 1/4 砖长，砖柱不得采用包心砌法。

4. 多孔砖

多孔砖的孔洞应垂直于受压面砌筑。

◆采◆分◆点◆

1. 当采用铺浆法砌筑时，铺浆长度不得超过 750mm，施工期间气温超过 30℃时，铺浆长度不得超过 500mm。

2. 砖墙灰缝宽度宜为 10mm，且不应小于 8mm，也不应大于 12mm。

3. 脚手眼的留置部位。

4. 普通砖砌体斜槎水平投影长度不应小于高度的 2/3，多孔砖砌体的斜槎长高比不应小于 1/2。斜槎高度不得超过一步脚手架的高度。

5. 设有钢筋混凝土构造柱的抗震多层砖房，应先绑扎钢筋，然后砌砖墙，最后浇筑混凝土。

知识点三 混凝土小型空心砌块砌体工程

1. 施工采用的小砌块的产品龄期不应少于 28d。

2. 普通混凝土小型空心砌块砌体，不需对小砌块浇水湿润。当天气干燥炎热时，可提前洒水湿润小砌块；轻集料混凝土小砌块施工前可洒水湿润，但不宜过多。

3. 小砌块应将生产时的底面朝上反砌于墙上。

4. 底层室内地面以下或防潮层以下的砌体，应采用强度等级不低于 C20（或 Cb20）的混凝土灌实小砌块的孔洞。

5. 小砌块墙体应孔对孔、肋对肋错缝搭砌。

1. 施工采用的小砌块的产品龄期不应少于 28d。

2. 小砌块应将生产时的底面朝上反砌于墙上。

知识点四　填充墙砌体工程

1. 加气混凝土砌块墙如无切实有效措施，不得使用于下列部位：

（1）建筑物室内地面标高以下部位。

（2）长期浸水或经常受干湿交替部位。

（3）受化学环境侵蚀（如强酸、强碱）或高浓度二氧化碳等环境。

（4）砌块表面经常处于 80℃ 以上的高温环境。

2. 在厨房、卫生间、浴室等处采用轻骨料混凝土小型空心砌块、蒸压加气混凝土砌块砌筑墙体时，墙底部宜现浇混凝土坎台，其高度宜为 150mm。

3. 蒸压加气混凝土砌块、轻骨料混凝土小型空心砌块不应与其他块体混砌，不同强度等级的同类块体也不得混砌。

4. 加气混凝土墙上不得留置脚手眼。每一楼层内的砌块墙应连续砌完，不留接槎。如必须留槎时，应留斜槎。

在厨房、卫生间、浴室等处采用轻骨料混凝土小型空心砌块、蒸压加气混凝土砌块砌筑墙体时，墙底部宜现浇混凝土坎台，其高度宜为 150mm。

 大纲考点：钢结构工程施工技术

知识点一　钢结构构件的连接

钢结构的连接方法有焊接、普通螺栓连接、高强度螺栓连接和铆接。

1. 焊接

焊缝缺陷通常分为裂纹、孔穴、固体夹杂、未熔合、未焊透、形状缺陷等。

其主要产生原因和处理方法：

（1）裂纹

产生热裂纹的主要原因是母材抗裂性能差、焊接材料质量不好、焊接工艺参数选择不当、焊接内应力过大等。产生冷裂纹的主要原因是焊接结构设计不合理、焊缝布置不当、焊接工艺措施不合理，如焊前未预热、焊后冷却快等。处理办法是在裂纹两端钻止裂孔或铲除裂纹处的焊缝金属，进行补焊。

2. 孔穴

产生气孔的主要原因是焊条药皮损坏严重、焊条和焊剂未烘烤、母材有油污或锈和氧化物、焊接电流过小、弧长过长、焊接速度太快等。其处理方法是铲去气孔处的焊缝金属，然后补焊。产生弧坑缩孔的主要原因是焊接电流太大且焊接速度太快、熄弧太快，未反复向熄弧处补充填充金属等，其处理方法是在弧坑处补焊。

3. 固体夹杂

产生夹渣的主要原因是焊接材料质量不好、焊接电流太小、焊接速度太快、熔渣密度太大、阻碍熔渣上浮、多层焊时熔渣未清除干净等。其处理方法是铲除夹渣处的焊缝金属，然后焊补。产生夹钨的主要原因是氩弧缝金属的存在，其处理方法是重新焊补。

4. 未熔合、未焊透

造成未熔合、未焊透的主要原因是焊接电流太小、焊接速度太快、坡口角度间隙太小、操作技术不佳等。未熔合的处理方法是铲除未熔合处的焊缝金属后补焊。未焊透的处理方法是：①开敞性好的结构的单面未焊透的，可在焊缝背面直接补焊；②不能直接焊补的重要焊件，应铲去未焊透的焊缝金属，重新焊接。

5. 螺栓连接

钢结构中使用的连接螺栓一般分为普通螺栓和高强度螺栓两种。

（1）普通螺栓

①严禁采用气割扩孔。②螺栓的紧固次序应从中间开始，对称向两边进行。对大型接头应采用复拧，即两次紧固方法，保证接头内各个螺栓能均匀受力。

（2）高强度螺栓

高强度螺栓按连接形式通常分为摩擦连接、张拉连接和承压连接等，其中摩擦连接是目前广泛采用的基本连接形式。

采 分 点

1. 钢结构的连接方法有焊接、普通螺栓连接、高强度螺栓连接和铆接。
2. 裂纹、固体夹杂的原因及处理。
3. 同一接头中，高强度螺栓连接副的初拧、复拧、终拧应在 24h 内完成。高强度螺栓连接副的初拧、复拧和终拧的顺序原则上是从接头刚度较大的部位向约束较小的部位、从螺栓群中央向四周进行。

知识点 二 钢结构涂装

钢结构涂装工程通常分为防腐涂料（油漆类）涂装和防火涂料涂装两类。通常情况下，先进行防腐涂料涂装，再进行防火涂料涂装。施涂时，操作者必须有特殊工种作业操作证（上岗证）。

防火涂料按涂层厚度可分 B、H 两类。

B 类：即薄涂型钢结构防火涂料，又称钢结构膨胀防火涂料，具有一定的装饰效果，涂层厚度一般为 2 ~ 7mm，高温时涂层膨胀增厚，具有耐火隔热作用，耐火极限可达 0.5 ~ 2h。

H 类：即厚涂型钢结构防火涂料，又称钢结构防火隔热涂料。涂层厚度一般为 8 ~ 50mm，粒状表面，密度较小，热导率低，耐火极限可达 0.5 ~ 3h。

防火涂料按涂层厚度可分 B、H 两类。

B 类：即薄涂型钢结构防火涂料，又称钢结构膨胀防火涂料。

H 类：即厚涂型钢结构防火涂料，又称钢结构防火隔热涂料。

 大纲考点：预应力混凝土工程施工技术

知识点 一 预应力混凝土的分类

按预加应力的方式可分为先张法预应力混凝土和后张法预应力混凝土。

先张法是在台座或钢模上先张拉预应力筋并用夹具临时固定，再浇筑混凝土，待混浇土达到一定强度后，放张并切断构件外预应力筋的方法。

后张法是先浇筑构件或结构混凝土，待达到一定强度后，在构件或结构上张拉预应力筋，然后用锚具将预应力筋固定在构件或结构上的方法。

知识点 二 预应力施工

1. 在先张法中，施加预应力宜采用一端张拉工艺，当采用单根张拉时，其张拉顺序宜由下向上，由中到边（对称）进行。

2. 在后张拉法中，在确定张拉顺序时采用对称张拉的原则。

3. 预应力筋放张（张拉）时，混凝土强度应符合设计要求；当设计无要求时，不应低于设计的混凝土立方体抗压强度标准值的75%。先张法放张时宜缓慢放松锚固装置，使各根预应力筋同时缓慢放松。

4. 无粘结预应力筋的张拉应严格按设计要求进行。通常，预应力混凝土楼盖的张拉顺序是先张拉楼板、后张拉楼面梁。

采分点

预应力筋放张（张拉）时，混凝土强度应符合设计要求；当设计无要求时，不应低于设计的混凝土立方体抗压强度标准值的75%。

 真题回顾

一、单项选择题

1. 关于钢筋加工的说法，正确的是（　　）。

A. 钢筋冷拉调直时，不能同时进行除锈

B. HRB 400 级钢筋采用冷拉调直时，伸长率允许最大值为4%

C. 钢筋的切端口可以有马蹄形现象

D. HPB 235 级纵向受力钢筋末端应作180°弯钩

【答案】D

【解析】钢筋除锈一是在冷拉或调直过程中直接除锈，二是可采用机械除锈剂除锈、喷砂除锈和手工除锈等，A 错。钢筋调直可采用机械调直和冷拉调直，对于 HRB 335 级、HRB 400 级和 RRB 400 级钢筋的冷拉伸长率不宜大于 1%，B 错。钢筋下料切断可采用钢筋切断机或手动液压切断器进行，钢筋切断口不得有马蹄形或起弯等现象，C 错。所以，答案为 D。

2. 某跨度 6m、设计强度为 C30 的钢筋混凝土梁，其同条件养护试件（150mm 立方体）抗压强度如下表所示，可拆除该梁底模的最早时间是（   ）。

时间（d）	7	9	11	13
试件强度（MPa）$_t$	16.5	20.8	23.1	25.0

A. 7d   B. 9d   C. 11d   D. 13d

【答案】C

【解析】对于梁、拱、壳构件底模拆除时，构件跨度≤8m，达到设计的混凝土立方体抗压强度标准值百分率为 75%，所以，对于 C30 的混凝土，其抗压强度标准值 $30MPa \leqslant f_{cu}$，$k < 35MPa$。所以，最小强度为 $30 \times 75\% = 22.5MPa$，所以，本题选 C。

3. 施工期间最高气温为 25℃，砌筑用普通水泥砂浆搅成后最迟必须在（   ）内使用完毕。

A. 1h   B. 2h   C. 3h   D. 4h

【答案】C

【解析】水泥砂浆必须在拌成后 3h 内使用完毕，当施工期间最高气温超过 30℃ 时，在拌成后 2h 内使用完毕。

4. 关于后浇带施工的做法，正确的是（   ）。

A. 浇筑与原结构相同等级的混凝土

B. 浇筑比原结构提高一等级的微膨胀混凝土

C. 接搓部位未剔凿直接浇筑混凝土

D. 后浇带模板支撑重新搭设后浇筑混凝土

【答案】B

【解析】填充后浇带，可采用微膨胀混凝土，强度等级比原结构强度提高一级，并保持至少 14d 的湿润养护。

5. 关于钢筋连接方式，正确的是（   ）。

A. 焊接   B. 普通螺栓连接

C. 铆接   D. 高强螺栓连接

【答案】A

【解析】钢筋的连接方法包括焊接、机械连接和绑扎连接三种。

6. 最合适泵送的混凝土坍落度是（   ）。

A. 20mm   B. 50mm   C. 80mm   D. 100mm

【答案】D

【解析】《混凝土泵送施工技术规程》规定了混凝土拌合物入泵坍落度为 100~180 mm，以适应不同泵送高度及泵送距离时对拌合物的流动性的要求。

7. 用于测定砌筑砂浆抗压强度的试块，其养护龄期是（　　）d。

A. 7　　　　　　　B. 14　　　　　　　C. 21　　　　　　　D. 28

【答案】D

【解析】由边长7.07cm的正方体试件，经过28d标准养护，测得一组三块试件的抗压强度值来评定。

二、多项选择题

1. 模板工程设计的安全性指标包括（　　）。

A. 强度　　　　　　　　　　　　　　　　B. 刚度

C. 平整性　　　　　　　　　　　　　　　D. 稳定性

E. 实用性

【答案】ABD

【解析】模板工程设计的安全性指标是强度、刚度和稳定性。

2. 对于跨度6m的钢筋混凝土简支梁，当设计无要求时，其梁底木模板跨中可采用的起拱高度有（　　）。

A. 5mm　　　　　　　　　　　　　　　　B. 10mm

C. 15mm　　　　　　　　　　　　　　　D. 20mm

E. 25mm

【答案】BC

【解析】对于跨度不小于4m的钢筋混凝土梁、板，其模板应按设计起拱；当设计无具体要求时，起拱高度应为跨度的1/1000~3/1000。

三、案例分析题

1. 【背景资料】

某人防工程，建筑面积5000m²，地下一层，层高4.0m。基础埋深为自然地面以下6.5m。建设单位委托监理单位对工程实施全过程监理。建设单位和某施工单位根据《建设工程施工合同（示范文本）》（GF—1999—0201）签订了施工承包合同。砌体工程施工时，监理工程师对工程变更部分新增构造柱的钢筋做法提出疑问。

【问题】

列出新增构造柱钢筋安装的过程。

【参考答案】

新增构造柱钢筋安装的过程：化学植筋→拉拔试验→安装主筋→绑扎箍筋。

2. 【背景资料】

某新建办公楼，地下一层，筏板基础，地上十二层，剪力墙结构，筏板基础混凝土强度等级C30，抗渗等级P6，总方量1980m³，由某商品混凝土搅拌站供应，一次性连续浇筑。在施工现场内设置了钢筋加工区。

框架柱箍筋采用Φ8盘圆钢筋冷拉调直后制作，经测算，其中KZ1的箍筋每套下料长度为2350mm。

【问题】

在不考虑加工损耗和偏差的前提下，列式计算100m长Φ8盘圆钢筋经冷拉调直后，最多能加工多少套KZ1的柱箍筋？

【参考答案】

因光圆钢筋的冷拉率不宜大于 4%，则冷拉调直后，钢筋的总长度为 100m × （1 + 4%）= 104m，则最多能加工 KZ1 柱的箍筋套数为 104m/2. 350m = 44 套。

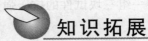 知识拓展

一、单项选择题

1. 当受拉钢筋直径大于 28mm、受压钢筋直径大于 32mm 时，不宜采用（   ）。

A. 焊接连接　　　　　B. 绑扎连接　　　　　C. 机械连接　　　　　D. 螺栓连接

2. 100m 高钢筋混凝土烟囱筒身混凝土施工最适宜的模板选择为（   ）。

A. 木模板　　　　　　　　　　　　　B. 组合钢模板

C. 滑升模板　　　　　　　　　　　　D. 散支散拆胶合板模板

3. 对跨度不小于（   ）m 的现浇钢筋混凝土梁、板，其模板应按设计要求起拱；当设计无具体要求时，起拱高度应为跨度的（   ）。

A. 4，1/1000 ~ 3/1000　　　　　　　　B. 4，1/200 ~ 1/300

C. 6，1/1000 ~ 3/1000　　　　　　　　D. 6，1/200 ~ 1/300

4. 设有钢筋混凝土构造柱的抗震多层砖房，其施工顺序为（   ）。

A. 先绑扎钢筋，然后砌砖墙，最后浇筑混凝土构造柱

B. 先砌砖墙，然后绑扎钢筋，最后浇筑混凝土构造柱

C. 先浇筑混凝土构造柱，然后绑扎钢筋，最后砌砖墙

D. 先绑扎钢筋，然后浇筑混凝土构造柱，最后砌砖墙

5. 砖墙施工时，相邻工作段的砌筑高度不得超过一个楼层高度，也不宜大于(   )m。

A. 2　　　　　　　　B. 3　　　　　　　　C. 4　　　　　　　　D. 5

6. 混凝土采用覆盖浇水养护的时间，对掺用缓凝型外加剂矿物掺合料或有抗渗性要求的混凝土，不得少于（   ）。

A. 7d　　　　　　　　B. 14d　　　　　　　　C. 21d　　　　　　　　D. 28d

7. 直接承受动力荷载的结构构件中，纵向钢筋不宜采用（   ）。

A. 螺丝接头　　　　　B. 焊接接头　　　　　C. 法兰接头　　　　　D. 机械接头

8. 常用的焊接方法中，适用于现浇钢筋混凝土结构中竖向或斜向钢筋连接的是（   ）。

A. 电渣压力焊　　　　B. 电阻点焊　　　　　C. 埋弧压力焊　　　　D. 闪光对焊

9. 混凝土施工缝的位置应在混凝土浇筑之前确定，有主次梁的楼板，施工缝应留置在（   ）。

A. 主梁跨中 1/2 范围内　　　　　　　　B. 次梁跨中 1/2 范围内

C. 主梁跨中 1/3 范围内　　　　　　　　D. 次梁跨中 1/3 范围内

10. 关于砌体结构施工的做法，错误的是（   ）。

A. 砖砌平拱过梁底应有 1% 的起拱

B. 常温情况下砌筑砖砌体时，提前 2d 浇水湿润

C. 砖砌体的水平灰缝厚度为 11mm

D. 必须留置的临时间断处砌成直槎

11. 钢结构焊接中，可以引弧的构件是（　　）。

A. 主要构件　　　　　B. 次要构件　　　　　C. 连接板　　　　　D. 引弧板

12. 模板工程设计主要原则中，模板具有足够的强度、刚度和稳定性要求体现其（　　）。

A. 实用性　　　　　B. 安全性　　　　　C. 经济性　　　　　D. 可靠性

13. 预应力筋张拉时，混凝土强度必须符合设计要求；当设计无具体要求时，不低于设计的混凝土立方体抗压强度标准值的（　　）%。

A. 50　　　　　　B. 75　　　　　　C. 80　　　　　　D. 100

二、多项选择题

1. 烧结普通砖和毛石砌筑而成的基础特点有（　　）。

A. 抗压性能好

B. 整体性能较好

C. 抗拉、抗弯、抗剪性能较好

D. 施工操作简单

E. 适用于地基坚实、均匀，上部荷载较小的基础工程

2. 关于混凝土施工缝留置位置的做法，正确的有（　　）。

A. 柱的施工缝可任意留置

B. 墙的施工缝留置在门洞口过梁跨中 1/3 的范围内

C. 单向板留置在平行于板的短边的位置

D. 有主次梁的楼板施工缝留置在主梁跨中范围内

E. 易施工的位置

3. 脚手眼不得设置在（　　）部位。

A. 宽度小于 1m 的窗间墙

B. 梁或梁垫下及其左右 600mm 范围内

C. 120mm 厚墙、清水墙、料石墙、独立柱和附墙柱

D. 梁上与过梁成 60° 角的三角形范围及过梁净跨度 1/2 的高度范围内

E. 门窗洞口两侧石砌体 300mm，其他砌体 200mm 范围内

三、案例分析题

【背景资料】

某单位新建一车间，建筑面积 860m²，建筑物檐高 8.75m，砖混结构，屋面结构为后张法预应力梯形屋架，混凝土强度等级为 C40，每层均设置构造柱和圈梁，现浇钢筋混凝土楼板，卷材屋面。施工中发生了如下事件：

事件一：在施工雨篷板时，当混凝土建筑完毕后，施工人员按照模板拆除方案要求，混凝土达到设计强度 70% 时将模板拆除，结果根部混凝土随即开裂。

事件二：有一根梁拆模后出现较大挠度。

【问题】

（1）造成事件一雨篷根部开裂的原因是什么？

（2）分析拆模后梁出现挠度的原因和防治办法。

参考答案

一、单项选择题

1. B　2. C　3. A　4. A　5. C　6. B　7. B　8. A　9. D　10. D　11. D　12. B　13. B

二、多项选择题

1. AD   2. BC   3. ACDE

三、案例分析题

（1）原因是模板拆除方案不合理。悬臂构件应在混凝土达到设计强度100%时方可拆除。

（2）拆模后梁出现挠度主要是因为模板支撑系统刚度不够，或支模时模板没有起拱。防止方法为模板支撑系统要经过验算，模板要按规定起拱。一般如设计无规定时，跨度大于4m的现浇混凝土梁起拱高度为全长跨度的1/1000～3/1000。

第四节 防水工程施工技术

 大纲考点：屋面及室内防水工程施工技术要求

知识点一 屋面防水工程施工技术要求

1. 屋面防水等级和设防要求

表1-8 屋面防水等级和设防要求

防水等级	建筑类别	设防要求
Ⅰ级	重要建筑和高层建筑	两道防水设防
Ⅱ级	一般建筑	一道防水设防

2. 屋面防水基本要求

（1）屋面防水应以防为主，以排为辅。混凝土结构层宜采用结构找坡，坡度不应小于3%。当采用材料找坡时，宜采用质量轻、吸水率低、有一定强度的材料，坡度宜为2%。找坡应按屋面排水方向和设计坡度要求进行，找坡层最薄处厚度不宜小于20mm。

（2）保温层上的找平层应在水泥初凝前压实抹平，并应留设分格缝，缝宽宜为5～20mm，纵横缝的间距不宜大于6m。水泥终凝前完成收水后应二次压光，并应及时取出分格条。养护时间不得少于7d。卷材防水层的基层与突出屋面结构的交接处，以及基层的转角处，找平层均应做成圆弧形，且应整齐平顺。

（3）排气道纵横间距宜为6m，屋面面积每36m^{2}宜设置一个排气孔。

（4）胎体增强材料长边搭接宽度不应小于50mm，短边搭接宽度不应小于70mm；上下层胎体增强材料的长边搭接缝应错开，且不得小于幅宽的1/3；上下层胎体增强材料不得相互垂直铺设。

3. 卷材防水层屋面施工

（1）卷材防水层铺贴顺序和方向应符合下列规定：

①卷材防水层施工时，应先进行细部构造处理，然后由屋面最低标高向上铺贴。②檐沟、天沟卷材施工时，宜顺檐沟、天沟方向铺贴，搭接缝应顺流水方向。③卷材宜平行屋脊铺贴，上下层卷材不得相互垂直铺贴。

（2）立面或大坡面铺贴卷材时，应采用满粘法。

（3）平行屋脊的搭接缝应顺流水方向。

（4）热粘法铺贴卷材应符合下列规定：

①熔化热熔型改性沥青胶结料时，宜采用专用导热油炉加热，加热温度不应高于200℃，使用温度不宜低于180℃。②粘贴卷材的热熔型改性沥青胶结料厚度宜为1.0～1.5mm。

（5）厚度小于3mm的高聚物改性沥青防水卷材，严禁采用热熔法施工。

（6）卷材防水层周边800mm范围内应满粘，卷材收头应采用金属压条钉压固定和密封处理。

4. 涂膜防水屋面

涂层间夹铺胎体增强材料时，宜边涂布边铺胎体。胎体应铺贴平整，排除气泡，并与涂料粘结牢固。在胎体上涂布涂料时，应使涂料浸透胎体，覆盖完全，不得有胎体外露现象。最上层的涂层厚度不应小于1.0mm。涂膜防水层施工工艺应符合下列规定：

①水乳型及溶剂型防水涂料宜选用滚涂或喷涂施工。②反应固化型防水涂料宜选用刮涂或喷涂施工。③热熔型防水涂料宜选用刮涂施工。④聚合物水泥防水涂料宜选用刮涂法施工。⑤所有防水涂料用于细部构造时，宜选用刷涂或喷涂施工。

5. 檐口、檐沟、天沟、水落口等细部的施工

（1）卷材防水屋面檐口800mm范围内的卷材应满粘，卷材收头应采用金属压条钉压，并应用密封材料封严。檐口下端应做鹰嘴和滴水槽。

（2）檐沟和天沟的防水层下应增设附加层，附加层伸入屋面的宽度不应小于250mm；女儿墙泛水处的防水层下应增设附加层，附加层在平面和立面的宽度均不应小于250mm。

1. 屋面防水等级和设防要求。

2. 平屋面采用结构找坡不应小于3%，采用材料找坡宜为2%。

3. 卷材铺贴顺序和方向规定。

4. 厚度小于3mm的高聚物改性沥青防水卷材，严禁采用热熔法施工。

5. 胎体增强材料长边搭接宽度不得小于50mm，短边搭接宽度不得小于70mm。

知识点二 室内防水工程施工技术

1. 防水混凝土应连续浇筑，少留施工缝。当留设施工缝时，宜留置在受剪力较小、便于施工的部位。墙体水平施工缝应留在高出楼板表面不小于300mm的墙体上。

2. 防水混凝土冬期施工时，其入模温度不应低于5℃，终凝后应立即进行养护，养护时间不得少于14d。

3. 防水砂浆施工环境温度不应低于5℃，终凝后应及时进行养护，养护温度不应低于5℃，养护时间不应少于14d。

4. 涂膜防水层施工环境温度：溶剂型涂料宜为0～35℃，水乳型涂料宜为5～35℃。

5. 卷材铺贴施工环境温度：采用要求冷粘法施工不应低于5℃，热熔法施工不应低于-10℃。

6. 防水卷材施工宜先铺立面，后铺平面。防水层施工完毕验收合格后，方可进行其他层面的施工。

施工环境温度应符合防水材料的技术要求,并宜在5℃以上。

大纲考点:地下防水工程施工技术要求

知识点一 地下防水工程的一般要求

1. 地下工程的防水等级分为四级。防水混凝土的环境温度不得高于80℃。

2. 地下防水工程必须由有相应资质的专业防水施工队伍进行施工,主要施工人员应持有建设行政主管部门或其指定单位颁发的执业资格证书。

知识点二 防水混凝土施工

1. 防水混凝土可通过调整配合比,或掺加外加剂、掺合料等措施配制而成,其抗渗等级不得小于P6。其试配混凝土的抗渗等级应比设计要求提高0.2MPa。

2. 用于防水混凝土的水泥品种宜采用硅酸盐水泥、普通硅酸盐水泥。

3. 防水混凝土宜采用预拌商品混凝土,要严格控制砂率在35%~40%,其入泵坍落度宜控制在120~160mm。

4. 防水混凝土应分层连续浇筑,分层厚度不得大于500mm。

5. 基础底板防水混凝土应连续浇筑,宜少留施工缝,外围剪力墙与底板交接处留出高于底板300mm墙体与底板混凝土同时浇筑。

6. 地下室外墙穿墙管必须采取止水措施,单独埋设的管道可采用套管式穿墙防水。当管道集中多管时,可采用穿墙群管的防水方法。

1. 地下工程的防水等级分为四级。防水混凝土的环境温度不得高于80℃。

2. 防水混凝土可通过调整配合比,或掺加外加剂、掺合料等措施配制而成,其抗渗等级不得小于P6。

知识点三 水泥砂浆防水层施工

1. 水泥砂浆防水层可用于地下工程主体结构的迎水面或背水面,不应用于受持续振动或温度高于80℃的地下工程防水。

2. 聚合物水泥防水厚度单层施工宜为6~8mm,双层施工宜为10~12mm;掺外加剂或掺合料的水泥防水砂浆厚度宜为18~20mm。

3. 水泥砂浆防水层各层应紧密黏合,每层宜连续施工;必须留置施工缝时,应采用阶梯坡形槎,但离阴阳角处的距离不得小于200mm。

4. 泥砂浆防水层不得在雨天、五级及以上大风中施工。冬期施工时,气温不应低于5℃。夏季不宜在30℃以上或烈日照射下施工。

泥砂浆防水层不得在雨天、五级及以上大风中施工。冬期施工时，气温不应低于5℃。夏季不宜在30℃以上或烈日照射下施工。

知识点四 卷材防水层施工

1. 卷材防水层宜用于经常处于地下水环境，且受侵蚀介质作用或受振动作用的地下工程。

2. 铺贴卷材严禁在雨天、雪天、五级及以上大风中施工；冷粘法、自粘法施工的环境气温不宜低于5℃，热熔法、焊接法施工的环境气温不宜低于 – 10℃。

3. 卷材防水层应铺设在混凝土结构的迎水面上。两层卷材不得相互垂直铺贴。

4. 采用外防外贴法铺贴卷材防水层时，应符合下列规定：

（1）先铺平面，后铺立面，交接处应交叉搭接。

（2）临时性保护墙宜采用石灰砂浆砌筑，内表面宜做找平层。

（3）从底面折向立面的卷材与永久性保护墙的接触部位，应采用空铺法施工。

5. 采用外防内贴法铺贴卷材防水层时，应符合下列规定：

（1）混凝土结构的保护墙内表面应抹厚度为20mm 的 1:3 水泥砂浆找平层，然后铺贴卷材。

（2）卷材宜先铺立面，后铺平面；铺贴立面时，应先铺转角，后铺大面。

知识点五 涂料防水层施工

无机防水涂料宜用于结构主体的背水面，有机防水涂料宜用于地下工程主体结构的迎水面，用于背水面的有机防水涂料应具有较高的抗渗性，且与基层有较好的粘结性。每遍涂刷时应交替改变涂层的涂刷方向。

1. 铺贴卷材严禁在雨天、雪天、五级及以上大风中施工；冷粘法、自粘法施工的环境气温不宜低于5℃，热熔法、焊接法施工的环境气温不宜低于 – 10℃。

2. 卷材防水层应铺设在混凝土结构的迎水面上。两层卷材不得相互垂直铺贴。

真题回顾

一、单项选择题

1. 立面铺贴防水卷材适宜采用（　　）。

A. 空铺法　　　　　　　　　　　B. 点粘法

C. 条粘法　　　　　　　　　　　D. 满粘法

【答案】D

【解析】立面或大坡面铺贴防水卷材时，应采用满粘法，并宜减少短边搭接。

2. 室内防水工程施工环境温度应符合防水材料的技术要求，并宜在（　　）以上。

A. – 5℃　　　　　　　　　　　B. 5℃

C. 1℃   D. 15℃

【答案】B

【解析】施工环境温度应符合防水材料的技术要求，并宜在5℃以上。

二、多项选择题

关于屋面防水工程的做法，正确的有（   ）。

A. 平屋面采用结构找坡，坡度为2%

B. 前后两遍的防水涂膜相互垂直涂布

C. 上下层卷材相互垂直铺贴

D. 采用先低跨后高跨、先近后远的次序铺贴连续多跨的屋面卷材

E. 采用搭接法铺贴卷材

【答案】ABE

【解析】C错，上下层卷材不得相互垂直铺贴。D错，当铺贴连续多跨的屋面卷材时，应按先高跨后低跨、先远后近的次序。

 知识拓展

一、单项选择题

1. 采用冷粘法进行卷材铺贴时，其施工温度不应低于（   ）℃。

A. −5   B. 10   C. 5   D. 0

2. 屋面防水等级一般分为（   ）级。

A. 四   B. 一   C. 三   D. 二

3. 胎体增强材料长边搭接宽度不得小于（   ）mm，短边搭接宽度不得小于（   ）mm。

A. 40，60   B. 50，60

C. 50，70   D. 40，70

4. 铺贴卷材应采用搭接法，平行于屋脊的搭接缝应（   ）搭接。

A. 逆流水方向   B. 顺年最大频率风向

C. 顺流水方向   D. 逆年最大频率风向

5. 地下工程的防水等级可分为（   ）。

A. 二级   B. 三级   C. 四级   D. 五级

二、多项选择题

1. 有关屋面防水的基本要求说法，正确的有（   ）。

A. 上下层胎体增强材料不得相互垂直铺设

B. 混凝土结构层宜采用结构找坡，坡度不应小于3%

C. 当采用材料找坡时，坡度宜为2%

D. 保温层养护时间不得少于21d

E. 胎体增强材料长边搭接宽度不应小于40mm，短边搭接宽度不应小于70mm

2. 下列有关热熔法铺贴卷材的做法，正确的有（   ）。

A. 加热温度不应高于200℃

B. 使用温度不应低于180℃

C. 粘贴卷材的热熔型改性沥青胶厚度宜为 1～1.5mm

D. 采用条粘法时，每幅卷材与基层粘结面不应少于两条

E. 厚度小于 3mm 的高聚物改性沥青防水卷材，严禁采用热熔法施工

参考答案

一、单项选择题

1. C　2. D　3. C　4. C　5. C

二、多项选择题

1. ABC　2. BE

第五节　装饰装修工程施工技术

大纲考点：吊顶工程施工技术要求

吊顶工程由支承部分（吊杆和主龙骨）、基层（次龙骨）和面层三部分组成。

知识点一　吊顶工程施工技术要求

1. 安装龙骨前，应按设计要求对房间净高、洞口标高和吊顶管道、设备及其支架的标高进行交接检验。

2. 吊顶工程的木吊杆、木龙骨和木饰面板必须进行防火处理。

3. 吊顶工程中的预埋件、钢筋吊杆和型钢吊杆应进行防锈处理。

4. 吊杆距主龙骨端部距离不得大于 300mm。当大于 300mm 时，应增加吊杆。当吊杆长度大于 1.5m 时，应设置反支撑。当吊杆与设备相遇时，应调整并增设吊杆。

5. 当石膏板吊顶面积大于 100m^2 时，纵横方向每 12～18m 距离处宜做伸缩缝处理。

吊杆距主龙骨端部距离不得大于 300mm。当大于 300mm 时，应增加吊杆。当吊杆长度大于 1.5m 时，应设置反支撑。

知识点二　施工方法

1. 测量放线

主龙骨宜平行房间长向布置，分档位置线从吊顶中心向两边分，间距不宜大于 1200mm，并标出吊杆的固定点。

2. 吊杆安装

（1）不上人的吊顶，吊杆可以采用 Φ6 的吊杆；上人的吊顶，吊杆可以采用 Φ8 的吊杆；大于 1500mm 时，还应设置反向支撑。

（2）吊顶灯具、风口及检修口等应设附加吊杆。重型灯具、电扇及其他重型设备严禁安

装在吊顶工程的龙骨上，必须增设附加吊杆。

3. 龙骨安装

（1）跨度大于15m的吊顶，应在主龙骨上每隔15m加一道大龙骨，并垂直主龙骨焊接牢固；如有大的造型顶棚，造型部分应用角钢或扁钢焊接成框架，并应与楼板连接牢固。

（2）次龙骨分明龙骨和暗龙骨两种。次龙骨间距宜为300~600mm，在潮湿地区和场所间距宜为300~400mm。

（3）暗龙骨系列横撑龙骨应用连接件将其两端连接在通长次龙骨上。明龙骨系列的横撑龙骨与通长龙骨搭接处的间隙不得大于1mm。

4. 饰面板安装

（1）明龙骨吊顶饰面板的安装方法：搁置法、嵌入法、卡固法等。

（2）暗龙骨吊顶饰面板的安装方法：钉固法、粘贴法、嵌入法、卡固法等。

 采 分 点

1. 不上人的吊顶，吊杆可以采用Φ6的吊杆；上人的吊顶，吊杆可以采用Φ8的吊杆；大于1500mm时，还应设置反向支撑。

2. 吊顶灯具、风口及检修口等应设附加吊杆。重型灯具、电扇及其他重型设备严禁安装在吊顶工程的龙骨上，必须增设附加吊杆。

3. 吊顶工程应对下列隐蔽工程项目进行验收：

（1）吊顶内管道、设备的安装及水管试压，风管的避光试验。

（2）木龙骨防火、防腐处理。

（3）预埋件或拉结筋。

（4）吊杆安装。

（5）龙骨安装。

（6）填充材料的设置。

 大纲考点：轻质隔墙工程施工技术要求

轻质隔墙的特点是自重轻、墙身薄、拆装方便、节能环保、有利于建筑工业化施工。其按构造方式和所用材料不同分为板材隔墙、骨架隔墙、活动隔墙、玻璃隔墙。

知识点一 **板材隔墙**

板材隔墙是指不需设置隔墙龙骨，由隔墙板材自承重，将预制或现制的隔墙板材直接固定于建筑主体结构上的隔墙工程。

1. 工艺流程

结构墙面、地面、顶棚清理找平→墙位放线→配板→配置胶结材料→安装固定卡→安装门窗框→安装隔墙板→机电配合安装、板缝处理。

2. 施工方法要点

（1）组装顺序：当有门洞口时，应从门洞口处向两侧依次进行；当无门洞口时，应从一端向另一端安装。

（2）安装隔墙板：安装方法主要有刚性连接和柔性连接。刚性连接适用于非抗震设防区

的内隔墙安装，柔性连接适用于抗震设防区的内隔墙安装。

当有门洞口时，应从门洞口处向两侧依次进行；当无门洞口时，应从一端向另一端安装。

知识点二　骨架隔墙

骨架隔墙是指在隔墙龙骨两侧安装墙面板以形成墙体的轻质隔墙。骨架墙主要是由龙骨作为受力骨架固定于建筑主体结构上，轻钢龙骨石膏板隔墙就是典型的骨架隔墙。

1. 工艺流程

墙位放线→安装沿顶龙骨、沿地龙骨→安装门洞口框的龙骨→竖向龙骨分档→安装竖向龙骨→安装横向贯通龙骨、横撑、卡档龙骨→水电暖等专业工程安装→安装一侧的饰面板→墙体填充材料→安装另一侧的饰面板→板缝处理。

2. 施工要点

（1）龙骨安装

龙骨固定点间距应不大于 1000mm，门窗、特殊节点处应按设计要求加设附加龙骨。龙骨安装的允许偏差，立面垂直 3mm，表面平整 2mm。

（2）饰面板安装

①骨架隔墙一般以纸面石膏板、人造木板、水泥纤维板等为墙面板。②石膏板安装。a. 石膏板安装前，应对预埋隔墙中的管道和附于墙内的设备采取局部加强措施。b. 石膏板应竖向铺设，长边接缝应落在竖向龙骨上。双面石膏板安装时两层板的接缝不应在同一根龙骨上。需进行隔声、保温、防火处理的应根据设计要求在一侧板安装好后，进行隔声、保温、防火材料的填充，再封闭另一侧板。c. 石膏板应采用自攻螺钉固定。周边螺钉的间距不应大于 200mm，中间部分螺钉的间距不应大于 300mm，螺钉与板边缘的距离应为 10~15mm。安装石膏板时，应从板的中部开始向板的四边固定。钉头略埋入板内，但不得损坏纸面，钉眼应用石膏腻子抹平。d. 石膏板应裁割准确，安装牢固时隔墙端部的石膏板与周围的墙、柱应留有 3mm 的槽口，槽口处加注嵌缝膏，使面板与邻近表层接触紧密。石膏板的接缝缝隙宜为 3~6mm。e. 接缝处理：轻质隔墙与顶棚和其他墙体的交接处应采取防开裂措施。隔墙板材所用接缝材料的品种及接缝方法应符合设计要求；设计无要求时，板缝处粘贴 50~60mm 宽的纤维布带，阴阳角处粘贴 200mm 宽纤维布，并用石膏腻子刮平，总厚度应控制在 3mm 内。f. 防腐处理：接触砖、石、混凝土的龙骨、埋置的木楔和金属型材料应做防腐处理。g. 踢脚处理：当轻质隔墙下端用木踢脚覆盖时，饰面板应与地面留有 20~30mm 缝隙；当用大理石、瓷砖、水磨石等做踢脚板时，饰面板下端应与踢脚板上口齐平，接缝应严密。

1. 龙骨安装的允许偏差，立面垂直 3mm，表面平整 2mm。
2. 安装石膏板前，应对预埋隔墙中的管道和附于墙内的设备采取局部加强措施。
3. 石膏板应采用自攻螺钉固定。
4. 安装石膏板时，应从板的中部开始向板的四边固定。

 **知识点 三** 活动隔墙

活动隔墙是指推拉式活动隔墙、可拆装的活动隔墙等。

1. 工艺流程

墙位放线→预制隔扇（帷幕）→安装轨道→安装隔扇（帷幕）。

2. 施工方法

活动隔墙安装按固定方式不同分为悬吊导向式固定、支承导向式固定方式。活动隔墙的轨道必须与基体结构连接牢固并应位置正确。

知识点 四 玻璃隔墙

1. 玻璃砖隔墙

（1）工艺流程

墙位放线→制作隔墙框架→安装隔墙框架→砌筑玻璃砖或安装玻璃板→嵌缝→边框装饰→保洁。

（2）施工方法要点

①玻璃砖砌体宜采用十字缝立砖砌法。②玻璃砖墙宜以 1.5m 高为一个施工段，待下部施工段胶结材料达到设计强度后再进行上部施工。③当玻璃砖墙面积过大时，应增加支撑。玻璃砖墙的骨架应与结构连接牢固。④玻璃砖应排列均匀整齐，表面平整，嵌缝的油灰或密封膏应饱满密实。

2. 玻璃板隔墙

玻璃板隔墙应使用安全玻璃。

（1）工艺流程

墙位放线→制作隔墙型材框架→安装隔墙框架→安装玻璃→嵌缝打胶→边框装饰→保洁。

（2）施工要点

①用玻璃吸盘安装玻璃，调整玻璃位置；两块玻璃之间应留 2～3mm 的缝隙；当采用吊挂式安装时，应将吊挂玻璃的夹具逐块夹牢。②玻璃全部就位后，校正平整度、垂直度，同时用聚苯乙烯泡沫条嵌入槽口内，使玻璃金属槽接缝平伏、紧密，然后注硅酮结构胶。玻璃板块间接缝应注胶嵌缝，注胶嵌缝时应注意成品保护。

采 分 点

玻璃砖墙宜以 1.5m 高为一个施工段，待下部施工段胶结材料达到设计强度后再进行上部施工。玻璃板隔墙应使用安全玻璃。

 大纲考点：地面工程施工技术要求

知识点 一 地面工程施工技术要求

1. 对进场材料的质量应有中文质量合格证明文件、规格、型号及性能检测报告，对重要材料应有复验报告。

2. 建筑地面下的沟槽、暗管等工程完工后，经检验合格并做隐蔽记录，方可进行建筑地

面工程施工。

3. 各层环境温度及其所铺设材料温度的控制应符合下列要求：

（1）采用掺有水泥、石灰的拌合料铺设以及用石油沥青胶结料铺贴时，不应低于5℃。

（2）采用有机胶黏剂粘贴时，不宜低于10℃。

（3）采用砂、石材料铺设时，不应低于0℃。

（4）采用自流平、涂料铺设时，不应低于5℃，也不应高于30℃。

各层环境温度及其所铺设材料温度的控制要求。

知识点 二 施工工艺

1. 整体面层地面施工工艺流程

（1）混凝土、水泥砂浆、水磨石地面

清理基层→找面层标高、弹线→设标志（打灰饼、冲筋）→镶嵌分格条→结合层（刷水泥浆或涂刷界面处理剂）→铺水泥类等面层→养护（保护成品）→磨光、打蜡、抛光（适用于水磨石类）。

（2）自流平地面（利用材料的流动性来达到找平效果的地材称为自流平，一般有环氧自流平、水泥自流平等多种）

清理基层→抄平设置控制点→设置分段条→涂刷界面剂→滚涂底层→批涂批刮层→研磨清洁批补层→漫涂面层→养护（保护成品）。

2. 板、块面层（不包括活动地板面层、地毯面层）施工工艺流程

清理基层→找面层标高、弹线→设标志→天然石材"防碱背涂"处理→板、块试拼、编号→分格条镶嵌（设计有时）、板材浸湿、晾干→分段铺设结合层、板材→铺设楼梯踏步和台阶板材、安装踢脚线→养护（保护成品）→竣工清理→勾缝、压缝或填缝。

3. 木、竹面层施工工艺流程

（1）空铺方式施工工艺流程

清理基层→找面层标高、弹线（面层标高线、安装木格栅位置线）→安装木格栅（木龙骨）→铺设毛地板→铺设面层板→镶边→面层磨光→油漆、打蜡→保护成品。

（2）实铺方式施工工艺流程

清理基层→找面层标高、弹线→安装木格栅（木龙骨）→可填充轻质材料（单层条式面板含此项，双层条式面板不含此项）→铺设毛地板（双层条式面板含此项，单层条式面板不含此项）→铺设衬垫→铺设面层板→安装踢脚线→保护成品。

（3）粘贴法施工工艺流程

清理基层→找面层标高、弹线→铺设衬垫→满粘或和点粘面层板→安装踢脚线→保护成品。

知识点 三 施工方案

1. 厚度控制

（1）水泥混凝土垫层的厚度不应小于60mm。

（2）水泥砂浆面层的厚度应符合设计要求，且不应小于20mm。

（3）水磨石面层厚度除有特殊要求外，宜为 12～18mm，且按石粒粒径确定。

（4）水泥钢（铁）屑面层铺设时的水泥砂浆结合层厚度宜为 20mm。

（5）防油渗面层采用防油渗涂料时，涂层厚度宜为 5～7mm。

2. 变形缝设置

（1）建筑地面的沉降缝、伸缩缝和防震缝，应与结构相应缝的位置一致，且应贯通建筑地面的各构造层。

（2）沉降缝和防震缝的宽度应符合设计要求，缝内清理干净，以柔性密封材料填嵌后用板封盖，并应与面层齐平。

（3）室内地面的水泥混凝土垫层，应设置纵向缩缝和横向缩缝；纵向缩缝间距不得大于 6m，横向缩缝不得大于 12m。

（4）水泥混凝土散水、明沟，应设置伸缩缝，其延米间距不得大于 10m；缝宽度为 15～20mm，缝内填嵌柔性密封材料。

（5）为防止实木地板面层、竹地板面层整体产生线膨胀效应，木格栅应垫实钉牢，木格栅与墙之间留出 30mm 的缝隙；毛地板木材髓心应向上，其板间缝隙不应大于 3mm，与墙之间留出 8～12mm 的缝隙；实木地板面层、竹地板面层铺设时，面板与墙之间留 8～12mm 缝隙，实木复合地板面层铺设时，相邻板材接头位置应错开不小于 300mm 距离，与墙之间应留不小于 10mm 空隙；中密度（强化）复合地板面层铺设时，相邻条板端头应错开不小于 300mm 距离，垫层及面层与墙之间应留有不小于 100mm 空隙。大面积铺设实木复合地板面层时，应分段铺设，分段缝的处理应符合设计要求。

3. 防水处理

（1）有防水要求的建筑地面工程，铺设前必须对立管、套管和地漏与楼板节点之间进行密封处理；排水坡度应符合设计要求。

（2）厕浴间和有防水要求的建筑地面必须设置防水隔离层。

（3）楼层结构必须采用现浇混凝土或整块预制混凝土板，混凝土强度等级不应小于 C20。

（4）楼板四周除门洞外，应做混凝土翻边，其高度不应小于 200mm。

4. 防爆处理

不发火（防爆的）面层采用的砂应质地坚硬、表面粗糙，其粒径宜为 0.15～5mm；水泥应采用硅酸盐水泥、普通硅酸盐水泥。施工配料时不得混入金属或其他发生火花的杂质。

5. 天然石材防碱背涂处理

采用传统的湿作业铺设天然石材，由于水泥砂浆在水化时析出大量的氢氧化钙，透过石材孔隙泛到石材表面，产生不规则的花斑，俗称泛碱现象。故在天然石材铺设前，应对石材与水泥砂浆交接部位涂刷抗碱防护剂。

6. 成品保护

（1）整体面层施工后，养护时间不应少于 7d；抗压强度应达到 5MPa 后，方准上人行走。

（2）铺设水泥混凝土板块、水磨石板块、水泥花砖、陶瓷锦砖、陶瓷地砖、缸砖、料石、大理石和花岗岩面层等的结合层和填缝的水泥砂浆，在面层铺设后，表面应覆盖、湿润，其养护时间不应少于 7d。

地面工程施工方案注意事项：

1. 水磨石面层厚度除有特殊要求外，宜为 12 ~ 18mm，且按石粒粒径确定。

2. 防油渗面层采用防油渗涂料时，涂层厚度宜为 5 ~ 7mm。

3. 建筑地面的沉降缝、伸缩缝和防震缝，应与结构相应缝的位置一致，且应贯通建筑地面的各构造层。

4. 楼层结构必须采用现浇混凝土或整块预制混凝土板，混凝土强度等级不应小于 C20。

5. 楼板四周除门洞外，应做混凝土翻边，其高度不应小于 200mm。

6. 整体面层施工后，养护时间不应少于 7d；抗压强度应达到 5MPa 后，方准上人行走。

 大纲考点：饰面板（砖）工程施工技术

饰面板安装工程是指内墙饰面板安装工程和高度不大于 24m、抗震设防烈度不大于 7 度的外墙饰面板安装工程。

饰面砖工程是指内墙饰面砖和高度不大于 100m、抗震设防烈度不大于 8 度、满粘法施工方法的外墙饰面砖工程。

知识点一 饰面板安装工程

1. 石材饰面板安装

石材饰面板安装方法有湿作业法、粘贴法和干挂法。施工方法如下：

（1）石材表面处理

在石材表面充分干燥（含水率小于 8%）的情况下，用石材防护剂进行防碱背涂处理，石材背面水泥粘结面应进行粘结加强处理。

（2）灌浆

灌注砂浆前应将石材背面及基层湿润，并应用填缝材料临时封闭石材板缝，避免漏浆。灌注砂浆宜用 1∶2.5 水泥砂浆，灌注时应分层进行，每层灌注高度宜为 150 ~ 200mm，且不超过板高的 1/3，插捣应密实。待其初凝后方可灌注上层水泥砂浆。

2. 金属饰面板安装

金属饰面板安装采用木衬板粘贴、有龙骨固定面板两种方法。

3. 木饰面板安装

木饰面板安装一般采用有龙骨钉固法、粘接法。

4. 镜面玻璃饰面板安装

镜面玻璃饰面安装按照固定原理可分为有（木）龙骨安装法、无龙骨安装法。其中，有龙骨安装法有紧固件镶钉法和大力胶粘贴法两种方式。

1. 薄型小规格板材（厚度 10mm 以下、边长小于 400mm）湿作业法：检查并清理基层→吊垂直、套方、找规矩、贴灰饼、抹底层砂浆→分格弹线→石材刷防护剂→排板→镶贴石板→表面勾（擦）缝。

2. 普通大规格板材（边长大于400mm）湿作业法：施工准备（饰面板钻孔、剔槽）→预留孔洞套割→板材浸湿、晾干→穿铜丝与板块固定→固定钢筋网→吊垂直、套方、找规矩、弹线→石材刷防护剂→分层安装板材→分层灌浆→饰面板擦（嵌）缝。

3. 干挂法：结构尺寸检验→清理结构表面→结构上弹线→水平龙骨开孔→固定骨架→检查水平龙骨及开孔→骨架及焊接部位防腐→饰面板开槽、预留孔洞套割→排板、支底层板托架→放置底层板并调节位置、临时固定→水平龙骨上安装连接件→石材与连接件连接→调整前后、左右及垂直→加胶并拧紧螺栓固定。

4. 石材表面含水率小于8%。

5. 灌注砂浆宜用1:2.5水泥砂浆，灌注时应分层进行，每层灌注高度宜为150~200mm，且不超过板高的1/3，插捣应密实。待其初凝后方可灌注上层水泥砂浆。

知识点二　饰面砖粘贴工程

饰面砖粘贴排列方式主要有"对缝排列"和"错缝排列"两种。

1. 外墙饰面砖粘贴前和施工过程中，均应在相同基层上做样板件，并对样板件的粘结强度进行检测。

2. 墙、柱面砖粘贴：

（1）墙、柱面砖粘贴前应进行挑选，并应浸水2h以上，晾干表面水分。

（2）粘贴前应进行放线定位和排砖，非整砖应排放在次要部位或阴角处。每面墙不宜有两列（行）以上非整砖，非整砖宽度不宜小于整砖的1/3。

（3）结合层砂浆宜采用1:2水泥砂浆，砂浆厚度宜为6~10mm。水泥砂浆应满铺在墙面砖背面，一面墙、柱不宜一次粘贴到顶，以防塌落。

采分点

1. 外墙饰面砖粘贴前和施工过程中，均应在相同基层上做样板件，并对样板件的粘结强度进行检测。

2. 粘贴前应进行放线定位和排砖，非整砖应排放在次要部位或阴角处。每面墙不宜有两列（行）以上非整砖，非整砖宽度不宜小于整砖的1/3。

知识点三　饰面板（砖）工程

应对下列材料及其性能指标进行复验：

1. 室内用花岗岩的放射性。

2. 粘贴用水泥的凝结时间、安定性和抗压强度。

3. 外墙陶瓷面砖的吸水率。

4. 寒冷地区外墙陶瓷面砖的抗冻性。

知识点四　饰面板（砖）工程

应对下列隐蔽工程项目进行验收：

1. 预埋件（或后置埋件）。

2. 连接节点。

3. 防水层。

知识点 五 检验批的划分和抽检数量

1. 相同材料、工艺和施工条件的室内饰面板（砖）工程每50间（大面积房间和走廊按施工面积30m² 为一间）应划分为一个检验批，不足50间也应划分为一个检验批。（同吊顶工程）

2. 相同材料、工艺和施工条件的室外饰面板（砖）工程每500~1000m² 应划分为一个检验批，不足500m² 也应划分为一个检验批。

3. 室内每个检验批应至少抽查10%，并不得少于3间，不足3间时应全数检查。

4. 室外每个检验批每100m² 应至少抽查一处，每处不得小于10m²。

采 分 点

1. 材料及其性能指标的复验。
2. 检验批的划分和抽检数量。

大纲考点：门窗工程施工技术

知识点 一 木门窗

1. 结构工程施工时预埋木砖的数量和间距应满足要求，即2m高以内的门窗每边不少于3块木砖，木砖间距以0.8~0.9m为宜；2m高以上的门窗框，每边木砖间距不大于1m，以保证门窗框安装牢固。

2. 寒冷地区门窗框与洞口间的缝隙应填充保温材料。

知识点 二 金属门窗

金属门窗安装应采用预留洞口的方法施工，不得采用边安装边砌口或先安装后砌口的方法施工。在砌体上安装金属门窗严禁用射钉固定。

推拉扇开关力应不大于100N，同时，必须有防脱落措施。

表 1-9　铝金门窗的固定方式一览表

序号	连接方式	适用范围
1	连接件焊接连接	钢结构
2	预埋件连接	钢筋混凝土结构
3	燕尾铁脚连接	砖墙结构
4	金属膨胀螺栓固定	钢筋混凝土结构、砖墙结构
5	射钉固定	钢筋混凝土结构

金属门窗安装应采用预留洞口的方法施工，在砌体上安装金属门窗严禁用射钉固定。

知识点三　塑料门窗

塑料门窗应采用预留洞口的方法安装，不得采用边安装边砌口或先安装后砌口的方法。

门窗框上安装固定片，固定片与框连接应采用自攻螺钉直接钻入固定，不得锤击钉入。

1. 门窗固定

当门窗与墙体固定时，应先固定上框，后固定边框。固定方法如下：

（1）混凝土墙洞口采用射钉或膨胀螺钉固定。

（2）砖墙洞口应用膨胀螺钉固定，不得固定在砖缝处，并严禁用射钉固定。

（3）轻质砌块或加气混凝土洞口可在预埋混凝土块上用射钉或膨胀螺钉固定。

（4）设有预埋铁件的洞口应采用焊接的方法固定，也可先在预埋件上按紧固件规格打基孔，然后用紧固件固定。

（5）窗下框与墙体也采用固定片固定，但应按照设计要求，处理好室内窗台板与室外窗台的节点处理，防止窗台渗水。

2. 门窗扇安装

门窗扇应待水泥砂浆硬化后安装，推拉门窗必须有防脱落装置。

3. 配件安装

平开窗扇高度大于900mm时，窗扇锁闭点不应少于2个。

1. 塑料门窗应采用预留洞口的方法安装。

2. 门窗扇应待水泥砂浆硬化后安装，推拉门窗必须有防脱落装置。

3. 平开窗扇高度大于900mm时，窗扇锁闭点不应少于2个。

知识点四　门窗玻璃安装

1. 单块玻璃大于$1.5m^2$时应使用安全玻璃。

2. 门窗玻璃不应直接接触型材。单面镀膜玻璃的镀膜层及磨砂玻璃的磨砂面应朝向室内，但磨砂玻璃作为浴室、卫生间门窗玻璃时，则应注意将其花纹面朝外，以防表面浸水而透视。中空玻璃的单面镀膜玻璃应在最外层，镀膜层应朝向室内。

大纲考点：涂料涂饰、裱糊、软包及细部工程施工技术

 **涂饰工程的施工技术要求和方法**

涂饰工程包括水性涂料涂饰工程、溶剂型涂料涂饰工程、美术涂饰工程。

1. 水性涂料涂饰工程施工的环境温度应在 5～35℃之间，并注意通风换气和防尘。

2. 基层处理要求：

（1）新建建筑物的混凝土或抹灰基层在涂饰涂料前应涂刷抗碱封闭底漆。对泛碱、析盐的基层应先用3%的草酸溶液清洗。然后，用清水冲刷干净或在基层上满刷一遍抗碱封闭底漆，待其干后刮腻子，再涂刷面层涂料。

（2）旧墙面在涂饰涂料前应清除疏松的旧装修层，并涂刷界面剂。

3. 混凝土或抹灰基层涂刷溶剂型涂料时，含水率不得大于8%；涂刷乳液型涂料时，含水率不得大于10%，木材基层的含水率不得大于12%。

◆ **采 分 点**

1. 水性涂料涂饰工程施工的环境温度应在 5～35℃之间。

2. 新建建筑物涂刷抗碱封闭底漆；旧墙面涂刷界面剂。

3. 混凝土或抹灰基层：涂刷溶剂型涂料时，含水率不得大于8%。涂刷乳液型涂料时，含水率不得大于10%。

4. 木材基层：含水率不得大于12%。

 **裱糊工程的施工技术要求和方法**

1. 基层处理要求

（1）新建建筑物的混凝土或抹灰基层墙面在刮腻子前应涂刷抗碱封闭底漆。

（2）旧墙面在裱糊前应清除疏松的旧装修层并涂刷界面剂。

（3）混凝土或抹灰基层含水率不得大于8%；木材基层的含水率不得大于12%。

2. 裱糊方法

墙、柱面裱糊常用的方法有搭接法裱糊、拼接法裱糊。顶棚裱糊一般采用推贴法裱糊。裱糊时，阳角处应无接缝，应包角压实，阴处应断开，并应顺光搭接。

◆ **采 分 点**

1. 新建建筑物涂刷抗碱封闭底漆；旧墙面涂刷界面剂。

2. 混凝土或抹灰基层含水率不得大于8%；木材基层的含水率不得大于12%。

知识点三 **细部工程的施工技术要求和方法**

1. 细部工程的隐蔽工程验收部位

（1）预埋件（或后置埋件）。

（2）护栏与预埋件的连接节点。

2. 护栏、扶手的技术要求和方法

表 1 – 10　各类建筑专门设计的要求

项次	项目		要求	依据
1	托儿所、幼儿园建筑	护栏	阳台、屋顶平台的护栏净高不应小于 1.20m，内侧不应设有支撑	《托儿所、幼儿园建筑设计规范》JGJ 39—1987
		栏杆	楼梯栏杆垂直杆件间的净距不应大于 0.11m。当楼梯井净宽度大于 0.20m 时，必须采取安全措施	
		扶手	楼梯除设成人扶手外，并应在靠墙一侧设幼儿扶手，其高度不应大于 0.60m	
2	中小学校建筑	栏杆	室内楼梯栏杆（或栏板）的高度不应小于 0.90m。室外楼梯及水平栏杆的高度不应小于 1.10m	《中小学校设计规范》GBJ 99—2011
3	居住建筑	护栏	低层、多层住宅的栏杆净高不应低于 1.05m	《住宅设计规范》GB 50096—2011
			中高层、高层住宅的栏杆净高不应低于 1.10m	
			栏杆的垂直杆件间净距不应大于 0.11m，并应防止儿童攀登	
		栏杆	楼梯栏杆垂直杆件间净空不应大于 0.11m。楼梯井净宽大于 0.11m 时，必须采取防止儿童攀滑的措施	
		扶手	扶手高度不应小于 0.90m。楼梯水平段栏杆长度大于 0.50m 时，其扶手高度不应小于 1.05m	

承受水平荷载栏板玻璃应使用公称厚度不小于 12mm 的钢化玻璃或公称厚度不小于 16.76mm 的钢化夹层玻璃。当护栏玻璃最低点离一侧距楼地面高度在 3m 或 3m 以上、5m 或 5m 以下应使用公称厚度不小于 16.76mm 的钢化夹层玻璃。当护栏玻璃最低点离一侧距楼地面高度大于 5m 时，不得使用承受水平荷载的栏板玻璃。

 采 分 点

1. 各类建筑专门设计的要求。
2. 承受水平荷载栏板玻璃应使用公称厚度不小于 12mm 的钢化玻璃或公称厚度不小于 16.76mm 的钢化的夹层玻璃。当护栏玻璃最低点离一侧距楼地面高度在 3m 或 3m 以上、5m 或 5m 以下应使用公称厚度不小于 16.76mm 的钢化夹层玻璃。

 大纲考点：建筑幕墙工程施工技术

知识点一　建筑幕墙工程分类

1. 按建筑幕墙的面板材料分为玻璃幕墙、金属幕墙、石材幕墙。
2. 玻璃幕墙分为框支承玻璃幕墙、全玻幕墙、点支承玻璃幕墙。

知识点 二 建筑幕墙的预埋件制作与安装

1. 预埋件制作的技术要求

常用建筑幕墙预埋件有平板形和槽形两种，其中平板形预埋件应用最为广泛。

平板形预埋件的加工要求如下：

（1）锚板宜采用 Q 235 级钢，锚筋应采用 HPB 300、HRB 335 或 HRB 400 级热轧钢筋，严禁使用冷加工钢筋。

（2）直锚筋与锚板应采用 T 形焊。当锚筋直径≤20mm 时，宜采用压力埋弧焊；当锚筋直径 >20mm 时，宜采用穿孔塞焊。不允许把锚筋弯成 Π 形或 L 形与锚板焊接。当采用手工焊时，焊缝高度不宜小于 6mm 和 0.5d（HPB300 级钢筋）或 0.6d（HRB 335 级、HRB 400 级钢筋），d 为锚筋直径。

（3）预埋件都应采取有效的防腐处理，当采用热镀锌防腐处理时，锌膜厚度应大于 40μm。

2. 预埋件安装的技术要求

为保证预埋件与主体结构连接的可靠性，连接部位的主体结构混凝土强度等级不应低于 C20。

1. 锚板宜采用 Q 235 级钢，锚筋应采用 HPB 300、HRB 335 或 HRB 400 级热轧钢筋，严禁使用冷加工钢筋。

2. 为保证预埋件与主体结构连接的可靠性，连接部位的主体结构混凝土强度等级不应低于 C20。

知识点 三 框支承玻璃幕墙制作安装

1. 框支承玻璃幕墙构件的制作

玻璃板块应在洁净、通风的室内注胶。要求室内洁净，温度应在 15 ~ 30℃，相对湿度在 50% 以上。板块加工完成后，应在温度 20℃、湿度 50% 以上的干净室内养护。单组分硅酮结构密封胶固化时间一般需 14 ~ 21d；双组分硅酮结构密封胶一般需 7 ~ 10d。

2. 框支承玻璃幕墙的安装

（1）凡两种不同金属的接触面之间，除不锈钢外，都应加防腐隔离柔性垫片，以防止产生双金属腐蚀。

（2）明框玻璃幕墙橡胶条镶嵌应平整、密实，橡胶条的长度宜比框内槽口长 1.5% ~ 2%，斜面断开，断口应留在四角；拼角处应采用胶黏剂粘结牢固后嵌入槽内。不得采用自攻螺钉固定承受水平荷载的玻璃压条。压条的固定方法、固定点数量应符合设计要求。

（3）玻璃幕墙开启窗的开启角度不宜大于 30°，开启距离不宜大于 300mm。

（4）严禁使用过期的密封胶；硅酮结构密封胶不宜作为硅酮耐候密封胶使用，两者不能互代。同一个工程应使用同一品牌的硅酮结构密封胶和硅酮耐候密封胶。

3. 密封胶嵌缝

（1）密封胶的施工厚度应大于 3.5mm，一般控制在 4.5mm 以内。太薄对保证密封质量不利，太厚也容易被拉断或破坏，失去密封和防渗漏作用。密封胶的施工宽度不宜小于厚度的 2 倍。

（2）密封胶在接缝内应两对面粘结，不应三面粘结，否则，胶在反复拉压时，容易被撕裂。为了防止形成三面粘结，可用无粘结胶带置于胶缝（槽口）的底部，将缝底与胶隔离。较深的槽口可用聚乙烯发泡垫杆填塞，既可控制胶缝的厚度，又起到了与缝底的隔离作用。

（3）不宜在夜晚、雨天打胶；打胶温度应符合设计要求和产品要求。

（4）严禁使用过期的密封胶；硅酮结构密封胶不宜作为硅酮耐候密封胶使用，两者不能互代。

1. 单组分硅酮结构密封胶固化时间一般需 14～21d；双组分硅酮结构密封胶一般需7～10d。

2. 密封胶在接缝内应两对面粘结，不应三面粘结。

3. 不宜在夜晚和雨天打胶。

知识点四　金属与石材幕墙工程框架安装的技术

1. 金属与石材幕墙的框架最常用的是钢管或钢型材框架，较少采用铝合金型材。

2. 幕墙构架立柱与主体结构的连接应有一定的相对位移的能力。立柱应采用螺栓与角码连接，并再通过角码与预埋件或钢构件连接。

知识点五　金属、石材幕墙面板安装要求

1. 金属与石材幕墙板面嵌填应采用中性硅酮耐候密封胶，因石板内部有孔隙，为防止密封胶内的某些物质渗入板内，故要求采用经耐污染性试验合格的（石材专用）硅酮耐候密封胶。

2. 幕墙的隔气层一般应设置在保温材料靠近室内一侧。

金属与石材幕墙板面嵌填应采用中性硅酮耐候密封胶。

知识点六　建筑幕墙防火构造要求

1. 防火密封胶应有法定检测机构的防火检验报告。

2. 同一幕墙玻璃单元不应跨越两个防火分区。

同一幕墙玻璃单元不应跨越两个防火分区。

知识点七　建筑幕墙防雷构造要求

1. 幕墙的金属框架应与主体结构的防雷体系可靠连接。

2. 幕墙的铝合金立柱，在不大于10m范围内宜有一根立柱采用柔性导线，把每个上柱与下柱的连接处连通。导线截面积铜质不宜小于$25mm^2$，铝质不宜小于$30mm^2$。

3. 主体结构有水平均压环的楼层，对应导电通路的立柱预埋件或固定件应用圆钢或扁钢与均压环焊接连通，形成防雷通路。圆钢直径不宜小于12mm，扁钢截面不宜小于5mm×

40mm。避雷接地一般每三层与均压环连接。

4. 兼有防雷功能的幕墙压顶板宜采用厚度不小于3mm的铝合金板制造，与主体结构屋顶的防雷系统应有效连通。

5. 在有镀膜层的构件上进行防雷连接，应除去其镀膜层。

1. 幕墙的金属框架应与主体结构的防雷体系可靠连接。
2. 与主体结构屋顶的防雷系统应有效连通。
3. 在有镀膜层的构件上进行防雷连接，应除去其镀膜层。

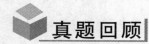

一、单项选择题

1. 关于吊顶工程的说法，正确的是（   ）。

A. 吊顶工程的木龙骨可不进行防火处理

B. 吊顶检修口可不设附加吊杆

C. 明龙骨装饰吸声采用搁置法施工时，应有平台措施

D. 安装双层石膏板时，面层板与基层板的接缝应对齐

【答案】C

【解析】木龙骨吊顶工程的防火、防腐处理是吊顶工程隐蔽工程项目验收的必有环节，所以A错；吊顶检修口必须设置附加吊杆，B错；安装双层石膏板时，面层板与基层板的接缝应错开，并不得在同一根龙骨上接缝，D错。所以，答案为C。

2. 根据相关规范，门窗工程中不需要进行性能复测的项目是（   ）。

A. 人造木门窗复验氨的含量

B. 外墙塑料窗复验抗风压性能

C. 外墙金属窗复验雨水渗漏性能

D. 外墙金属窗复验空气渗透性能

【答案】A

【解析】门窗工程应对下列材料及其性能指标进行复验：①人造木板的甲醛含量；②建筑外墙金属窗、塑料窗的抗风压性能、空气渗透性能和雨水渗漏性能。

3. 关于玻璃幕墙的说法，正确的是（   ）。

A. 防火层可以与玻璃幕墙直接接触

B. 同一玻璃幕墙单元可以跨越两个防火分区

C. 幕墙的金属框架应与主体结构的防雷体系可靠连接

D. 防火层承托板可以采用铝板

【答案】C

【解析】A错，防火层不应与玻璃幕墙直接接触，防火材料朝玻璃面处宜采用装饰材料覆盖。B错，同一玻璃幕墙单元不可以跨越两个防火分区。D错，防火层承托板不可以采用铝板，应采用厚度不小于1.5mm的镀锌钢板承托。承托板与主体结构、幕墙结构及承托板之间的缝隙应采用防火密封胶密封；防火密封胶应有法定检测机构的防火检验报告。

4. 关于建筑幕墙防雷构造要求的说法，错误的是（　　）。

A. 幕墙的铝合金立柱采用柔性导线连通上、下柱

B. 幕墙立柱预埋件用圆钢或扁钢与主体结构的均压环焊接连通

C. 幕墙压顶板与主体结构屋顶的防雷系统有效连接

D. 在有镀膜层的构件上进行防雷连接应保护好所有的镀膜层

【答案】D

【解析】在有镀膜层的构件上进行防雷连接，应除去其镀膜层。

5. 下列金属框安装做法中，正确是（　　）。

A. 采用预留洞口后安装的方法施工

B. 采用边安装边砌口的方法施工

C. 采用先安装后砌口的方法施工

D. 采用射钉固定于砌体上的方法施工

【答案】A

【解析】金属门窗安装应采用预留洞口的方法施工，不得采用边安装边砌口或先安装后砌口的方法施工。

二、多项选择题

1. 关于有防水要求的建筑楼地面的做法，正确的有（　　）。

A. 地面设置防水隔离层

B. 楼层结构采用多块预制板组合而成

C. 楼层结构混凝土采用 C15 混凝土

D. 楼板四周做 200mm 高的混凝土翻边

E. 立管、套管与楼板节点之间进行密封处理

【答案】ADE

【解析】B、C 错，楼层结构必须采用现浇混凝土或整块预制混凝土板，混凝土强度等级不应小于 C20。

2. 根据《建筑内部装修防火施工及验收规范》（GB 50354），进入施工现场的装修材料必须进行检查的项目有（　　）。

A. 合格证书　　　　　　　　　　B. 防火性能型式检验报告

C. 应用范围　　　　　　　　　　D. 燃烧性能或耐火极限

E. 应用数量

【答案】ABD

【解析】进入现场的装修材料应完好，并应检查其燃烧性能或耐火极限、防火性能型式检验报告、合格证书等技术文件是否符合防火设计要求。核查、检验时，要求填写进场验收记录。

三、案例分析题

1.【背景资料】

某公司承建某大学城项目，在装饰装修阶段，大学城建设单位追加新建校史展览馆，紧邻在建大学城项目。总建筑面积 2160m²，总造价 408 万元，工期 10 个月。部分陈列室采用木龙骨石膏板吊顶。

吊顶石膏面板大面积安装完成，施工单位请监理工程师通过预留未安装面板部位对吊顶

工程进行隐蔽验收，监理工程师拒绝。

【问题】

题中监理工程师的做法是否正确？并说明理由。木龙骨石膏板吊顶工程应对哪些项目进行隐蔽验收？

【参考答案】

监理工程师的做法正确。因为不经隐蔽验收并签字不准进行面板安装。

隐蔽验收项目：吊顶内管道、设备的安装；木龙骨防火防腐处理、预埋件或拉结筋、吊杆安装、龙骨安装、填充料的设置。

2.【背景资料】

某建设单位新建办公楼，与甲施工单位签订施工总承包合同。该工程门厅大堂内墙设计做法为干挂石材，多功能厅隔墙设计做法为石膏板骨架隔墙。

施工单位上报了石膏板骨架隔墙施工方案。其中：石膏板安装方法为隔墙面板横向铺设，两侧对称、分层由下至上逐步安装；填充隔声防火材料随面层安装逐层跟进，直至全部封闭；石膏板用自攻螺钉固定，先固定板四边，后固定板中部，钉头略埋入板内，钉眼用石膏腻子抹平。监理工程师认为施工方法存在错误，责令修改后重新报审。

【问题】

应如何修改石膏板骨架隔墙施工方案？

【参考答案】

安装固定施工方法均有不妥，正确的做法：

（1）板材应在自由状态下进行固定，固定时应从板的中间向四周固定。

（2）纸面石膏板的长边应垂直于次龙骨安装，短边平行搭接在次龙骨上，搭接宽度宜为次龙骨宽度的1/2。

（3）采用钉固法，螺钉与板边距离：纸面石膏板包边宜为 10～15mm，切割边宜为 15～20mm，水泥加压板螺钉与板边距离宜为 8～15mm；板周边钉距宜为 150～170 mm，板中钉距不得大于 200mm。

（4）石膏板的接缝应按设计要求或构造要求进行板缝防裂处理。安装双层石膏板时面层板与基层板的接缝应错开，并不得在同一根龙骨上接缝。

（5）螺钉头宜略埋入板内，并不得使纸面破损。钉眼应做防锈处理并用腻子抹平。

（6）石膏板的接缝应按设计要求进行板缝处理。

 知识拓展

一、单项选择题

1. 水性涂料涂饰工程施工的环境温度应在（   ）。

A. 10～30℃   B. 5～30℃   C. 10～35℃   D. 5～35℃

2. 主龙骨宜平行房间长向布置，分档位置线从吊顶中心向两边分，间距宜为（   ）mm，并标出吊杆的固定点。

A. 900   B. 1200   C. 1000   D. 600

3. 整体面层施工后，养护时间不应小于（   ）d；抗压强度应达到（   ）MPa。

A. 14，5   B. 7，5   C. 7，10   D. 14，10

4. 关于某不上人吊顶工程，下列做法错误的是（　　）。

A. 预埋件、钢筋吊杆进行了防锈处理

B. 安装面板前完成吊顶内管道和设备的验收

C. 检修口处未设置附加吊杆

D. 距主龙骨端部 300mm 的部位设置了吊杆

5. 下列有关建筑幕墙构造要求的说法不正确的是（　　）。

A. 幕墙的金属框架应与主体结构的防雷体系可靠连接

B. 在有镀膜层的构件上进行防雷连接，应保护好镀膜层

C. 使用不同材料的防雷连接应避免产生双金属腐蚀

D. 同一幕墙玻璃单元不应跨越两个防火分区

6. 内墙饰面砖粘贴的技术要求不包括（　　）。

A. 粘贴前饰面砖应浸水 2h 以上，晾干表面水分

B. 每面墙不宜有两列（行）以上非整砖

C. 非整砖宽度不宜小于整砖的 1/4

D. 在墙面突出物处，不得用非整砖拼凑粘贴

7. 塑料门窗应采用（　　）的方法安装。

A. 立口法　　　　　　B. 边安装边砌口　　　　C. 先安装后砌口　　　　D. 预留洞口

8. 下列楼梯栏杆的做法，错误的是（　　）。

A. 栏杆垂直杆件间的净距为 100mm

B. 临空高度 25m 部位，栏杆高度为 1.05m

C. 室外楼梯临边处栏杆离地面 100mm 高度内不留空

D. 栏杆采用不易攀爬的构造

9. 框支承玻璃幕墙构件的制作中，单组分硅酮结构密封胶固化时间一般需（　　）d。

A. 7～10　　　　　　B. 10～14　　　　　　C. 14～21　　　　　　D. 7～14

10. 玻璃板块注胶温度应在（　　），相对湿度在（　　）以上。

A. 15～35℃，50%　　　　　　　　　　B. 15～35℃，60%

C. 15～30℃，50%　　　　　　　　　　D. 15～30℃，60%

二、多项选择题

1. 吊顶工程由（　　）等部分组成。

A. 支承　　　　　　　　　　　　　　B. 吊杆

C. 基层　　　　　　　　　　　　　　D. 扣板

E. 面层

2. 轻质隔墙按构造方式和所用材料的种类不同可分为（　　）。

A. 活动隔墙　　　　　　　　　　　　B. 混凝土隔墙

C. 板材隔墙　　　　　　　　　　　　D. 骨架隔墙

E. 玻璃隔墙

3. 明龙骨吊顶饰面板的安装方法有（　　）等方法。

A. 钉固法　　　　　　　　　　　　　B. 粘贴法

C. 嵌入法　　　　　　　　　　　　　D. 卡固法

E. 搁置法

4. 饰面板（砖）工程应对下列材料及其性能指标进行复验（　　）。

A. 室内用花岗岩的放射性　　　　　　B. 室内用大理石的放射性

C. 外墙陶瓷面砖耐久性　　　　　　　D. 人造石材耐腐蚀性

E. 外墙陶瓷面砖吸水率

5. 装饰装修细部工程中的护栏和扶手制作和安装中，护栏高度，栏杆间距，安装位置必须符合规范要求，下列表述正确的有（　　）。

A. 幼儿园楼梯栏杆垂直杆件间的净距不应大于 0.11m

B. 中小学室外楼梯及水平栏杆（或栏板）的高度不应小于 1.10m

C. 多层住宅室内楼梯扶手高度不应小于 0.80m

D. 当护栏一侧距楼地面高度为 10m 及以上时，护栏玻璃应使用钢化玻璃

E. 幼儿园阳台的护栏净高不应小于 1.20m

6. 按《建筑内部装修防火施工及验收规范》（GB 50354）中的防火施工和验收的规定，下列说法正确的有（　　）。

A. 装修施工前，应对各部位装修材料的燃烧性能进行技术交底

B. 装修施工前，不需按设计要求编写防火施工方案

C. 建筑工程内部装修不得影响消防设施的使用功能

D. 装修材料进场后，在项目经理监督下，由施工单位材料员进行现场见证取样

E. 装修材料现场进行阻燃处理，应在相应的施工作业完成后进行抽样检验

7. 隐框玻璃幕墙玻璃板块之间嵌缝的正确技术要求有（　　）。

A. 密封胶的施工厚度应大于 3.5mm，一般控制在 4.5mm 以内

B. 密封胶的施工厚度不应小于施工宽度

C. 硅酮结构密封胶不宜作为硅酮耐候密封胶使用

D. 密封胶在接缝内应两对面粘结

E. 密封胶在接缝内应与槽底和两面槽壁粘结牢固

8. 关于建筑幕墙预埋件安装的做法，正确的有（　　）。

A. 连接部位设置在强度等级为 C20 的主体结构混凝土上

B. 预埋件与钢筋或模板连接固定后浇筑混凝土

C. 直接用轻质填充墙做幕墙支承结构

D. 预埋件采用一定厚度的热镀锌防腐处理

E. 使用冷加工钢筋作为锚筋

9. 下列有关金属板加工制作的说法正确的有（　　）。

A. 板材表面严禁用溶剂型的化学清洁剂清洗

B. 蜂窝铝板、铝塑复合板应采用机械刻槽折边

C. 铝塑复合板折边处应设边肋

D. 幕墙用单层铝板厚度不应小于 2.5mm

E. 各部位外层铝板上，应保留 0.3~0.5mm 的铝芯

三、案例分析题

1.【背景资料】

某办公楼工程，首层高 4.8m，标准层高 3.6m，地下 1 层地上 12 层，顶层房间为有保温层的轻钢龙骨纸面石膏板吊顶。

顶层吊顶安装石膏板前，施工单位仅对吊顶内管道设备安装申报了隐蔽工程验收，监理工程师提出申报验收有漏项，应补充验收申报项目。

【问题】

吊顶隐蔽工程验收还应补充申报哪些验收项目？

2.【背景资料】

某写字楼工程，地下1层，地上10层，当主体结构已基本完成时，施工企业根据工程实际情况，调整了装修施工组织设计文件，编制了装饰工程施工进度网络计划，经总监理工程师审核批准后组织实施。

一层大厅轻钢龙骨石膏板吊顶，一盏大型水晶灯（重100kg）安装在吊顶工程的主龙骨上。

【问题】

灯安装是否正确？说明理由。

参考答案

一、单项选择题

1. D 2. B 3. B 4. C 5. B 6. C 7. D 8. B 9. C 10. C

二、多项选择题

1. ACE 2. ACDE 3. CDE 4. AE 5. ABE 6. ACE 7. ACD 8. ABD 9. BCDE

三、案例分析题

1. 吊顶隐蔽工程验收应补充验收申请的项目有：①设备安装及水管试压。②木龙骨防火、防腐处理。③预埋件或拉结筋。④吊杆安装。⑤龙骨安装。⑥填充材料的设置等。

2. 不正确。因为安装在吊顶工程主龙骨上的大型水晶灯属重型灯具。根据装饰装修工程施工技术规定，重型灯具、电扇及其他重型设备严禁安装在吊顶工程的龙骨上，必须增设附加吊杆。

第六节　建筑工程季节性施工技术

 大纲考点：冬期施工技术

冬期施工期限划分原则是：根据当地多年气象资料统计，当室外日平均气温连续5d稳定低于5℃即进入冬期施工，当室外日平均气温连续5d高于5℃即解除冬期施工。

凡进行冬期施工的工程项目，应编制冬期施工专项方案。

知识点一　建筑地基基础工程

1. 土方回填时，每层铺土厚度应比常温施工时减少20%～25%，预留沉陷量应比常温施工时增加。

2. 填方边坡的表层1m以内，不得采用含有冻土块的土填筑。室内地面垫层下回填的土方，填料中不得含有冻土块。

3. 桩基施工时，当冻土层厚度超过500mm，冻土层宜采用钻孔机引孔，引孔直径不宜大于桩径20mm。振动沉管成孔施工有间歇时，宜将桩管埋入桩孔中进行保温。

1. 当室外日平均气温连续5d稳定低于5℃即进入冬期施工，当室外日平均气温连续5d高于5℃即解除冬期施工。

2. 土方回填时，每层铺土厚度应比常温施工时减少20%~25%。

知识点二 砌体工程

1. 砂浆拌合水温不宜超过80℃，砂加热温度不宜超过40℃，且水泥不得与80℃以上热水直接接触；砂浆稠度宜较常温适当增大，且不得二次加水调整砂浆和易性。

2. 砌筑施工时，砂浆温度不应低于5℃。当设计无要求，且最低气温等于或低于-15℃时，砌体砂浆强度等级应较常温施工提高一级。

3. 砌体采用氯盐砂浆施工，每日砌筑高度不宜超过1.2m，墙体留置的洞口，距交接墙处不应小于500mm。

4. 暖棚法施工时，暖棚内的最低温度不应低于5℃。

1. 砌筑施工时，砂浆温度不应低于5℃。

2. 砌体采用氯盐砂浆施工，每日砌筑高度不宜超过1.2m。

知识点三 钢筋工程

1. 钢筋调直冷拉温度不宜低于-20℃。预应力钢筋张拉温度不宜低于-15℃。当环境温度低于-20℃时，不宜进行施焊。当环境温度低于-20℃时，不得对HRB 335、HRB 400钢筋进行冷弯加工。

2. 雪天或施焊现场风速超过三级风焊接时，应采取遮蔽措施，焊接后未冷却的接头应避免碰到冰雪。

1. 钢筋调直冷拉温度不宜低于-20℃。预应力钢筋张拉温度不宜低于-15℃。

2. 焊接后未冷却的接头应避免碰到冰雪。

知识点四 混凝土工程

1. 冬期施工配制混凝土宜选用硅酸盐水泥或普通硅酸盐水泥。采用蒸汽养护时，宜选用矿渣硅酸盐水泥。

2. 混凝土拌合物的出机温度不宜低于10℃，入模温度不应低于5℃；对预制混凝土或需远距离输送的混凝土，混凝土拌合物的出机温度可根据运输和输送距离经热工计算确定，但不宜低于15℃。

3. 拆模时混凝土表面与环境温差大于20℃时，混凝土表面应及时覆盖，缓慢冷却。

冬期施工配制混凝土宜选用硅酸盐水泥或普通硅酸盐水泥。采用蒸汽养护时，宜选用矿渣硅酸盐水泥。

知识点（五） 钢结构工程

普通碳素结构钢工作地点温度低于−20℃、低合金钢工作地点温度低于−15℃时不得剪切、冲孔。普通碳素结构钢工作地点温度低于−16℃、低合金结构钢工作地点温度低于−12℃时不得进行冷矫正和冷弯曲。当工作地点温度低于−30℃时，不宜进行现场火焰切割作业。

知识点（六） 防水工程

1. 防水混凝土入模温度不应低于5℃。
2. 防水工程应依据材料性能确定施工气温界限，最低施工环境气温宜符合下表的规定。

表1−11 防水工程冬期施工环境气温要求

防水材料	施工环境气温
现喷硬泡聚氨酯	不低于15℃
高聚物改性沥青防水卷材	热熔性不低于−10℃
合成高分子防水卷材	冷粘法不低于5℃；焊接法不低于−10℃
高聚物改性沥青防水涂料	溶剂型不低于5℃；热熔型不低于−10℃
合成高分子防水涂料	溶剂型不低于−5℃
改性石油沥青密封材料	不低于0℃
合成高分子密封材料	溶剂型不低于0℃

防水混凝土入模温度不应低于5℃。

大纲考点：雨期施工技术

凡进行雨期施工的工程项目，应编制雨期施工专项方案，方案中应包含汛期应急救援预案。

知识点（一） 建筑地基基础工程

1. 土方回填应避免在雨天进行。
2. 锚杆施工时，如遇地下水坍塌，可采用注浆护壁工艺成槽。
3. CFG桩施工，槽底预留的保护层厚度不小于0.5m。

CFG桩施工，槽底预留的保护层厚度不小于0.5m。

知识点（二） 砌体工程

1. 对砖堆加以保护，确保块体湿润度不超过规定，淋雨过湿的砖不得使用，雨天及小砌块表面有浮水时，不得施工。

2. 每天砌筑高度不得超过 1.2m。

 知识点 三 钢结构工程

1. 雨天构件不能进行涂刷工作，涂装后 4h 内不得雨淋；风力超过 5 级时不宜使用无气喷涂。

2. 雨天及 5 级（含）以上大风不能进行屋面保温的施工。

 知识点 四 防水工程

防水工程严禁在雨天施工，5 级风及其以上时不得施工防水层。

大纲考点：高温天气施工技术

知识点 混凝土工程

1. 当日平均气温达到 30℃ 及以上时，应按高温施工要求采取措施。
2. 混凝土坍落度不宜小于 70mm。

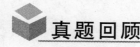 **真题回顾**

一、单项选择题

冬季填方施工时，每层铺土厚度应比常温时（　　）。

A. 增加 20% ~ 25%　　　　　　　　　　B. 减少 20% ~ 25%

C. 减少 35% ~ 40%　　　　　　　　　　D. 增加 35% ~ 40%

【答案】B

【解析】填方应按设计要求预留沉降量，一般不超过填方高度的 3%。冬季填方每层铺土厚度应比常温施工时减少 20% ~ 25%，预留沉降量比常温时适当增加。

二、多项选择题

关于钢筋混凝土工程雨期施工的说法，正确的有（　　）。

A. 对水泥和掺合料应采取防水和防潮措施

B. 对粗、细骨料含水率进行实时监测

C. 浇筑板、墙、柱混凝土时，可适当减小坍落度

D. 应选用具有防雨水冲刷性能的模板脱模剂

E. 钢筋焊接接头可采用雨水急速降温

【答案】ABCD

【解析】雨天施焊应采取遮蔽措施，焊接后冷却的接头应避免遇雨急速降温。

知识拓展

一、单项选择题

1. 下列有关建筑工程季节性施工技术的描述正确的是（　　）。
   A. 冬期施工配制混凝土宜选用硅酸盐水泥
   B. 防水混凝土冬期施工时，混凝土入模温度不应低于10℃
   C. 雨季施工时，CFG桩槽底预留的保护层厚度不小于0.2m
   D. 高温施工时，混凝土坍落度不宜小于60mm

2. 防水混凝土入模温度不应低于（　　）℃。
   A. −10　　　　　　B. −5　　　　　　C. 0　　　　　　D. 5

3. 冬期施工时，砌体采用氯盐砂浆，每日砌筑高度不宜超过（　　）m。
   A. 2　　　　　　B. 1.4　　　　　　C. 1.2　　　　　　D. 1.0

4. 高温天气施工时，混凝土坍落度不宜小于（　　）mm。
   A. 30　　　　　　B. 60　　　　　　C. 70　　　　　　D. 100

二、多项选择题

下列有关冬期施工的说法，正确的有（　　）。
   A. 暖棚法施工时，暖棚内的最低温度不应低于5℃
   B. 填方边坡的表层1m以内，不得采用含有冻土块的土填筑
   C. 土方回填时，每层铺土厚度应比常温施工时减少10%～15%
   D. 振动沉管成孔施工有间歇时，不宜将桩管埋入桩孔中进行保温
   E. 钢筋调直冷拉温度不宜低于−20℃

参考答案

一、单项选择题
A　2. D　3. C　4. C

二、多项选择题
ABE

建 筑 工 程 管 理 与 实 务

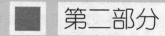

第二部分

建筑工程项目施工管理

第一章　单位工程施工组织设计

 大纲考点：施工组织设计的管理

知识点（一） **单位工程施工组织设计编制依据**

施工合同，施工图纸，主要规范、规程，主要图集，主要标准，主要法规，地质勘察报告，企业的各项管理手册、施工工艺标准、程序文件等。

知识点（二） **单位工程施工组织设计的内容**

施工组织设计应包括编制依据、工程概况、施工部署、施工进度计划、施工准备与资源配置计划、主要施工方法、施工现场平面布置及主要施工管理计划等基本内容。

知识点（三） **单位工程施工组织设计的管理**

1. 编制、审批和交底

（1）单位工程施工组织设计编制与审批：单位工程施工组织设计由项目负责人主持编制，项目经理部全体管理人员参加，施工单位主管部门审核，施工单位技术负责人或其授权人审批。

（2）单位工程施工组织设计经上级承包单位技术负责人或其授权人审批后，应在工程开工前由项目负责人组织，对项目部全体管理人员及主要分包单位进行交底并做好交底记录。

2. 群体工程

群体工程应编制施工组织总设计，并及时编制单位工程施工组织设计。

3. 过程检查与验收

（1）过程检查通常划分为地基基础、主体结构、装饰装修三个阶段。

（2）过程检查由企业技术负责人或相关部门负责人主持并提出修改意见。

4. 修改与补充

单位工程施工过程中，当其施工条件、总体施工部署、重大设计变更或主要施工方法发生变化时，项目负责人或项目技术负责人应组织相关人员对单位工程施工组织设计进行修改和补充，报送原审核人审核，原审批人审批，并进行相关交底。

5. 发放与归档

单位工程施工组织设计审批后报送监理方及建设方，发放企业主管部门、项目相关部门、主要分包单位。

6. 施工组织设计的动态管理

项目施工过程中，如发生以下情况之一时，施工组织设计应及时进行修改或补充：

1. 工程设计有重大修改。

2. 有关法律、法规、规范和标准实施、修订和废止。

3. 主要施工方法有重大调整。

4. 主要施工资源配置有重大调整。

5. 施工环境有重大改变。

单位工程施工组织设计的编制、审批和交底。

 大纲考点：施工部署

知识点 一 施工部署的作用

施工部署是施工组织设计的纲领性内容，施工进度计划、施工准备与资源配置计划、施工方法、施工现场平面布置和主要施工管理计划等施工组织设计的组成内容都应该围绕施工部署的原则编制。

知识点 二 施工部署的内容

施工部署的内容包括：工程目标、重点和难点分析、工程管理的组织、进度安排和空间组织、"四新"技术、资源投入计划和项目管理总体安排。

大中型项目宜设置矩阵式项目管理组织结构，小型项目宜设置线性职能式项目管理组织结构，远离企业管理层的大中型项目宜设置事业部式项目管理组织。

单位工程施工阶段一般包括地基基础、主体结构、装饰装修和机电设备安装工程。

"四新"技术包括：新技术、新工艺、新材料、新设备。

1. 单位工程施工阶段一般包括地基基础、主体结构、装饰装修和机电设备安装工程。

2. "四新"技术包括：新技术、新工艺、新材料、新设备。

 大纲考点：施工顺序的确定

知识点 施工顺序

一般工程的施工顺序："先准备、后开工"，"先地下、后地上"，"先主体、后围护"，"先结构、后装饰"，"先土建、后设备"。

大纲考点：施工平面布置图

知识点 施工现场平面布置图的内容

1. 工程施工场地状况。
2. 拟建建（构）筑物的位置、轮廓尺寸、层数等。
3. 工程施工现场的加工设施、存储设施、办公和生活用房等的位置和面积。
4. 布置在工程施工现场的垂直运输设施、供电设施、供水供热设施、排水排污设施和临时施工道路等。
5. 施工现场必备的安全、消防、保卫和环境保护等设施。
6. 相邻的地上、地下既有建（构）筑物及相关环境。

 真题回顾

一、单项选择题

单位工程施工组织设计应由（　　）主持编制。

A. 项目负责人   B. 项目技术负责人

C. 项目技术员   D. 项目施工员

【答案】A

【解析】单位工程施工组织设计由项目负责人主持编制，项目经理部全体管理人员参加，企业主管部门审核，企业技术负责人或其授权的技术人员审批。

二、多项选择题

在工程实施过程中，单位工程施工组织设计通常按（　　）划分阶段进行检查。

A. 地基基础   B. 主体结构

C. 二次结构   D. 装饰装修

E. 竣工交付

【答案】ABD

【解析】单位工程的施工组织设计在实施过程中应进行检查。过程检查可按照工程施工阶段进行。通常划分为地基基础、主体结构、装饰装修三个阶段。

三、案例分析题

【背景资料】

某房屋建筑工程，建筑面积 $6800m^2$，钢筋混凝土框架结构，外墙外保温节能体系。根据《建设工程施工合同（示范文本）》（GF—2013－0201）和《建设工程监理合同（示范文本）》（GF—2012－0202），建设单位分别与中标的施工单位和监理单位签订了施工合同和监理合同。

工程开工前，施工单位的项目技术负责人主持编制了施工组织设计，经项目负责人审核、施工单位技术负责人审批后，报项目监理机构审查。监理工程师认为该施工组织设计的编制、审核（批）手续不妥，要求改正；同时，要求补充建筑节能工程施工的内容。施工单位认为，在建筑节能工程施工前还要编制、报审建筑节能技术专项方案，施工组织设计中没有建筑节能工程施工内容并无不妥，不必补充。

【问题】

分别指出案例中施工组织设计编制、审批程序的不妥之处，并写出正确做法。施工单位关于建筑节能工程的说法是否正确？说明理由。

【参考答案】

（1）项目技术负责人主持编制了施工组织设计不妥。

正确做法：应由项目负责人主持编制。

（2）经项目负责人审核不妥。

正确做法：应由施工单位主管部门审核。

（3）施工单位认为，在建筑节能工程施工前还要编制、报审建筑节能技术专项方案，施工组织设计中没有建筑节能工程施工内容的说法不妥。

正确做法：单位工程的施工组织设计应包括建筑节能工程施工内容。建筑工程施工前，施工企业应编制建筑节能工程施工技术方案并经监理（建设）单位审查批准。施工单位应对从事建筑节能工程施工作业的专业人员进行技术交底和必要的实际操作培训。

 知识拓展

一、单项选择题

1. 《建筑施工组织设计规范》对单位工程施工组织设计的概念进行了明确的定义，就是以（　　）为主要对象编制的施工组织设计，对单位工程的施工过程起指导和制约作用。

A. 单项工程　　　　　B. 分项工程　　　　　C. 单位工程　　　　　D. 分部工程

2. 下列不属于单位施工组织设计内容的是（　　）。

A. 编制依据　　　　　B. 工程概况　　　　　C. 施工部署　　　　　D. 工程设计文件

3. 单位工程施工组织设计是项目施工全过程管理的综合文件，由（　　）主持编制。

A. 建设单位负责人　　　　　　　　　B. 施工单位技术负责人

C. 项目负责人　　　　　　　　　　　D. 建设单位技术负责人

4. 下列有关施工顺序的说法正确的是（　　）。

A. 先围护、后主体　　　　　　　　　B. 先地上、后地下

C. 先土建、后设备　　　　　　　　　D. 先装饰、后结构

5. 关于单位工程施工组织总设计的编制顺序正确的是（　　）。

A. 调查项目特点和施工条件→收集和熟悉有关资料和图纸→计算主要工种的工程量→确定施工的总体部署→施工方案→主要技术经济指标

B. 收集和熟悉有关资料和图纸→调查项目特点和施工条件→计算主要工种的工程量→确定施工的总体部署→施工方案→编制施工总进度计划

C. 收集和熟悉有关资料和图纸→编制资源需求量计划→调查项目特点和施工条件→确定施工的总体部署→施工方案→计算主要工种的工程量

D. 调查项目特点和施工条件→收集和熟悉有关资料和图纸→计算主要工种的工程量→确定施工的总体部署→施工方案→施工总平面图设计

6. 单位工程的施工组织设计在实施过程中应进行检查，按照施工阶段进行检查可划分为（　　）阶段进行。

A. 地基基础、主体结构、装饰装修

B. 地基基础、主体结构、屋面工程

C. 地基基础、主体结构、设备安装

D. 地基基础、主体结构、电气工程

7. 最重要的施工资源是（　　）。

A. 设备资源　　　　　B. 财力资源　　　　　C. 物资资源　　　　　D. 人力资源

二、多项选择题

1. 单位工程的施工组织设计在实施过程中应进行检查。过程检查可按照工程施工阶段进行，通常划分为哪三个阶段？（　　）

A. 主体结构　　　　　　　　　　　　　　B. 地基基础

C. 屋面工程　　　　　　　　　　　　　　D. 装饰装修

E. 设备安装

2. 施工部署是施工组织设计的纲领性内容，其中"四新"技术包括（　　）。

A. 新设备　　　　　　　　　　　　　　B. 新技术

C. 新工艺　　　　　　　　　　　　　　D. 新材料

E. 新人员

3. 关于单位工程施工平面图设计要求的说法，正确的有（　　）。

A. 施工道路布置尽量不使用永久性道路

B. 尽量利用已有的临时工程

C. 短运距、少搬运

D. 尽可能减少施工占用场地

E. 符合劳动保护、安全、防火要求

参考答案

一、单项选择题

1. C　2. D　3. C　4. C　5. B　6. A　7. D

二、多项选择题

1. ABD　2. ABCD　3. BCDE

第二章　建筑工程施工进度管理

 大纲考点：施工进度计划的编制

　**施工进度计划的编制**

施工进度计划按编制对象的不同可分为：施工总进度计划、单位工程进度计划、分阶段（或专项工程）工程进度计划、分部分项工程进度计划四种。

施工总进度计划可采用网络图或横道图表示，并附必要说明，宜优先采用网络计划。

施工进度计划的划分。

 大纲考点：流水施工方法在建筑工程中的应用

　**流水施工参数**

1. 时间参数

流水节拍（t）、流水步距（K）和工期。

流水节拍（t）：一个作业队（或一个施工过程）在一个施工段上所需要的工作时间。

流水步距（K）：两个相邻的作业队（或施工过程）相继投入工作的最小时间间隔。

流水步距的个数 = 施工过程数 - 1。

如：某钢筋混凝土工程，有模板工程、钢筋工程、混凝土工程三道工序，则模板与钢筋工程之间，钢筋与混凝土工程之间有流水步距，即有两个流水步距。

2. 空间参数

空间参数是指组织流水施工时，表达流水施工在空间布置上划分的个数，可以是施工区（段），也可以是多层的施工层数，数目一般用 m 表示。

3. 工艺参数

工艺参数是指组织流水施工时，用于表达流水施工在施工工艺方面进展状态的参数，通常包括施工过程和流水强度两个参数。

时间参数包括流水节拍、流水步距和工期。

知识点 二　流水施工的组织形式

1. 无节奏流水施工

无节奏流水施工指在组织流水施工时，全部或部分施工过程在各个施工段上的流水节拍不相等的流水施工。这种施工是流水施工中最常见的一种。

2. 等节奏流水施工

等节奏流水施工指在有节奏流水施工中，各施工过程的流水节拍都相等的流水施工，也称为固定节拍流水施工或全等节拍流水施工。

3. 异节奏流水施工

异节奏流水施工指在有节奏流水施工中，各施工过程的流水节拍各自相等而不同施工过程之间的流水节拍不尽相等的流水施工。在组织异节奏流水施工时，又可以采用等步距和异步距两种方式。其特例为成倍节拍流水施工。

知识点 三　流水施工的表达方式

流水施工主要以横道图方式表示。

横道图表示法的优点是：绘图简单，施工过程及其先后的顺序表达清楚，时间和空间状况形象直观，使用方便，因而被广泛用来表达施工进度计划。

横道图的优点。

知识点 四　流水施工方法的应用

1. 等节奏流水施工计算总工期

$$T = (m + n - 1) K$$

式中：T——总工期；

　　　m——施工段；

　　　n——施工过程；

　　　K——流水步。

　　　其中，流水步距等于流水节拍。

2. 采用大差法计算流水施工时总工期

$$T = \sum K + \sum t_n + \sum G$$

　　式中：$\sum K$——所有流水步距之和；

　　　　　T_n——最后一个施工过程在各施工段上持续时间之和；

　　　　　$\sum G$——施工中所有间歇时间之和。

　　　　　其中，流水步距的计算可用"大差法"（累加数列，错位相减，取大差）计算。

3. 采用成倍节拍流水施工计算总工期

$$T = (m + N - 1) K$$

式中：T——总工期；

　　m——施工段；

　　N——专业队总数；

　　K——流水步距。

其中，流水步距的计算方法：取施工过程中流水节拍存在的最大公约数。

采用大差法计算流水施工时总工期

 大纲考点：网络计划技术

知识点 **网络计划时差、关键工作和关键线路**

1. 时间参数计算

双代号网络计划中时间参数计算，关键路线的确定和计算（计划）工期的计算，同时掌握各事件发生后实际工期的计算。时间参数计算公式：

本工作最早完成时间＝本工作最早开始时间＋本工作持续时间，即 $EF = ES +$ 本工作持续时间。

本工作最迟开始时间＝本工作最迟完成时间－本工作持续时间，即 $LS = LF -$ 本工作持续时间。

本工作总时差＝本工作最迟开始时间－本工作最早开始时间，即 $TF = LS - ES$。

本工作自由时差＝本工作紧后工作最早开始时间的最小值－本工作最早完成时间，即 $FF =$ 本工作紧后工作 ES 的最小值 $- EF$。

2. 关键工作和关键线路

关键工作：网络计划中总时差最小的工作，在双代号时标网络图上，没有波形线的工作即为关键工作。

关键线路：由关键工作所组成的线路。关键线路的工期即为网络计划的计算工期。

关键线路的表示方法：1→2→3→4→5 或者 A→B→C→D。

3. 工期计算

（1）计划工期：把关键线路上的时间相加就是计算（计划）工期。

（2）实际工期：把各个事件延误的时间全部反映到网络图上，重新找出关键线路，计算出来的工期就是实际工期。

1. 网络计划中施工参数计算。

2. 关键线路的确定。

大纲考点：施工进度计划的检查与调整

 施工进度计划的调整

1. 工期优化

（1）缩短持续时间对质量和安全影响不大的工作。

（2）有备用资源的工作。

（3）缩短持续时间所需增加的资源、费用最少的工作。

2. 资源优化

通常分两种模式："资源有限、工期最短"的优化，"工期固定、资源均衡"的优化。资源优化的前提条件是：

（1）优化过程中，不改变网络计划中各项工作之间的逻辑关系。

（2）优化过程中，不改变网络计划中各项工作的持续时间。

（3）网络计划中各工作单位时间所需资源数量为合理常量。

（4）除明确可中断的工作外，优化过程中一般不允许中断工作，应保持其连续性。

3. 费用优化

（1）在既定工期的前提下，确定项目的最低费用。

（2）在既定的最低费用限额下完成项目计划，确定最佳工期。

（3）若需要缩短工期，则考虑如何使增加的费用最小。

（4）若新增一定数量的费用，则可计算工期缩短到多少。

采 分 点

工期优化原则。

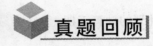 **真题回顾**

案例分析题

1. 【背景资料】

某房屋建筑工程，建筑面积 $6800m^2$；钢筋混凝土框架结构，外墙外保温节能体系。根据《建设工程施工合同（示范文本）》（GF-2013-0201）和《建设工程监理合同（示范文本）》（GF-2012-0202），建设单位分别与中标的施工单位和监理单位签订了施工合同和监理合同。

施工单位提交了室内装饰装修工期进度计划网络图（如下图所示），经监理工程师确认后按此组织施工。

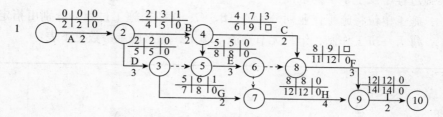

某工程进度计划网络图（单位：d）

【问题】

针对进度计划网络图，列式计算工作 C 和工作 F 时间参数并确定该网络图的计算工期（单位：周）和关键线路（用工作表示）。

【参考答案】

工作 C 的自由时差是 $ES_F - EF_C = 2$ 周，工作 F 的总时差是 $LS_F - ES_F = 1$ 周。

关键线路：A→D→E→H→I。

工期：$Tc = EF_I = 14$ 周。

2. **【背景资料】**

某人防工程，建筑面积 $5000m^2$，地下一层，层高 4.0m。基础埋深为自然地面以下 6.5m。建设单位委托监理单位对工程实施全过程监理。建设单位和某施工单位根据《建设工程施工合同（示范文本）》（GF—1999 – 0201）签订了施工承包合同。

工程楼板组织分段施工，某一段各工序的逻辑关系见下表：

某工程段各工序逻辑关系

工作内容	材料准备	支撑搭设	模板铺设	钢筋加工	钢筋绑扎	混凝土浇筑
工作编号	A	B	C	D	E	F
紧后工作	B、D	C	E	E	E	—
工作时间	3	4	3	5	5	1

【问题】

根据表中给出的逻辑关系，绘制双代号网络计划图，并计算该网络计划图的工期。

【参考答案】

工期 16d，双代号网络图如下：

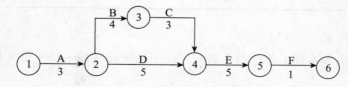

某工程进度计划网络图（单位：d）

3. **【背景资料】**

某广场地下车库工程，建筑面积 $18000m^2$。建设单位和某施工单位根据《建设工程施工合同（示范文本）》（GF—99 – 0201）签订了施工承包合同，合同工期 140d。

工程实施过程中发生了下列事件：

事件一：施工单位将施工作业划分为 A、B、C、D 四个施工过程，分别由指定的专业班组进行施工，每天一班工作制，组织无节奏流水施工，流水施工参数见下表：

流水节拍（d） 施工过程 / 施工段	A	B	C	D
I	12	18	25	12
II	12	20	25	13
III	19	18	20	15
IV	13	22	22	14

【问题】

（1）事件一中，列式计算 A、B、C、D 四个施工过程之间的流水步距分别是多少天？

（2）事件一中，列式计算流水施工的计划工期是多少天？能否满足合同工期的要求？

【参考答案】

（1）按照累加数列错位相减取大差法

A 的节拍累加值	12	24	43	56	—
B 的节拍累加值	—	18	38	56	78
差值	12	6	5	0	−78

取最大差值，得 $K_{A-B} = 12d$

B 的节拍累加值	18	38	56	78	—
C 的节拍累加值	—	25	50	70	92
差值	18	13	6	8	−92

取最大差值，得 $K_{B-C} = 18d$

C 的节拍累加值	25	50	70	92	—
D 的节拍累加值	—	12	25	40	54
差值	25	38	45	52	−54

取最大差值，得 $K_{C-D} = 52d$

（2）事件一中，流水施工的计划工期 =（12 + 18 + 52 + 12 + 13 + 15 + 14）d = 136d。能满足合同要求。

 知识拓展

一、单项选择题

1. 在工程实践中，施工阶段和（　　　）往往是交叉的。

A. 设计前准备阶段   B. 保修期

C. 设计阶段   D. 开工前准备阶段

2. 双代号时标网络计划中波形线表示（   ）。

A. 工作的总时差   B. 工作的自由时差

C. 技术间歇时差   D. 工期的延误时差

3. 在计算双代号网络计划的时间参数时，工作的最早开始时间应为其所有紧前工作(   )。

A. 最早完成时间的最小值

B. 最早完成时间的最大值

C. 最迟完成时间的最小值

D. 最迟完成时间的最大值

4. 某项工作有两个紧后工作，其最迟完成时间分别为17d、5d，其持续时间分别为15d、2d，则本工作的最迟完成时间为（   ）d。

A. 15   B. 3   C. 2   D. 1

5. 异节奏流水施工的基本特点是（   ）。

A. 不同施工过程在同一施工段上的流水节拍都相等

B. 流水步距在数值上等于各个流水节拍的最大公约数

C. 每个专业工作队都能够连续作业，但施工段有间歇时间

D. 专业工作队数目小于施工过程数

6. 某项目组成甲、乙、丙、丁共4个专业队在5个段上进行无节奏流水施工，各队的流水节拍分别是：甲队为3、5、3、4、2周，乙队为2、3、1、4、5周，丙队为4、1、5、2、5周，丁队为2、3、4、2、1周，该项目总工期为（   ）周。

A. 31   B. 30   C. 26   D. 28

7. 某工程按全等节拍流水组织施工，共分6道施工工序，4个施工段，估计工期为72天，则其流水步距应为（   ）d。

A. 8   B. 10   C. 12   D. 18

8. 施工进度计划的编制步骤正确的是（   ）。

A. 划分施工过程→计算工程量→确定劳动量和机械台班数量→确定各施工过程的持续时间→编制施工进度初始方案→检查和调整施工进度初始方案

B. 编制施工进度初始方案→划分施工过程→计算工程量→确定劳动量和机械台班数量→确定各施工过程的持续时间→检查和调整施工进度初始方案

C. 划分施工过程→计算工程量→确定各施工过程的持续时间→确定劳动量和机械台班数量→编制施工进度初始方案→检查和调整施工进度初始方案

D. 编制施工进度初始方案→划分施工过程→计算工程量→确定各施工过程的持续时间→确定劳动量和机械台班数量→检查和调整施工进度初始方案

9. 某建筑物基础工程的施工过程、施工段划分和流水节拍（单位：d）见下表。如果组织非节奏流水施工，则基础二浇筑完工时间为第（   ）天。

施工段	施工过程		
	开挖	浇筑	回填
基础一	3	4	2
基础二	4	2	3
基础三	2	6	7
基础四	5	8	5

A. 9   B. 11   C. 14   D. 15

二、多项选择题

1. 单代号网络图与双代号网络图的区别在于（   ）。

A. 绘图的符号不同

B. 逻辑关系不同

C. 节点搭接方式不同

D. 循环回路不同

E. 单代号以节点表示工作；双代号以一条箭线和其前后两个节点表示工作

2. 工程网络计划工期优化过程中，其优化原则是（   ）。

A. 优化关键线路上的关键工作

B. 压缩有潜力的工作

C. 质量有保证

D. 压缩自由时差最大的工作

E. 压缩增加费用最小的工作

3. 下列关于无节奏流水施工的说法，正确的是（   ）。

A. 一般情况下流水步距不等

B. 各施工段上的流水节拍不尽相等

C. 专业工作队数大于施工过程数

D. 一般总用于结构简单、规模小的线型工程

E. 各工作队连续施工，施工段没有空闲

三、案例分析题

1. 【背景资料】

某工程为框架剪力墙结构。业主与施工单位签订的施工合同中约定，由承包商原因造成工期延误，每延误一天罚款 10000 元，由于业主原因造成工期延误，每延误一天补偿承包商 10000 元，工期每提前一天奖励承包商 20000 元。承包商按时提交了单位工程施工组织设计，并得到了监理工程师的批准。其中，工程的网络计划如下图所示。

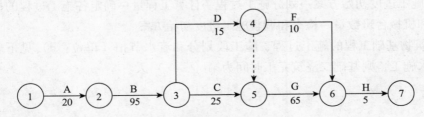

某工程进度计划网络图（单位：d）

【问题】

找出关键线路并计算工期。

2. 【背景资料】

甲施工单位总承包了某酒楼全部建筑和机电安装工程，总工期为80d。为了保证施工进度和质量，经与业主协商，将酒楼的机电安装工程全部分包给了该公司的下属法人单位B公司。A公司编制了相应的进度计划和施工组织设计，同时A公司要求B公司也要编写施工进度计划和施工组织设计，并严格控制月旬作业计划的落实，以保证进度计划的实现。

【问题】

（1）本工程的内部协调包括哪几项内容？

（2）按照项目组成，应该编制哪些进度计划？由谁来编制？

（3）进度计划的协调包括哪几个方面？

（4）项目部资源的协调包括哪几个方面？

3. 【背景资料】

某工程，网络计划如下图所示：

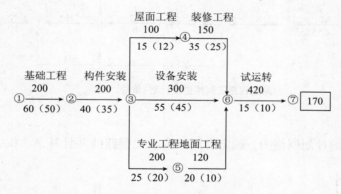

某工程进度计划网络图（单位：d）

在施工过程中，第75天检查时，工作②刚刚开始。

【问题】

（1）试计算工期拖延多少天？

（2）如何调整原计划，既经济又能保证原计划工期，说明理由。

（3）计算调整方案中各施工段压缩工期以及增加的费用。

4. 【背景资料】

某装饰公司承接了某办公楼的地下室工程施工，各项工序的逻辑顺序如下表所示：

地下室工程工序逻辑关系及作业持续时间表

本工作	地下室砌墙	顶板支模	电管铺设	顶板钢筋	顶板混凝土	外墙抹灰	刷沥青	回填土
工作代号	A	B	C	D	E	F	G	H
工作持续时间（d）	8	6	2	4	4	4	2	5
紧前工作	—	A	B	B	C、D	A	F	G

工程于6月15日开工,在实际工程施工中发生了如下事件:

事件1:由于材料不到位,致使C工作推迟了2d。

事件2:6月21日,整个施工现场停电1d。

【问题】

(1)画出该工程施工的双代号网络图。

(2)在不考虑事件1、2的情况下,确定该网络计划的关键线路,由哪些工作组成?

(3)在不考虑事件1、2的情况下,该工程总工期是多少天?

(4)考虑到事件1、2的发生,该工程实际工期是多少天?

5.【背景资料】

某工程项目施工合同已签订,采取单价合同,其中规定分项工程的工程量增加超过10%时,将双方协商超过10%的部分综合单价由100元/m³调整为80元/m³。双方对施工进度网络计划已达成一致意见,如下图所示:

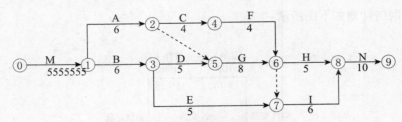

某工程施工网络进度计划(单位:d)

【问题】

根据双方商定的计划网络图,确定合同工期、关键路线并计算A,B,C,E,I,G工序的总时差。

6.【背景资料】

某建筑工程,建筑面积38000m²,地下1层,地上16层。施工单位(以下简称"乙方")与建设单位(以下简称"甲方")签订了施工总承包合同,合同工期600d。乙方提交了施工网络计划,并得到了监理单位和甲方的批准。网络计划示意图如下图所示:

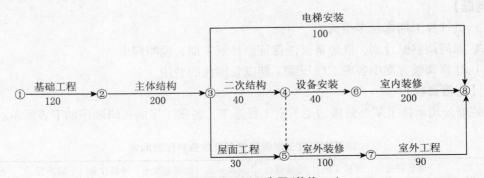

××工程网络计划示意图(单位:d)

【问题】

用文字或符号标出该网络计划的关键线路。

7. 【背景资料】

某工程拟分成四段进行流水施工，各段流水节拍见下表：

某工程各段流水节拍

序号	施工过程	流水节拍			
		一段	二段	三段	四段
1	柱	3	2	4	2
2	梁	4	3	2	2
3	板	3	4	3	3

【问题】

（1）试述无节奏流水施工的特点。

（2）组织无节奏流水施工并绘制流水施工计划横道图。

（3）确定此流水施工的流水步距、流水工期及工作队总数。

8. 【背景资料】

某写字楼工程，地下1层，地上10层，当主体结构已基本完成时，施工企业根据工程实际情况，调整了装修施工组织设计文件，编制了装饰工程施工进度网络计划，经总监理工程师审核批准后组织实施。如下图所示：

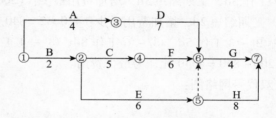

某工程进度计划网络图

在施工过程中发生了以下事件：

事件一：工作E原计划6d，由于设计变更改变了主要材料规格与材质，经总监理工程师批准，E工作计划改为9d完成，其他工作按原时间执行网络计划。

事件二：一层大厅轻钢龙骨石膏板吊顶，一盏大型水晶灯（重100kg）安装在吊顶工程的主龙骨上。

事件三：由于建设单位急于搬进写字楼办公室，要求提前竣工验收，总监理工程师组织建设单位技术人员，施工单位项目经理及设计单位负责人进行了竣工验收。

【问题】

（1）指出本装饰工程原网络计划的关键线路（工作），计算计划工期。

（2）指出本装饰工程实际关键线路（工作），计算实际工期。

参考答案

一、单项选择题

1. C 2. B 3. B 4. C 5. B 6. B 7. A 8. A 9. A

二、多项选择题

1. AE 2. ABCE 3. AB

三、案例分析题

1. 关键线路为：A→B→C→G→H；工期为：210d。

2.（1）内部协调工作主要包括：总承包单位 A 工程公司与下属分包单位 B 公司在施工进度计划、施工的工程质量、施工安全生产的协调；两公司内部各自在施工进度计划、施工生产资源、施工的工程质量、施工安全生产的协调；土建工程和机电安装工程的协调。

（2）按照项目组成，应该分别编制单位、分部、分项工程进度计划。由总承包单位编制单位工程进度计划和土建工程分部（子单位工程）、分项工程进度计划；B 公司编制机电安装工程分部、分项工程进度计划。

（3）进度计划的协调应包括进度计划的编排、组织实施、计划检查和计划调整四个环节的循环。在土建和机电安装进度计划协调方面，最主要的是各专业之间的接口、搭接和协调。

（4）项目部资源的协调包括人力资源的协调，施工设备和测量设备仪器的协调，材料（包括主材和辅材）的协调，资金使用的协调等。

3.（1）第 75 天检查时，工作②刚刚开始，工期拖后 75－60＝15d。

（2）压缩②－③工作 5d，工期缩短 5d，增加费用最少：200×5＝1000 元；

压缩③－⑥工作 5d，工期缩短 5d，增加费用最少：300×5＝1500 元；

同压③－⑥和③－④工作 3d，工期缩短 3d，增加费用最少：（300＋100）×3＝1200 元；

压缩⑥－⑦工作 2d，工期缩短 2d，增加费用最少：420×2＝840 元。

（3）调整方案：压缩②－③工作 5d、③－⑥工作 8d、③－④工作 3d、⑥－⑦工作 2d；增加费用 1000＋1500＋1200＋840＝4540 元，为最少费用。

4.（1）该工程施工双代号网络图：

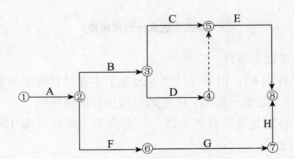

（2）在不考虑事件 1、2 的情况下，该工程网络计划关键线路为：①→②→③→④→⑤→⑧；关键线路由 A、B、D、E 工作组成。

（3）在不考虑事件 1、2 的情况下，该工程总工期为 22d。

（4）考虑事件 1、2 的发生，该工程的实际工期为 23d。

5. 根据计算可以确定合同工期为 40d，关键线路如下图所示：

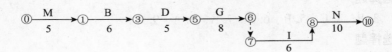

其中：A 工序 $TF=5$，B 工序 $TF=0$，C 工序 $TF=5$，E 工序 $TF=8$，G 工序 $TF=0$，I 工序 $TF=0$。

6. 线路1①→②→③→④420d 持续时间之和：

线路2①→②→③→④→⑥→⑧ 600d 持续时间之和：

线路3①→②→③→④→⑤→⑦→⑧ 550d 持续时间之和：

线路4①→②→③→⑤→⑦→⑧ 540d 持续时间之和：

所以该网络计划的关键线路为：①→②→③→④→⑥→⑧。

7.（1）无节奏流水施工的基本特点：①各个施工过程在各个施工段上的流水节拍通常不相等；②流水步距与流水节拍之间存在着某种函数关系，流水步距也多数不等；③每个专业工作队都能够连续作业，施工段可能有间歇；④专业施工队数等于施工过程数。

（2）横道图如下图所示：

施工过程	工作队	进度									
		2	4	6	8	10	12	14	16	18	20
柱	甲	①		③							
			②			④					
梁	乙			①			③				
					②			④			
板	丙					①			③		
							②				④

（3）组织无节奏流水施工的关键是正确计算流水步距。计算流水步距可采用取大差法，计算步骤为：①累加各施工过程的流水节拍，形成累加数据系列；②相邻两施工过程的累加数据系列错位相减；③取差数之大者作为该两个施工过程的流水步距。

所以本案例中柱、梁两个施工过程的流水步距为：（大差法）

$$
\begin{array}{rrrrr}
 & 3 & 5 & 9 & 11 \\
- & & 4 & 7 & 9 & 11 \\
\hline
 & 3 & 1 & 2 & 2 & -11
\end{array}
$$

故流水步距取 3d。

梁、板两个施工过程的流水步距为：

$$
\begin{array}{rrrrr}
 & 4 & 7 & 9 & 11 \\
- & & 3 & 7 & 10 & 13 \\
\hline
 & 4 & 4 & 2 & 1 & -13
\end{array}
$$

故流水步距取 4d。

本案例工作队总数为 3 个。

因为无节奏流水施工工期的计算公式为：$Tp = \sum K_i + \sum t_n$，式中 $\sum K_i$ 为各流水步距之和，$\sum t_n$ 为最后一个施工过程在各施工段的持续时间之和。

即本案例流水工期为（$3+4+3+3+3+4$）$=20d$。

8.（1）用标号法找关键线路，计算工期。如下图所示。则计划关键线路为：B→C→F→G；计划工期为 17d。

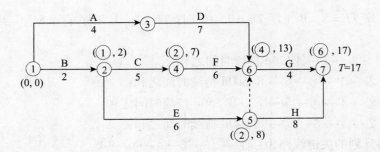

（2）用标号法找关键线路，计算工期，如下图所示。则实际关键线路为：B→E→H；实际工期为19d。

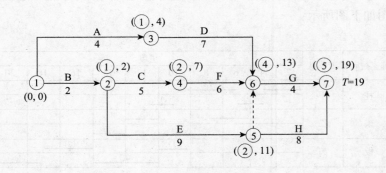

第三章　建筑工程施工质量管理

 大纲考点：土方工程施工质量管理

知识点 一　一般规定

平整场地的表面坡度应符合设计要求，设计无要求时，应向排水沟方向做不小于 0.2% 的坡度。平整后的场地表面应逐点检查，检查点为每 100~400m² 取一点，但不少于 10 点；长度、宽度和边坡均为每 20m 取一点，每边不少于 1 点。

知识点 二　土方开挖

1. 根据中华人民共和国住房和城乡建设部下发的《危险性较大的分部分项工程安全管理办法》（建质［2009］87 号）规定，以下土方开挖、支护、降水工程为超过一定规模的危险性较大的分部分项工程，施工方案需要组织专家论证。

（1）开挖深度超过 5m（含 5m）的基坑（槽）的土方开挖、支护、降水工程。

（2）开挖深度虽未超过 5m，但地质条件、周围环境和地下管线复杂，或影响毗邻建（构）筑物安全的基坑（槽）的土方开挖、支护、降水工程。

2. 土方开挖一般从上往下分层分段依次进行，随时做成一定的坡势，以利泄水及边坡的稳定。机械挖土时，如深度在 5m 以内，可一次开挖，在接近设计坑底标高或边坡边界时应预留 20~30cm 厚的土层，用人工开挖和修坡，边挖边修坡，保证标高符合设计要求。挖土标高超深时，不准用松土回填到设计标高，应用砂、碎石或低强度混凝土填实至设计标高。

3. 挖土必须做好地表和坑内排水、地面截水和地下降水，地下水位保持低于开挖面 500mm 以下。

4. 基坑开挖完毕后，由总监理工程师或建设单位组织施工单位、设计单位、勘察单位等相关人员共同到现场进行检查、鉴定验槽。

5. 基坑（槽）验槽时，应做好验槽记录。对柱基、墙角、承重墙等沉降灵敏部位和受力较大的部位，应做出详细记录。如有异常部位，要会同设计等有关单位进行处理。

采 分 点

1. 组织专家论证的范围。

2. 挖土必须做好地表和坑内排水、地面截水和地下降水，地下水位保持低于开挖面

500mm 以下。

3. 基坑开挖完毕后，由总监理工程师或建设单位组织施工单位、设计单位、勘察单位等相关人员共同到现场进行检查、鉴定验槽。

4. 对柱基、墙角、承重墙等沉降灵敏部位和受力较大的部位，应做出详细记录。

知识点 三　土方回填

1. 填筑厚度及压实遍数应根据土质、压实系数及所用机具经试验确定。

2. 填方应按设计要求预留沉降量，一般不超过填方高度的 3%。冬季填方每层铺土厚度应比常温施工时减少 20%～25%，预留沉降量比常温时适当增加。

 ## 大纲考点：地基基础工程施工质量管理

知识点 一　一般规定

摩擦型桩：摩擦桩应以设计桩长控制成孔深度；端承摩擦桩必须保证设计桩长及桩端进入持力层深度。当采用锤击沉管法成孔时，桩管入土深度控制应以高程为主，以贯入度控制为辅。

端承型桩：当采用钻（冲）、挖掘成孔时，必须保证桩端进入持力层的设计深度；当采用锤击沉管法成孔时，桩管入土深度控制应以贯入度为主，以高程控制为辅。

知识点 二　地基工程

1. 灰土地基施工质量控制要点

（1）材料质量控制

①土料：应采用就地挖土的黏性土及塑性指数大于 4 的粉土，土内不得含有松软杂质和腐殖土；土料应过筛，最大粒径不应大于 15mm。②石灰：用Ⅲ级以上新鲜的块灰，使用前 1～2d 消解并过筛，粒径不得大于 5mm，且不能夹有未熟化的生石灰块粒和其他杂质。

（2）施工过程质量控制

①铺设灰土前，必须进行验槽合格，基槽（坑）内不得有积水。②灰土的配比符合设计要求。③灰土施工时，灰土应拌合均匀。应控制其含水量，以用手紧握成团、轻捏能碎为宜。④灰土应分层夯实，每层虚铺厚度：人力或轻型夯机夯实时控制在 200～250mm，双轮压路机夯实时控制在 200～300mm。⑤分段施工时，不得在墙角、柱墩及承重窗间墙下接缝。上下两层的搭接长度不得小于 50cm。⑥每层的夯实遍数根据设计的压实系数或干土质量密度现场试验确定。

2. 砂和砂石地基施工质量要点

（1）砂宜选用颗粒级配良好、质地坚硬的中砂或粗砂，当选用细砂或粉砂时应掺加粒径 20～35mm 的碎石，分布要均匀。

（2）铺筑前，先验槽并清除浮土及杂物，地基孔洞、沟、井等已填实，基槽（坑）内无积水。

（3）人工制作的砂石地基应拌和均匀。分段施工时，接头处应做成斜坡，每层错开 0.5～1m。在铺筑时，如地基底面深度不同，应预先挖成阶梯形式或斜坡形式，以先深后浅的顺序进行施工。

3. 强夯地基和重锤夯实地基施工质量控制要点

基坑（槽）的夯实范围应大于基础底面。开挖时，基坑（槽）每边比设计宽度加宽不宜小于 0.3m，以便于夯实工作的进行，基坑（槽）边坡适当放缓。夯实前，基坑（槽）底面应高出设计标高，预留土层的厚度可为试夯时的总下沉量加 50~100mm。夯实完毕，将坑（槽）表面拍实至设计标高。

1. 灰土应分层夯实，每层虚铺厚度：人力或轻型夯机夯实时控制在 200~250mm，双轮压路机夯实时控制在 200~300mm。

2. 分段施工时，不得在墙角、柱墩及承重窗间墙下接缝。上下两层的搭接长度不得小于 50cm。

知识点三 桩基工程

1. 材料质量控制

（1）粗骨料：应采用质地坚硬的卵石、碎石，粒径应用 15~25mm。卵石不宜大于 50mm，碎石不宜大于 40mm，含泥量不大于 2%。

（2）细骨料：应选用质地坚硬的中砂，含泥量不大于 5%，无垃圾、泥块等杂物。

（3）水泥：宜用 42.5 级的普通硅酸盐水泥或硅酸盐水泥，使用前必须查明品种、强度等级、出厂日期，应有出厂质量证明，复试合格后方准使用。严禁使用快硬水泥浇筑水下混凝土。

（4）水：自来水或洁净的自然水。

（5）钢筋：应有出厂质量证明书，分批随机抽样、见证复试合格后方可使用。

2. 钢筋笼制作与安装质量控制

（1）钢筋笼制作

①钢筋笼宜分段制作，分段长度视成笼的整体刚度、材料长度、起重设备的有效高度三个因素综合考虑。②加箍宜设在主筋外侧，主筋一般不设弯钩。为避免弯钩妨碍导管工作，根据施工工艺要求所设弯钩不得向内圆伸露。③钢筋笼的内径应比导管接头处外径大 100mm 以上。④为保证保护层厚度，钢筋笼上应设有保护层垫块，设置数量每节钢筋笼不应小于 2 组，长度大于 12m 的中间加设 1 组。每组块数不得小于 3 块，且均匀分布在同一截面的主筋上。⑤钢筋搭接焊缝宽度不应小于 0.7d，厚度不应小于 0.3d。搭接焊缝长度 HPB 300 级钢筋单面焊 8d，双面焊 4d；HRB 335 级钢筋单面焊 10d，双面焊 5d。⑥环形箍筋与主筋的连接应采用点焊连接，螺旋箍筋与主筋的连接可采用绑扎并相隔点焊，或直接点焊。

（2）钢筋笼安装

钢筋笼起吊吊点宜设在加强箍筋部位，运输、安装时采取措施防止变形。

（3）混凝土浇筑

第一次浇筑混凝土必须保证底端能埋入混凝土中 0.8~1.3m，以后的浇筑中导管埋深宜为 2~6m。

1. 水泥：宜用 42.5 级普通水泥，严禁使用快硬水泥浇筑水下混凝土。

2. 压桩顺序：根据基础的设计标高，宜先深后浅；根据桩的规格，宜先大后小、先长后短。根据桩的密集程度，可采用自中间向两个方向对称进行；自中间向四周进行；由一侧向单一方向进行。

 **知识点 四 验收**

地基基础分项工程、分部（子分部）工程质量的验收，均应在施工单位自检合格的基础上进行。施工单位确认自检合格后提出工程验收申请，然后由总监理工程师或建设单位项目负责人组织勘察、设计单位及施工单位的项目负责人、技术质量负责人，共同按设计要求和有关规范规定进行验收。

 采 分 点

由总监理工程师或建设单位项目负责人组织勘察、设计单位及施工单位的项目负责人、技术质量负责人验收。

大纲考点：混凝土结构工程施工质量管理

知识点 一 模板工程施工质量控制

（见主体结构工程施工技术中模板工程）控制模板起拱高度，消除在施工中因结构自重、施工荷载作用引起的挠度。对不小于 4m 的现浇钢筋混凝土梁、板，其模板应按设计要求起拱。设计无要求时，起拱高度宜为跨度的 1/1000～3/1000。

采用扣件式钢管作高大模板支架的立杆时，立柱接长严禁搭接，必须采用对接扣件连接，相邻两立柱的对接接头不得在同步内，且对接接头沿竖向错开的距离不宜小于 500mm。严禁将上段的钢管立柱与下段钢管立柱错开固定在水平拉杆上。立杆底部应设置垫板，在立杆底部的水平方向上应按纵下横上的次序设置扫地杆。

模板及其支架的拆除时间和顺序必须按施工技术方案确定的顺序进行，一般是后支的先拆，先支的后拆；先拆非承重部分，后拆承重部分。

 **采 分 点**

1. 设计无要求时，起拱高度宜为跨度的 1/1000～3/1000。
2. 拆除顺序一般是后支的先拆，先支的后拆；先拆非承重部分，后拆承重部分。

知识点 二 钢筋工程施工质量控制

钢筋进场时，应具有产品合格证书和出厂试验报告单。进场的每捆（盘）钢筋应具有标牌，按炉号、批次及直径分批验收并抽取试件做力学性能检验合格。

受力钢筋的混凝土保护层厚度应符合设计要求；当设计无要求时，不应小于受力钢筋直径。对有抗震设防要求的结构，其纵向受力钢筋的性能应满足设计要求；当设计无具体要求时，对按一、二、三级抗震等级设计的框架和斜撑构件（含梯段）中的纵向受力钢筋应采用 HRB 335E、HRB 400E、HRB 500E、HRBF 335E、HRBF 400E 或 HRBF 500E 钢筋，其强度和最大力下总伸长率的实测值应符合下列规定：

1. 钢筋的抗拉强度实测值与屈服强度实测值的比值不应小于 1.25。

2. 钢筋的屈服强度实测值与屈服强度标准值的比值不应大于 1.30。

3. 钢筋的最大力下总伸长率不应小于 9%。

最大力下总伸长率的实测值规定。

知识点三　混凝土工程施工质量控制

混凝土工程施工质量控制要点：

1. 水泥进场时必须对水泥品种、级别、包装或散装仓号、出厂日期进行检查，并核对产品合格证和出厂检验报告。

2. 混凝土所用原材料进场复验应符合下列规定：

（1）进场的水泥必须对其强度、安定性、初凝时间及其他必要的性能指标进行复试。同一生产厂家、同一品种、同一等级且连续进场的水泥袋装不超过 200t 为一检验批，散装不超过 500t 为一检验批。

（2）当在使用过程中对水泥质量有怀疑或水泥出场日期超过 3 个月（快硬水泥超过 1 个月）时，应再次进行复试，并按复试结果使用。

3. 预应力混凝土结构、钢筋混凝土结构中，严禁使用含氯化物的水泥。预应力混凝土结构中严禁使用含氯化物的外加剂；钢筋混凝土结构中，当使用含有氯化物的外加剂时，混凝土中氯化物的总含量必须符合现行国家标准的规定。

4. 在已浇筑的混凝土强度未达到 1.2N/mm² 以前，不得在其上踩踏、堆放荷载或安装模板及支架。

1. 水泥出场日期超过 3 个月（快硬水泥超过 1 个月）时，应进行复试，并按复试结果使用。

2. 预应力混凝土结构、钢筋混凝土结构中，严禁使用含氯化物的水泥。预应力混凝土结构中严禁使用含氯化物的外加剂。

知识点四　装配式结构工程施工质量控制

吊装前，应按设计要求在构件和相应的支撑结构上标志中心线、标高等控制尺寸，按标准图或设计文件校核预埋件及连接钢筋等，并做出标志。起吊时绳索与构件水平面的夹角不宜小于 60°，不应小于 45°，否则应采用吊架或经计算确定。

大纲考点：砌体结构工程施工质量管理

知识点一　材料要求

砖的品种、规格、强度等级必须符合设计要求，并应有产品合格证书和性能检测报告，进场后应进行抽样复验，合格后方准使用。

施工现场砌块应堆放整齐，堆放高度不宜超过2m，有防雨要求的要防止雨淋，并做好排水，砌块保持干净。

堆放高度不宜超过2m。

知识点（二）　施工过程质量控制

1. 砌筑砂浆搅拌后的稠度以30~90mm为宜。

2. 现场拌制的砂浆应随拌随用，拌制的砂浆应在3h内使用完毕；当施工期间最高气温超过30℃时，应在2h内使用完毕。预拌砂浆及蒸压加气混凝土砌块专用砂浆的使用时间应按照厂家提供的说明书确定。

3. 砌筑砖砌体时，砖应提前1~2d浇水湿润。烧结类块体的相对含水率宜为60%~70%；混凝土多孔砖及混凝土实心砖不需浇水湿润；其他非烧结类块体相对含水率40%~50%。施工现场抽查砖含水率的简化方法可采用现场断砖，砖截面四周融水深度为15~20mm视为符合要求。

4. 在厨房、卫生间、浴室等处，当采用轻骨料混凝土小型空心砌块或蒸压加气混凝土砌块砌筑填充墙时，墙底部宜现浇混凝土坎台，其高度宜为150mm。

5. 墙体砌筑前应先在现场进行试排块，排块的原则是上下错缝，砌块搭接长度不宜小于砌块长度的1/3。若砌块长度小于或等于300mm，其搭接长度不小于块长的1/2。搭接长度不足时，应在灰缝中放置拉结钢筋。

6. 砌筑前设立皮数杆，皮数杆应立于房屋四角及内外墙交接处，间距以10~15m为宜，砌块应按皮数杆拉线砌筑。

7. 砖砌体的灰缝应横平竖直，厚薄均匀。水平灰缝厚度和竖向灰缝宽度宜为10mm，但不应小于8mm，也不应大于12mm。砌筑方法宜采用"三一"砌砖法，即"一铲灰、一块砖、一揉挤"的操作方法。竖向灰缝宜采用挤浆法或加浆法，使其砂浆饱满，严禁用水冲浆灌缝。如采用铺浆法砌筑，铺浆长度不得超过750mm。施工气温超过30℃时，铺浆长度不得超过500mm。

8. 填充墙砌体砌筑，应待承重主体结构检验批验收合格后进行。填充墙与承重体结构间的空（缝）隙部位施工，应在填充墙砌筑14d后进行。

9. 在散热器、厨房和卫生间等设置的卡具安装处砌筑的小砌块，宜在施工前用强度等级不低于C20（或Cb20）的混凝土将其孔洞灌实。

1. 砌筑砂浆搅拌后的稠度以30~90mm为宜。

2. 现场拌制的砂浆应随拌随用，拌制的砂浆应在3h内使用完毕；当施工期间最高气温超过30℃时，应在2h内使用完毕。

3. 在散热器、厨房和卫生间等设置的卡具安装处砌筑的小砌块，宜在施工前用强度等级不低于C20（或Cb20）的混凝土将其孔洞灌实。

大纲考点：钢结构工程施工质量管理

 **原材料及成品进场**

钢材复验内容应包括力学性能试验和化学成分分析，其取样、制样及试验方法可按相关试验标准或其他现行标准执行。

进口钢材复验的取样、制样及试验方法应按设计文件和合同规定的标准执行。海关商检结果应经监理工程师认可，认可后可作为有效的材料复验结果。

采分点

对属于下列情况之一的钢材，应进行全数抽样复验：

1. 国外进口钢材。
2. 钢材混批。
3. 板厚等于或大于 40mm，且设计有 Z 向性能要求的厚板。
4. 建筑结构安全等级为一级，大跨度钢结构中主要受力构件所采用的钢材。
5. 设计有复验要求的钢材。
6. 对质量有疑义的钢材。

知识点 二　钢结构焊接工程

1. 材料质量要求

钢结构焊接工程中，一般采用焊缝金属与母材等强度的原则选用焊条、焊丝、焊剂等焊接材料。

2. 施工过程质量控制

（1）预热和道间温度控制宜采用电加热、火焰加热和红外线加热等加热方法，并采用专用的测温仪器测量。预热的加热区域应在焊接坡口两侧，宽度为焊件施焊处厚度的 1.5 倍以上，且不小于 100mm。温度测量点，当为非封闭空间构件时宜在焊件受热面的背面离焊接坡口两侧不小于 75mm 处，当为封闭空间构件时宜在正面离焊接坡口两侧不小于 100mm 处。当工艺选用的预热温度低于规范最低要求时，应通过工艺评定试验确定。

（2）严禁在焊缝区以外的母材上打火引弧。在坡口内起弧的局部面积应焊接一次，不得留下弧坑。

（3）多层焊缝应连续施焊，每一层焊道焊完后应及时清理。

（4）碳素结构钢应在焊缝冷却到环境温度、低合金钢应在完成焊接 24h 后进行焊缝无损检测检验。

知识点 三　钢结构紧固件连接工程

1. 高强度螺栓连接，必须对构件摩擦面进行加工处理。处理后的抗滑移系数应符合设计要求，方法有喷砂、喷（抛）丸、酸洗、砂轮打磨。采用手工砂轮打磨时，打磨方向应与构件受力方向垂直，且打磨范围不小于螺栓孔径的 4 倍。

2. 永久性普通螺栓紧固应牢固、可靠，外露丝扣不应少于 2 扣。

3. 高强度螺栓应自由穿入螺栓孔，不应气割扩孔；其最大扩孔量不应超过1.2d（d为螺栓直径）。

4. 高强度螺栓的紧固顺序应使螺栓群中所有螺栓都均匀受力，从节点中间向边缘施拧，初拧和终拧都应按一定顺序进行。当天安装的螺栓应在当天终拧完毕，外露丝扣应为2～3扣。

5. 高强度螺栓紧固前，施拧及检验用的扭矩扳手在班前应进行校正标定，班后校验，施拧扳手扭矩精度误差不应大于±5%；检验用扳手扭矩精度误差不应大于±3%。

6. 扭剪型高强度螺栓，以拧掉尾部梅花卡头为终拧结束。

1. 永久性普通螺栓紧固应牢固、可靠，外露丝扣不应少于2扣。

2. 高强度螺栓的紧固顺序应使螺栓群中所有螺栓都均匀受力，从节点中间向边缘施拧，初拧和终拧都应按一定顺序进行。当天安装的螺栓应在当天终拧完毕，外露丝扣应为2～3扣。

知识点 四 钢结构安装工程

1. 钢结构工程实施前，应有经施工单位技术负责人审批的施工组织设计、与其配套的专项施工方案等技术文件，并按有关规定报送监理工程师或业主代表；对于重要钢结构工程的施工技术方案和安全应急预案，应组织专家评审。

2. 用于大六角头高强度螺栓施工终拧值检测，以及校核施工扭矩扳手的标准扳手须经过计量单位的标定，并在有效期内使用，检测与校核用的扳手应为同一把扳手。

3. 柱脚安装时，锚栓宜使用导入器或护套。首节以上的钢柱定位轴线应从地面控制轴线直接引上，不得从下层柱的轴线引上，避免出现累计误差。

4. 单跨结构宜从跨端一侧向另一侧、中间向两端或两端向中间的顺序进行吊装。多跨结构，宜先吊主跨、后吊副跨；当有多台起重机共同作业时，也可多跨同时吊装。

采 分 点

首节以上的钢柱定位轴线应从地面控制轴线直接引上，不得从下层柱的轴线引上，避免出现累计误差。

知识点 五 钢结构涂装工程

1. 材料质量要求

（1）钢结构用防腐涂料稀释剂和固化剂等材料出厂时应有产品证明书，其品种、规格、性能应符合国家和行业标准要求及设计要求；钢结构用防火涂料应有产品证明书，其品种、规格、性能应符合设计要求，并应经过具有资质的检测机构检测符合国家现行有关标准的规定。还应有生产该产品的生产许可证。

（2）防火涂料按其性能特点分为钢结构膨胀型防火涂料和钢结构非膨胀型防火涂料。

2. 防腐涂料施工过程质量控制

（1）表面达到清洁程度后，油漆防腐涂装与表面除锈之间的间隔时间一般宜在4h之内，在车间内作业或温度较低的晴天不应超过12h。

（2）钢结构表面处理与热喷涂施工的间隔时间，晴天或湿度不大的气候条件下应在12h

以内，雨天、潮湿、有盐雾的气候条件下不超过 2h。当大气温度低于 5℃ 或钢结构表面温度低于露点 3℃ 时，应停止热喷涂操作。

（3）金属热喷涂层的封闭剂或首道封闭油漆施工宜采用涂刷方式施工，喷涂时喷枪与表面宜成直角，喷枪的移动速度应均匀，各喷涂层之间的喷枪方向应相互垂直，交叉覆盖。

（4）摩擦型高强度螺栓连接节点接触面，施工图中注明的无涂层部位，均不得涂刷。安装焊缝处应留出 30~50mm 宽的范围暂时不涂。

3. 防火涂料施工过程质量控制

（1）钢结构表面应根据表面使用要求进行除锈防锈处理。无防锈涂料的钢表面除锈等级不应低于 St2。

（2）承受冲击、振动荷载的钢梁，涂层厚度较大（不小于 40mm）的钢梁或桁架，涂料粘结强度小于或等于 0.05MPa 的钢构件，板墙和腹板高度超过 1.5m 的钢梁，宜在其厚涂型防火涂层内设置与钢构件相连的钢丝网或其他相应的加固措施。

 # 大纲考点：建筑防水，保温工程施工质量管理

知识点 一 建筑防水工程质量控制

1. 屋面防水施工质量控制

（1）卷材防水层的施工环境温度应符合下列规定：

①热熔法和焊接法不宜低于 -10℃。②冷粘法和热粘法不宜低于 5℃。③自粘法不宜低于 10℃。

（2）卷材冷粘施工时，胶接材料要根据卷材性能配套选用胶黏剂，胶黏剂调配要专人负责，不得错用、混用。

（3）涂膜防水层的施工环境温度应符合下列规定：

①水乳型及反应型涂料宜为 5~35℃。②溶剂型涂料宜为 -5~35℃。③热熔型涂料不宜低于 -10℃。④聚合物水泥涂料宜为 5~35℃。

（4）涂膜防水层施工质量控制要点：

①涂料防水层分为有机防水涂料和无机防水涂料。有机防水涂料宜用于结构主体的迎水面。无机防水涂料宜用于结构主体的背水面。②涂料防水层不宜留设施工缝，如面积较大须留设施工缝时，接涂时缝处搭接应大于 100mm，且对复涂处的接缝涂膜应处理干净。③胎体增强材料涂膜，胎体材料同层相邻的搭接宽度应大于 100mm，上下层接缝应错开 1/3 幅宽。

（5）接缝密封防水的施工环境温度应符合下列规定：

①改性沥青密封材料和溶剂型合成高分子密封材料宜为 0~35℃。②乳胶型及反应型合成高分子密封材料宜为 5~35℃。

2. 室内防水施工质量控制

（1）建筑室内防水工程的施工，应建立各道工序的自检、交接检和专职人员检查的"三检"制度，并有完整的检查记录。

（2）二次埋置的套管，其周围混凝土抗渗等级应比原混凝土提高一级（0.2MPa），并应掺膨胀剂。

（3）地面和水池的蓄水试验应达到 24h 以上，墙面间歇淋水试验应达到 30min 以上进行

检验不渗漏。

3. 地下防水施工质量控制

（1）地下工程迎水面主体结构应采用防水混凝土，并应根据防水等级的要求采取其他防水措施。

（2）在终凝后应立即进行养护，养护时间不得少于14d。

（3）防水混凝土冬期施工时，混凝土入模温度不应低于5℃，应采取保温保湿养护措施，但不得采用电热法或蒸汽直接加热法。

（4）水泥砂浆防水层终凝后，应及时进行养护，养护温度不宜低于5℃，并应保持砂浆表面湿润，养护时间不得少于14d。

◇采◇分◇点◇

1. 有机防水涂料宜用于结构主体的迎水面。无机防水涂料宜用于结构主体的背水面。

2. "三检"制度。

3. 二次埋置的套管，其周围混凝土抗渗等级应比原混凝土提高一级（0.2MPa），并应掺膨胀剂。

4. 在终凝后应立即进行养护，养护时间不得少于14d。

知识点二 建筑保温工程质量控制

1. 屋面保温施工质量控制

（1）采用卷材做隔气层时，卷材宜空铺，卷材搭接缝应满粘，其搭接宽度不应小于80mm。采用涂膜做隔气层时，涂料涂刷应均匀，涂层不得有堆积、起泡和露底现象。穿过隔气层的管道周围应进行密封处理。

（2）屋面纵横排气道的交叉处可埋设金属或塑料排气管，排气管宜设置在结构层上，穿过保温层及排气道的管壁四周应打孔。排气管应做好防水处理。

（3）泡沫混凝土应分层浇筑，一次浇筑厚度不宜超过200mm，终凝后应进行保湿养护，养护时间不得少于7d。

（4）保温层的施工环境温度应符合下列规定：

①干铺的保温材料可在负温度下施工。②用水泥砂浆粘贴的板状保温材料不宜低于5℃。③喷涂硬泡聚氨酯宜为15～35℃，空气相对湿度宜小于85%，风速不宜大于3级。④现浇泡沫混凝土宜为5～35℃。

2. 外墙外保温施工质量控制

外保温工程施工期间以及完工后24h内，基层及环境空气温度不应低于5℃。夏季应避免阳光暴晒。在5级以上大风天气和雨天不得施工。

◇采◇分◇点◇

1. 采用卷材做隔气层时，卷材宜空铺，卷材搭接缝应满粘，其搭接宽度不应小于80mm。

2. 在5级以上大风天气和雨天不得施工。

大纲考点：墙面、吊顶与地面工程施工质量管理

知识点一 轻质隔墙工程质量验收的一般规定

1. 同一品种的轻质隔墙工程每50间（大面积房间和走廊按轻质隔墙的墙面30m² 为一间）划分为一个检验批，不足50间也应划分为一个检验批。

2. 板材隔墙与骨架隔墙每个检验批应至少抽查10%，并不得少于3间，不足3间时应全数检查。

3. 活动隔墙与玻璃隔墙每批应至少抽查20%，并不得少于6间。不足6间时，应全数检查。

知识点二 吊顶工程质量验收的一般规定

1. 同一品种的吊顶工程每50间（大面积房间和走廊按吊顶面积30 m² 为一间）应划分一个检验批，不足50间也应划分为一个检验批。

2. 每个检验批应至少抽查10%，并不得少于3间，不足3间时应全数检查。

知识点三 地面工程常用饰面质量验收的一般规定

1. 基层（各构造层）和各类面层的分项工程的施工质量验收应按每一层次或每层施工段（或变形缝）划分检验批，高层建筑的标准层可按每三层（不足三层按三层计）划分一个检验批。

2. 每检验批应以各子分部工程的基层（各构造层）和各类面层所划分的分项工程按自然间（或标准间）检验，抽查数量随机检验不应少于3间，不足3间的应全数检查。其中走廊（过道）应以10延长米为1间，工业厂房（按单跨计）、礼堂、门厅应以两个轴线为1间计算。

3. 有防水要求的建筑地面子分部工程的分项工程施工质量每检验批抽查数量应按其房间总数随机检验不应少于4间，不足4间，应全数检查。

4. 建筑地面工程的施工质量验收应在建筑施工企业自检合格的基础上，由监理单位或建设单位组织有关单位对分项工程、子分部工程进行检验。

建筑地面工程的施工质量验收应在建筑施工企业自检合格的基础上，由监理单位或建设单位组织有关单位对分项工程、子分部工程进行检验。

 大纲考点：建筑幕墙工程施工质量管理

知识点 建筑幕墙工程质量验收的一般规定

1. 相同设计、材料、工艺和施工条件的幕墙工程每500～1000m² 应划分为一个检验批，不足500 m² 也应划分为一个检验批。

2. 同一单位工程的不连续的幕墙工程应单独划分检验批。

3. 每个检验批每100 m² 应至少抽查一处，每处不得小于10 m²。

4. 幕墙玻璃的厚度不应小于6mm。全玻幕墙肋玻璃的厚度不应小于12mm。

5. 隐框或半隐框玻璃幕墙，每块玻璃下端应设置两个铝合金或不锈钢托条，其长度不应小于100mm，厚度不应小于2mm，托条外端应低于玻璃外表面2mm。

6. 玻璃与构件不得直接接触，玻璃四周与构件凹槽底部应保持一定的空隙，每块玻璃下部应至少放置两块宽度与槽口宽度相同、长度不小于100mm的弹性定位垫块；玻璃两边嵌入量及空隙应符合设计要求。

7. 钢化玻璃表面不得有损伤；8mm以下的钢化玻璃应进行引爆处理。

8. 高度超过4m的全玻幕墙应吊挂在主体结构上，吊夹具应符合设计要求，玻璃与玻璃、玻璃与玻璃肋之间的缝隙，应采用硅酮结构密封胶填嵌严密。

9. 金属幕墙的防雷装置必须与主体结构的防雷装置可靠连接。

10. 石材的弯曲强度不应小于8.0MPa；吸水率应小于0.8%。石材幕墙的铝合金挂件厚度不应小于4.0mm，不锈钢挂件厚度不应小于3.0mm。

 **采 分 点**

1. 玻璃与构件不得直接接触。
2. 金属幕墙的防雷装置必须与主体结构的防雷装置可靠连接。

 大纲考点：门窗与细部工程施工质量管理

知识点 门窗与细部工程质量验收的一般规定

1. 同一品种、类型棚规格的木门窗、金属门窗、塑料门窗及门窗玻璃每100樘应划分为一个检验批，不足100樘也应划分为一个检验批。

2. 同一品种、类型和规格的特种门每50樘应划分为一个检验批，不足50樘也应划分为一个检验批。

3. 木门窗、金属门窗、塑料门窗及门窗玻璃，每个检验批应至少抽查5%，并不得少于3樘，不足3樘时应全数检查；高层建筑的外窗，每个检验批应至少抽查10%，并不得少于6樘，不足6樘时应全数检查。

4. 特种门每个检验批应至少抽查50%，并不得少于10樘，不足10樘时应全数检查。

 **采 分 点**

门窗工程应对下列材料及其性能指标进行复验：

1. 人造木板的甲醛含量。
2. 建筑外墙金属窗、塑料窗的抗风压性能、空气渗透性能和雨水渗漏性能。

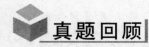 **真题回顾**

一、单项选择题

1. 钢结构连接施工中，高强度螺栓终拧完毕，其外露丝扣一般应为（　　）扣。

A. 1~2   B. 1~3   C. 2~3   D. 2~4

【答案】C

【解析】高强度螺栓当天安装的螺栓应在当天终拧完毕，外螺丝扣应为2~3扣，本题选C。

2. 下列预应力混凝土土管桩压桩的施工顺序中，正确的是（　　）。

A. 先深后浅　　　　　　　　　　　B. 先小后大

C. 先短后长　　　　　　　　　　　D. 自四周向中间进行

【答案】A

【解析】打桩顺序应先深后浅，先大后小，先长后短。由一侧向单一方向进行；由中间向两个方向进行；由中间向四周进行。

3. 根据混凝土结构工程施工质量验收方法，预应力混凝土结构中，严禁使用（　　）。

A. 减水剂　　　　　　　　　　　　B. 膨胀剂

C. 速凝剂　　　　　　　　　　　　D. 含氯化物的外加剂

【答案】D

【解析】预应力混凝土结构中，严禁使用含氯化物的外加剂。

二、多项选择题

高强度螺栓施工中，摩擦面的处理方法有（　　）。

A. 喷（抛）丸法　　　　　　　　　B. 砂轮打磨法

C. 酸洗法　　　　　　　　　　　　D. 碱洗法

E. 汽油擦拭法

【答案】AB

【解析】高强度螺栓施工中，摩擦面的处理方法有喷（抛）丸法与砂轮打磨法。

 知识拓展

一、单项选择题

1. 在进行砌体结构工程施工质量管理时，下列做法不正确的有（　　）。

A. 施工采用的小砌块的产品龄期不应少于21d

B. 砌筑砖砌体时，砖应提前1~2d浇水湿润

C. 混凝土小型空心砌块墙体的临时间断处应砌成斜槎，斜槎水平投影长度不应小于斜槎高度

D. 在散热器、厨房和卫生间等设置的卡具安装处砌筑的小砌块，宜在施工前用强度等级不低于C20的混凝土将其孔洞灌实

2. 关于混凝土原材料的说法，错误的是（　　）。

A. 水泥进场时，应对其强度、安定性等指标进行复验

B. 采用海砂时，应按批检验其氯盐含量

C. 快硬硅酸盐水泥出厂超过一个月，应再次复验后按复验结果使用

D. 钢筋混凝土结构中，严禁使用含氯化物的外加剂

3. 厕浴间蒸压加气混凝土砌块150mm高度范围内应做（　　）坎台。

A. 混凝土　　　　　　　　　　　　B. 普通透水墙

C. 多孔砖　　　　　　　　　　　　D. 混凝土小型空心砌块

4. 关于模板拆除施工的做法，错误的是（　　）。

A. 跨度 2m 的双向板，混凝土强度达到设计要求的 50% 时，开始拆除底模

B. 后张预应力混凝土结构底模在预应力张拉前拆除完毕

C. 拆模申请手续经项目技术负责人批准后，开始拆模

D. 模板设计无具体要求，先拆非承重的模板，后拆承重的模板

5. 关于钢结构工程螺栓施工的做法，正确的是（   ）。

A. 现场对螺栓孔采用气割扩孔

B. 螺栓的紧固顺序从节点边缘向中间施拧

C. 当天安装的螺栓均在当天终拧完毕

D. 螺栓安装均一次拧紧到位

二、多项选择题

1. 施工中的"三检"制度包括（   ）。

A. 专检   B. 自检

C. 互检   D. 竣工检查

E. 过程检查

2. 某工程外墙采用聚苯板保温，项目经理部质检员对锚固件的锚固深度进行了抽查，下列符合规范规定的有（   ）mm。

A. 24   B. 25

C. 26   D. 27

E. 28

3. 在进行混凝土工程施工质量控制时，下列做法正确的有（   ）。

A. 当在使用中对水泥质量有怀疑或水泥出厂超过三个月（快硬硅酸盐水泥超过一个月时）应进行复验，并应按复验结果使用

B. 海水可直接用于钢筋混凝土和预应力混凝土的拌制和养护

C. 混凝土拌合物入模温度不应低于 5℃，且不应高于 35℃

D. 在已浇筑的混凝土强度未达到 $2N/mm^2$ 以前，不得在其上踩踏、堆放荷载或安装模板及支架

E. 柱、墙混凝土设计强度等级高于梁、板混凝土设计强度等级时，先浇筑高强度等级混凝土，后浇筑低强度等级混凝土

三、案例分析题

1.【背景资料】

某饭店进行职工餐厅的装修改造，工程于 2014 年 11 月 30 日开工，预计于 2015 年 1 月 15 日竣工。主要施工项目包括：旧结构拆改、墙面抹灰、吊顶、涂料、墙地砖铺设、更换门窗等。某装饰公司承接了该项工程的施工，为保持工程质量，对抹灰工程进行了重点控制。高级抹灰的允许偏差和检验方法如下（略）。为防止墙面抹灰开裂，需要采取以下措施：

（1）抹灰施工要分层进行。

（2）对抹灰厚度大于 55mm 的抹灰面要增加钢丝网片以防止开裂。

（3）对墙、柱、门窗洞口的阴角作 1:2 水泥砂浆暗护角处理。

（4）有防水要求的墙面抹灰水泥砂浆中掺入 16:1 的外加剂，并试配。

【问题】

（1）防止墙面抹灰开裂的技术措施有无不妥和缺项？请补充改正。

（2）抹灰工程中需对哪些材料进行复试？复试项目有哪些？

（3）装饰装修工程质量的好坏很大程度上取决于细部构造部位的处理，建筑地面工程的细部构造一般指哪些部位？

（4）饰面板（砖）工程的细部构造一般指哪些部位？其施工质量控制点有哪些？

2.【背景资料】

某工程建筑面积 $25000m^2$，采用现浇混凝土结构，基础为筏板式基础地下 3 层，地上 12 层，基础埋深 12.4m，该工程位于繁华市区，施工场地狭小。

主体结构施工到第三层时，有一跨度 9m 的钢筋混凝土大梁，拆模后发现某些部位出现少量露筋现象。

【问题】

（1）对框架梁出现露筋该如何处理？

（2）施工单位现场常用的质量检查方法及其手段有哪些？

3.【背景资料】

某承包商承接某工程，工程结构形式为现浇剪力墙，混凝土采用商品混凝土，强度等级有 C25、C30、C35、C40 级，钢筋采用 HRB 355 级。屋面防水采用 SBS 改性沥青防水卷材，外墙面喷涂，内墙面和顶棚刮腻子喷白，屋面保温采用憎水珍珠岩，外墙保温采用聚苯保温板，根据要求，该工程实行工程监理。

【问题】

（1）对进场材料质量控制的要点是什么？

（2）承包商对进场材料如何向监理报验？

（3）屋面卷材防水工程女儿墙泛水处的施工质量应如何控制？

参考答案

一、单项选择题

1. A　2. D　3. A　4. B　5. C

二、多项选择题

1. ABC　2. BCDE　3. ACE

三、案例分析题

1.（1）应改为"对抹灰厚度大于30mm的抹灰面要增加钢丝网片以防止开裂"，并增加"各抹灰层与基层粘结必须牢固，抹灰层无脱层、空鼓、爆灰、裂缝"。

（2）抹灰工程中要对水泥进行复试，主要复试项目为水泥凝结时间、水泥安定性。

（3）建筑地面工程的细部构造一般是指建筑地面的变形缝、镶边、相邻面层的标高差、与地漏、管道结合处构造、楼梯踏步和踢脚线。

（4）饰面板（砖）工程的细部构造一般是指防碱背涂处理、防裂背衬处理、非整砖排砖、阴阳角、孔洞、墙裙贴脸和滴水线（槽）等。其施工质量控制点如下：

①防碱背涂处理。采用湿作业法施工的饰面板工程，天然石材应进行防碱、背涂处理。②防裂背衬处理。强度较低或较薄的石材应在背面粘贴玻璃纤维网布或穿孔金属板材。③非整砖排砖。非整砖应排放在次要部位或阴角处。每面墙不宜有两列非整砖，非整砖宽度不宜小于整砖的1/3。④阴阳角。阴角砖应压向正确，阳角线宜做成45°角对接。⑤孔洞套割。在墙面突出物处、饰面板上的孔洞应整砖套割吻合、边缘应整齐，不得用非整砖拼凑铺贴。⑥墙裙贴脸。墙裙贴脸突出墙面的厚度应一致。⑦滴水线（槽）。有排水要求的部位应做滴水

线（槽）。滴水线（槽）应顺直，流水坡向应正确，坡度应符合设计要求。

2.（1）对框架梁出现露筋应做如下处理：

将外露钢筋上的混凝土和铁锈清洗干净，再用1:2水泥砂浆抹压平整。如露筋较深，应将薄弱混凝土剔除，清理干净；先刷一层水泥浆或界面剂后，再用高级的豆石混凝土捣实，并认真养护。

（2）施工单位现场常用的质量检查方法及其手段有：

①目测法，其手段有看、摸、敲、照。②实测法，其手段有靠、吊、量、套。③试验法。

3.（1）进场材料质量控制要领包括：

①掌握材料信息，优选供货厂家。②合理组织材料供应，确保施工正常进行。③合理组织材料使用，减少材料损失。④加强材料检查验收，严把材料质量关。⑤重视材料的使用认证，以防错用或使用不合格材料。⑥加强现场材料管理。

（2）施工单位运进材料时，应向项目监理机构提交《工程材料报审表》，同时附有材料出厂合格证、技术说明书、按规定要求进行送检的检验报告，经监理工程师审查并确认其质量合格后，方准使用。

（3）屋面卷材防水工程女儿墙泛水处的施工质量应符合如下规定：

①屋面与女儿墙交接处应做成圆弧形。泛水处应增设附加层。铺贴泛水处的卷材应采取满粘法。②砖墙上的卷材收头裁齐，可直接铺压在女儿墙压顶下，压顶应做防水处理；也可压入凹槽内固定密封，凹槽与屋面找平层的距离不应小于250mm，凹槽上部墙体应做防水处理。③混凝土墙上的卷材收头裁齐，塞入预留凹槽内，采用金属压条钉压固定，最大钉距不应大于900mm，并用密封材料封严。

第四章　建筑工程施工安全管理

　大纲考点：基坑工程安全管理

知识点（一）　应采取支护措施的基坑

1. 基坑深度较大，且不具备自然放坡施工条件。
2. 地基土质松软，并有地下水或丰盛的上层滞水。
3. 基坑开挖会危及邻近建、构筑物、道路及地下管线的安全与使用。

知识点（二）　基坑支护的主要方式

简单水平支撑；钢板桩；水泥土桩；钢筋混凝土排桩；土钉；锚杆；地下连续墙；逆作供墙；原状土放坡；桩、墙加支撑系统；上述两种或两种以上方式的合理组合等。

知识点（三）　基坑工程监测

基坑工程监测包括支护结构监测和周围环境监测。

1. 支护结构监测
（1）对围护墙侧压力、弯曲应力和变形的监测。
（2）对支撑轴力、弯曲应力的监测。
（3）对腰梁轴力、弯曲应力的监测。
（4）对立柱沉降、抬起的监测等。

2. 周围环境监测
（1）坑外地形的变形监测。
（2）邻近建筑物的沉降和倾斜监测。
（3）地下管线的沉降和位移监测等。

知识点（四）　地下水的控制方法

地下水控制方法主要有集水明排、真空井点降水、管井降水、截水和回灌等。

知识点（五）　基坑发生坍塌以前的主要迹象

1. 周围地面出现裂缝，并不断扩展。

2. 支撑系统发生挤压等异常响声。

3. 环梁或排桩、挡墙的水平位移较大，并持续发展。

4. 支护系统出现局部失稳。

5. 大量水土不断涌入基坑。

6. 相当数量的锚杆螺母松动，甚至有的槽钢松脱等。

知识点六 基坑支护破坏的主要形式

1. 由支护的强度、刚度和稳定性不足引起的破坏。

2. 由支护埋置深度不足，导致基坑隆起引起的破坏。

3. 由止水帷幕处理不好，导致管涌等引起的破坏。

4. 由人工降水处理不好引起的破坏。

知识点七 基坑支护安全控制要点

1. 基坑支护与降水、土方开挖必须编制专项施工方案，并出具安全验算结果，经施工单位技术负责人、监理单位总监理工程师签字后实施。

2. 基坑支护结构必须具有足够的强度、刚度和稳定性。

3. 基坑支护结构（包括支撑等）的实际水平位移和竖向位移，必须控制在设计允许范围内。

4. 控制好基坑支护与降水、止水帷幕等施工质量，并确保位置正确。

5. 控制好基坑支护、降水与开挖的顺序。

6. 控制好管涌、流沙、坑底隆起、坑外地下水位变化和地表的沉陷等。

7. 控制好坑外建筑物、道路和管线等的沉降、位移。

知识点八 基坑施工应急处理措施

1. 在基坑开挖过程中，一旦出现渗水或漏水，应根据水量大小，采用坑底设沟排水、引流修补、密实混凝土封堵、压密注浆、高压喷射注浆等方法及时处理。

2. 水泥土墙等重力式支护结构如果位移超过设计估计值应予以高度重视，做好位移监测，掌握发展趋势。如位移持续发展，超过设计值较多，则应采用水泥土墙背后卸载、加快垫层施工及垫层厚度和加设支撑等方法及时处理。

3. 悬臂式支护结构发生位移时，应采取加设支撑或锚杆、支护墙背卸土等方法及处理。悬臂式支护结构发生深层滑动应及时浇筑垫层，必要时也可加厚垫层，以形成下部水平支撑。

4. 支撑式支护结构如发生墙背土体沉陷，应采取增设坑内降水设备降低地下水、进行坑底加固、垫层随挖随浇、加厚垫层或采用配筋垫层、设置坑底支撑等方法及时处理。

5. 对轻微的流沙现象，在基坑开挖后可采用加快垫层浇筑或加厚垫层的方法"压住"流沙。对较严重的流沙，应增加坑内降水措施。

6. 如发生管涌，可在支护墙前再打设一排钢板桩，在钢板桩与支护墙间进行注浆。

7. 对邻近建筑物沉降的控制一般可采用跟踪注浆的方法。对沉降很大，而压密注浆又不能控制的建筑，如果基础是钢筋混凝土的，则可考虑静力锚杆压桩的方法。

8. 对基坑周围管线保护的应急措施一般包括打设封闭桩或开挖隔离沟、管线架空两种方法。

大纲考点：脚手架工程安全管理

知识点一 一般脚手架安全控制要点

1. 单排脚手架搭设高度不应超过24m；双排脚手架搭设高度不宜超过50m，高度超过50m的双排脚手架，应采用分段搭设的措施。

2. 脚手架主节点处必须设置一根横向水平杆，用直角扣件扣接在纵向水平杆上且严禁拆除。主节点处两个直角扣件的中心距不应大于150mm。在双排脚手架中，横向水平杆靠墙一端的外伸长度不应大于杆长的0.4倍，且不应大于500mm。

3. 脚手架必须设置纵、横向扫地杆。纵向扫地杆应采用直角扣件固定在距底座上方不大于200mm处的立杆上，横向扫地杆亦应采用直角扣件固定在紧靠纵向扫地杆下方的立杆上。当立杆基础不在同一高度上时，必须将高处的纵向扫地杆向低处延长两跨与立杆固定，高低差不应大于1m。靠边坡上方的立杆轴线到边坡的距离不应小于500mm。

4. 高度在24m以下的单、双排脚手架，均必须在外侧立面的两端各设置一道剪刀撑，并应由底至顶连续设置，中间各道剪刀撑之间的净距不应大于15m。24m以上的双排脚手架应在外侧立面整个长度和高度上连续设置剪刀撑。剪刀撑、横向斜撑搭设应随立杆、纵向和横向水平杆等同步搭设，各底层斜杆下端均必须支承在垫块或垫板上。

5. 高度在24m以下的单、双排脚手架，宜采用刚性连墙件与建筑物可靠连接，亦可采用拉筋和顶撑配合使用的附墙连接方式，严禁使用仅有拉筋的柔性连墙件。24m以上的双排脚手架，必须采用刚性连墙件与建筑物可靠连接，连墙件必须采用可承受拉力和压力的构造。50m以下（含50m）脚手架连墙件应按3步3跨进行布置，50m以上的脚手架连墙件应按2步3跨进行布置。

采 分 点

一般脚手架安全控制注意事项：

1. 脚手架主节点处必须设置一根横向水平杆，用直角扣件扣接在纵向水平杆上且严禁拆除。

2. 脚手架必须设置纵、横向扫地杆。

3. 各底层斜杆下端均必须支承在垫块或垫板上。

4. 高度在24m以下的单、双排脚手架，宜采用刚性连墙件与建筑物可靠连接，亦可采用拉筋和顶撑配合使用的附墙连接方式，严禁使用仅有拉筋的柔性连墙件。24m以上的双排脚手架，必须采用刚性连墙件与建筑物可靠连接，连墙件必须采用可承受拉力和压力的构造。

知识点二 一般脚手架检查与验收程序

1. 脚手架的检查与验收应由项目经理组织，项目施工、技术、安全、作业班组等有关人员参加。

2. 脚手架及其地基基础应在下列阶段进行检查和验收：

（1）基础完工后及脚手架搭设前。

（2）作业层上施加荷载前。

（3）每搭设完 6~8m 高度后。

（4）达到设计高度后。

（5）遇有六级及以上大风与大雨后。

（6）冻结地区解冻后。

（7）停用超过一个月的，在重新投入使用之前。

3. 脚手架定期检查的主要项目包括：

（1）杆件的设置和连接，连墙件、支撑、门洞桁架等的构造是否符合要求。

（2）地基是否有积水，底座是否松动，立杆是否悬空。

（3）扣件螺栓是否有松动。

（4）高度在 24m 以上的脚手架，其立杆的沉降与垂直度的偏差是否符合技术规范的要求。

（5）架体的安全防护措施是否符合要求。

（6）是否有超载使用的现象等。

 采 分 点

1. 脚手架及其地基基础的阶段检查和验收。

2. 脚手架的检查与验收由项目经理组织。

 大纲考点：模板工程安全管理

知识点一　现浇混凝土工程模板支撑系统的选材及安装要求

1. 立柱接长严禁搭接，必须采用对接扣件连接，相邻两立柱的对接接头不得在同步内，且对接接头沿竖向错开的距离不宜小于 500mm，各接头中心距主节点不宜大于步距的 1/3。

2. 当层高在 8~20m 时，在最顶步距两水平拉杆中间应加设一道水平拉杆；当层高大于 20m 时，在最顶两步距水平拉杆中间应分别增加一道水平拉杆。所有水平拉杆的端部均应与四周建筑物顶紧顶牢。无处可顶时，应于水平拉杆端部和中部沿竖向设置连续式剪刀撑。

知识点二　影响模板钢管支架整体稳定性的主要因素

主要因素有立杆间距、水平杆的步距、立杆的接长、连墙件的连接、扣件的紧固程度。

知识点三　保证模板安装施工安全的基本要求

1. 模板工程作业高度在 2m 及 2m 以上时，要有安全可靠的操作架子或操作平台，并按要求进行防护。

2. 操作架子上、平台上不宜堆放模板，必须短时间堆放时，一定要码放平稳，数量必须控制在架子或平台的允许荷载范围内。

3. 冬期施工，对于操作地点和人行通道上的冰雪应事先清除。雨期施工，高耸结构的模板作业，要安装避雷装置，沿海地区要考虑抗风和加固措施。

4. 五级以上大风天气，不宜进行大块模板拼装和吊装作业。

5. 在架空输电线路下方进行模板施工，如果不能停电作业，应采取隔离防护措施。

6. 夜间施工，必须有足够的照明。

五级以上大风天气，不宜进行大块模板拼装和吊装作业。

知识点 四　保证模板拆除施工安全的基本要求

1. 现浇混凝土结构模板及其支架拆除时的混凝土强度应符合设计要求。当设计无要求时，应符合下列规定：

（1）承重模板，应在与结构同条件养护的试块强度达到规定要求时，方可拆除。

（2）后张预应力混凝土结构底模必须在预应力张拉完毕后，才能进行拆除。

（3）在拆模过程中，如发现实际混凝土强度并未达到要求，有影响结构安全的质量问题时，应暂停拆模，经妥善处理实际强度达到要求后，才可继续拆除。

（4）已拆除模板及其支架的混凝土结构，应在混凝土强度达到设计的混凝土强度标准值后，才允许承受全部设计的使用荷载。

（5）拆除芯模或预留孔的内模时，应在混凝土强度能保证不发生塌陷和裂缝时，方可拆除。

2. 模板不能采取猛撬以致大片塌落的方法拆除。

3. 拆模作业区应设安全警戒线，以防有人误入。拆除的模板必须随时清理。

4. 用起重机吊运拆除模板时，模板应堆码整齐并捆牢，才可吊运。

模板拆除要求。

 大纲考点：高处作业安全管理

知识点 一　高处作业的定义

高处作业是指凡在坠落高度基准面2m以上（含2m）有可能坠落的高处进行的作业。

知识点 二　高处作业的分级

1. 高处作业高度在2~5m时，划定为一级高处作业，其坠落半径为2m。

2. 高处作业高度在5~15m时，划定为二级高处作业，其坠落半径为3m。

3. 高处作业高度在15~30m时，划定为三级高处作业，其坠落半径为4m。

4. 高处作业高度大于30m时，划定为四级高处作业，其坠落半径为5m。

知识点 三　高处作业的基本安全要求

1. 施工单位应为从事高处作业的人员提供合格的安全帽、安全带、防滑鞋等必备的个人安全防护用具、用品。

2. 在进行高处作业前，应认真检查所使用的安全设施是否安全可靠。

3. 高处作业危险部位应悬挂安全警示标牌。夜间施工时，应保证足够的照明并在危险部位设红灯示警。

4. 高处作业，上下应设联系信号或通信装置，并指定专人负责联络。

5. 在雨雪天从事高处作业，应采取防滑措施。在六级及六级以上强风和雷电、暴雨、大雾等恶劣气候条件下，不得进行露天高处作业。

高处作业危险部位应悬挂安全警示标牌。夜间施工时，应保证足够的照明并在危险部位设红灯示警。

在六级及六级以上强风和雷电、暴雨、大雾等恶劣气候条件下，不得进行露天高处作业。

知识点 四 操作平台作业安全控制要点

1. 移动式操作平台台面不得超过 $10m^2$，高度不得超过 $5m$，台面脚手板要铺满钉牢，台面四周设置防护栏杆。平台移动时，作业人员必须下到地面，不允许带人移动平台。

2. 悬挑式操作平台的设计应符合相应的结构设计规范要求，周围安装防护栏杆。悬挑式操作平台安装时不能与外围护脚手架进行拉结，应与建筑结构进行拉结。

3. 操作平台上要严格控制荷载，应在平台上标明操作人员和物料的总重量，使用过程中不允许超过设计的容许荷载。

移动式操作平台台面不得超过 $10m^2$，高度不得超过 $5m$，台面脚手板要铺满钉牢，台面四周设置防护栏杆。平台移动时，作业人员必须下到地面，不允许带人移动平台。

知识点 五 交叉作业安全控制要点

1. 交叉作业人员不允许在同一垂直方向上操作，要做到上部与下部作业人员的位置错开，当不能满足要求时，应设置安全隔离层进行防护。

2. 在拆除模板、脚手架等作业时，作业点下方不得有其他作业人员，防止落物伤人。拆下的模板等堆放时，不能过于靠近楼层边沿，应与楼层边沿留出不小于 $1m$ 的安全距离，码放高度也不宜超过 $1m$。

3. 结构施工自二层起，凡人员进出的通道口都应搭设符合规范要求的防护棚；高度超过 $24m$ 的交叉作业，通道口应设双层防护棚进行防护。

知识点 六 高处作业安全防护设施验收的主要项目

1. 所有临边、洞口等各类技术措施的设置情况。
2. 技术措施所用的配件、材料和工具的规格和材料。
3. 技术措施的节点构造及其与建筑物的固定情况。
4. 扣件和连接件的紧固程度。
5. 安全防护设施的用品及设置的性能与质量是否合格的验证。

知识点 七 安全技术交底的主要内容

1. 工作场所或工作岗位可能存在的不安全因素。
2. 所接触的安全设施、用具和劳动防护用品的正确使用。

3. 安全技术操作规程。

4. 安全注意事项等。

 大纲考点：洞口、临边防护管理

知识点 一 洞口作业安全防护基本规定

1. 楼梯口、楼梯边应设置防护栏杆，或者用正式工程的楼梯扶手代替临时防护栏杆。

2. 电梯井口除设置固定的栅门外，还应在电梯井内每隔两层（不大于 10m）设一道安全平网进行防护。

3. 施工现场大的坑槽、陡坡等处，除需设置防护设施与安全警示标牌外，夜间还应设红灯示警。

知识点 二 洞口的防护设施要求

1. 楼板、屋面和平台等面上短边尺寸小于 25cm 但大于 2.5cm 的孔口，必须用坚实盖板盖严，盖板要有防止挪动移位的固定措施。

2. 楼板面等处边长为 25～50cm 的洞口、安装预制构件时的洞口以及因缺件临时形成的洞口，可用竹、木等作盖板，盖住洞口，盖板要保持四周搁置均衡，并有固定其位置不发生挪动移位的措施。

3. 边长为 50～150cm 的洞口，必须设置一层以扣件扣接钢管而成的网格栅，并在其上满铺竹笆或脚手板，也可采用贯穿于混凝土板内的钢筋构成防护网栅，钢筋网格间距不得大于 20cm。

4. 边长在 150cm 以上的洞口，四周必须设防护栏杆，洞口下张设安全平网防护。

5. 下边沿至楼板或底面低于 80cm 的窗台等竖向洞口，如侧边落差大于 2m 时，应加设 1.2m 高的临时护栏。

6. 位于车辆行驶通道旁的洞口、深沟与管道坑、槽，所加盖板应能承受不小于当地额定卡车后轮有效承载力 2 倍的荷载。

7. 墙面等处的竖向洞口，凡落地的洞口应加装开关式、固定式或工具式防护门，门栅网格的间距不应大于 15cm，也可采用防护栏杆，下设挡脚板。

 采 分 点

1. 楼板、屋面和平台等面上短边尺寸小于 25cm 但大于 2.5cm 的孔口，必须用坚实盖板盖严，盖板要有防止挪动移位的固定措施。

2. 楼板面等处边长为 25～50cm 的洞口、安装预制构件时的洞口以及因缺件临时形成的洞口，可用竹、木等作盖板，盖住洞口，盖板要保持四周搁置均衡，并有固定其位置不发生挪动移位的措施。

知识点 三 临边作业安全防护基本规定

1. 在进行临边作业时，必须设置安全警示标牌。

2. 基坑周边，尚未安装栏杆或栏板的阳台周边，无外脚手架防护的楼面与屋面周边，分层施工的楼梯与楼梯段边，龙门架、井架、施工电梯或外脚手架等通向建筑物的通道的两侧边，框架结构建筑的楼层周边，斜道两侧边，料台与挑平台周边，雨篷与挑檐边，水箱与水塔周边等处必须设置防护栏杆、挡脚板，并封挂安全立网进行封闭。

3. 临边外侧靠近街道时，除设防护栏杆、挡脚板、封挂立网外，立面还应采取荆笆等硬封闭措施，防止施工中落物伤人。

知识点四 防护栏杆的设置要求

1. 防护栏杆应由上、下两道横杆及栏杆柱组成，上杆离地高度为 1.0 ~ 1.2m，下杆离地高度为 0.5 ~ 0.6m。除经设计计算外，横杆长度大于 2m 时，必须加设栏杆柱。

2. 当栏杆在基坑四周固定时，可采用钢管打入地面 50 ~ 70cm 深，钢管离边口的距离不应小于 50cm。当基坑周边采用板桩时，钢管可打在板桩外侧。

3. 当栏杆在混凝土楼面、屋面或墙面固定时，可用预埋件与钢管或钢筋焊牢。

4. 当栏杆在砖或砌块等砌体上固定时，可预先砌入带预埋铁的混凝土块，再通过预埋铁与钢管或钢筋焊牢。

5. 栏杆柱的固定及其与横杆的连接，其整体构造应使防护栏杆在上杆任何处都能经受任何方向的 1000N 外力。

6. 防护栏杆必须自上而下用安全立网封闭，或在栏杆下边设置高度不低于 18cm 的挡脚板或 40cm 的挡脚笆，板与笆下边距离底面的空隙不应大于 10mm。

 # 大纲考点：施工用电安全管理

知识点一 施工用电安全管理

1. 施工现场临时用电设备在 5 台及以上或设备总容量在 50kW 及以上者，应编制用电组织设计；临时用电设备在 5 台以下和设备总容量在 50kW 以下者，应制定安全用电和电气防火措施。

2. 变压器中性点直接接地的低压电网临时用电工程，必须采用 TN－S 接零保护系统。

3. 当施工现场与外电线路共用同一供电系统时，电气设备的接地、接零保护应与原系统保持一致，不得一部分设备做保护接零，另一部分设备做保护接地。

4. 配电箱的设置：

（1）施工用电配电系统应设置总配电箱（配电柜）、分配电箱、开关箱，并按照"总—分—开"顺序作分级设置，形成"三级配电"模式。

（2）施工用电配电系统各配电箱、开关箱的安装位置要合理。总配电箱（配电柜）要尽量靠近变压器或外电电源处，以便于电源的引入。

（3）施工现场所有用电设备必须有各自专用的开关箱。

5. 电器装置的选择与装配：

（1）施工用电回路和设备必须加装两级漏电保护器，总配电箱（配电柜）中应加装总漏电保护器，作为初级漏电保护，末级漏电保护器必须装配在开关箱内。

（2）开关箱中装配的隔离开关只可用于直接控制现场照明电路和容量不大于 3.0kW 的动力电路。容量大于 3.0kW 动力电路的开关箱中应采用断路器控制，用于频繁送断电操作的开关箱中应附设接触器或其他类型启动控制装置，用于启动电器设备的操作。

（3）在开关箱中作为末级保护的漏电保护器，其额定漏电动作电流不应大于30mA，额定漏电动作时间不应大于0.1s。在潮湿、有腐蚀性介质的场所中，漏电保护器要选用防溅型的产品，其额定漏电动作电流不应大于15mA，额定漏电动作时间不应大于0.1s。

6. 施工现场照明用电：

（1）一般场所宜选用额定电压为220V的照明器。

（2）隧道、人防工程、高温、有导电灰尘、比较潮湿或灯具离地面高度低于2.5m等的照明，电源电压不得大于36V。

（3）潮湿和易触及带电体场所的照明，电源电压不得大于24V。

（4）特别潮湿场所、导电良好的地面、锅炉或金属容器内的照明，电源电压不得大于12V。

（5）照明变压器必须使用双绕组型安全隔离变压器，严禁使用自耦变压器。

（6）室外220V灯具距地面不得低于3m，室内220V灯具距地面不得低于2.5m。

（7）碘钨灯及钠、铊、铟等金属卤化物灯具的安装高度宜在3m以上，灯线应固定在接线柱上，不得靠近灯具表面。

7. 三级安全教育

（1）三级安全教育是指公司、项目经理部、施工班组三个层次的安全教育。教育的内容、时间及考核过程要有记录。

（2）按照建设部《建筑业企业职工安全培训教育暂行规定》的规定：

①公司教育内容：国家和地方有关安全生产的方针、政策、法规、标准、规范、规程和企业安全规章制度。②项目经理部教育内容：工地安全制度、施工现场环境、工程施工特点及可能存在的不安全因素。

 采分点

1. 施工现场临时用电设备在5台及以上或设备总容量在50kW及以上者，应编制用电组织设计；临时用电设备在5台以下和设备总容量在50kW以下者，应制定安全用电和电气防火措施。

2. 施工用电回路和设备必须加装两级漏电保护器，总配电箱（配电柜）中应加装总漏电保护器，作为初级漏电保护，末级漏电保护器必须装配在开关箱内。

3. 施工现场照明用电。

4. 三级安全教育是指公司、项目经理部、施工班组三个层次的安全教育。

 大纲考点：垂直运输机械安全管理

知识点一 物料提升机安全控制要点

1. 物料提升机的基础应按图纸要求施工。高架提升机的基础应进行设计计算，低架提升机在无设计要求时，可按素土夯实后，浇筑300mm（C20混凝土）厚条形基础。

2. 物料提升机的吊篮安全停靠装置、钢丝绳断绳保护装置超高限位装置、钢丝绳过路保护装置、钢丝绳拖地保护装置、信号联络装置、警报装置、进料门及高架提升机的超载限制器、下级限位器、缓冲器等安全装置必须齐全、灵敏、可靠。

3. 为保证物料提升机整体稳定采用缆风绳时，高度在20m以下可设1组，高度在30m以下不少于2组，超过30m时不应采用缆风绳锚固方法，应采用连墙杆等刚性措施。

4. 物料提升机架体外侧应沿全高用立网进行防护。在建工各层与提升机连接处应搭设卸料通道，通道两侧应按临边防护规定设置防护栏杆及挡脚板。

5. 各层通道口处都应设置常闭型的防护门。地面进料口处应搭设防护棚，防护棚的尺寸应视架体的宽度和高度而定，防护棚两侧应封挂安全立网。

1. 低架提升机在无设计要求时，可按素土夯实后，浇筑300mm（C20混凝土）厚条形基础。

2. 为保证物料提升机整体稳定采用缆风绳时，高度在20m以下可设1组，高度在30m以下不少于2组，超过30m时不应采用缆风绳锚固方法，应采用连墙杆等刚性措施。

知识点二　外用电梯安全控制要点

1. 外用电梯在安装和拆卸之前必须针对其类型特点，说明书的技术要求，结合施工现场的实际情况制订详细的施工方案。

2. 外用电梯的安装和拆卸作业必须由取得相应资质的专业队伍进行，安装完毕经验收合格，取得政府相关主管部门核发的《准用证》后方可投入使用。

3. 外用电梯底笼周围2.5m范围内必须设置牢固的防护栏杆，进出口处的上部应根据电梯高度搭设足够尺寸和强度的防护棚。

4. 外用电梯与各层站过桥和运输通道，除应在两侧设置安全防护栏杆、挡脚板并用安全立网封闭外，进出口处尚应设置常闭型的防护门。

5. 外用电梯梯笼乘人、载物时，应使载荷均匀分布，防止偏重，严禁超载使用。

6. 外用电梯在大雨、大雾和六级及六级以上大风天气时，应停止使用。暴风雨过后，应组织对电梯各有关安全装置进行一次全面检查。

1. 外用电梯底笼周围2.5m范围内必须设置牢固的防护栏杆，进出口处的上部应根据电梯高度搭设足够尺寸和强度的防护棚。

2. 外用电梯在大雨、大雾和六级及六级以上大风天气时，应停止使用。

知识点三　塔式起重机安全控制要点

1. 塔吊在安装和拆卸之前必须针对其类型特点，说明书的技术要求，结合作业条件制订详细的施工方案。

2. 塔吊的安装和拆卸作业必须由取得相应资质的专业队伍进行，安装完毕经验收合格，取得政府相关主管部门核发的《准用证》后方可投入使用。

3. 行走式塔吊的路基和轨道的铺设，必须严格按照其说明书的规定进行。

4. 施工现场多塔作业时，塔机间应保持安全距离，以免作业过程中发生碰撞。

5. 遇六级及六级以上大风等恶劣天气，应停止作业，将吊钩升起。行走式塔吊要夹好轨钳。当风力达十级以上时，应在塔身结构上设置缆风绳或采取其他措施加以固定。

遇六级及六级以上大风等恶劣天气,应停止作业,将吊钩升起。行走式塔吊要夹好轨钳。当风力达十级以上时,应在塔身结构上设置缆风绳或采取其他措施加以固定。

大纲考点:施工机具安全管理

知识点一 搅拌机的安全控制要点

1. 搅拌机安装完毕经验收合格后方可投入使用。

2. 搅拌作业场地应有良好的排水条件,固定式搅拌机应有可靠的基础,移动式搅拌机应在平坦坚硬的地坪上用方木或撑架架牢,并保持平稳。

3. 露天使用的搅拌机应搭设防雨棚。

4. 搅拌机传动部位的防护罩、料斗的保险挂钩、操作手柄保险装置及接零保护、漏电保护等装置必须齐全有效。

5. 搅拌机的制动器、离合器应灵敏可靠。

6. 搅拌机料斗升起时,严禁在其下方工作或穿行。

知识点二 电焊机的安全控制要点

1. 电焊机安装完毕经验收合格后方可投入使用。

2. 露天使用的电焊机应设置在地势较高、平整的地方,并有防雨措施。

3. 电焊机的接零保护、漏电保护和二次侧空载降压保护等装置必须齐全有效。

4. 电焊机一次侧电源线应穿管保护,长度一般不超过 5m,焊把线长度一般不应超过 30m,并不应有接头,一、二次侧接线端柱外应有防护罩。

5. 电焊机施焊现场 10m 范围内不得堆放易燃、易爆物品。

电焊机一次侧电源线应穿管保护,长度一般不超过 5m,焊把线长度一般不应超过 30m。

大纲考点:施工安全检查与评定

知识点一 施工安全检查评定项目

1. 安全管理

(1) 施工负责人在分派生产任务时,应对相关管理人员、施工作业人员进行书面安全技术交底。

(2) 安全技术交底应由交底人、被交底人、专职安全员进行签字确认。

2. 文明施工

文明施工检查评定保证项目应包括:现场围挡、封闭管理、施工场地、材料管理、现场办公与住宿、现场防火。一般项目应包括综合治理、公示标牌、生活设施、社区服务。

3. 扣件式钢管脚手架

（1）检查评定项目

检查评定保证项目包括施工方案、立杆基础、架体与建筑物结构拉结、杆件间距与剪刀撑、脚手板与防护栏杆、交底与验收。一般项目包括横向水平杆设置、杆件搭接、架体防护、脚手架材质、通道。

（2）施工方案

①架体搭设应有施工方案，搭设高度超过24m的架体应单独编制安全专项方案，结构设计应进行设计计算，并按规定进行审核、审批。②搭设高度超过50m的架体，应组织专家对专项方案进行论证，并按专家论证意见组织实施。

4. 悬挑式脚手架

架体搭设、拆除作业应编制专项施工方案，结构设计应进行设计计算；专项施工方案应按规定进行审批，架体搭设高度超过20m的专项施工方案应经专家论证。

5. 门式、碗扣式钢管脚手架

架体搭设应编制专项施工方案，结构设计应进行设计计算，并按规定进行审批；搭设高度超过50m的脚手架，应组织专家对方案进行论证，并按专家论证意见组织实施。

6. 基坑工程

（1）施工方案

①基坑工程施工应编制专项施工方案，开挖深度超过3m或虽未超过3m但地质条件和周边环境复杂的基坑土方开挖、支护、降水工程，应单独编制专项施工方案。②开挖深度超过5m的基坑土方开挖、支护、降水工程或开挖深度虽未超过5m但地质条件、周围环境复杂的基坑土方开挖、支护、降水工程专项施工方案，应组织专家进行论证。

（2）安全防护

开挖深度超过2m及以上的基坑周边必须安装防护栏杆，防护栏杆的安装应符合规范要求。

7. 模板支架

（1）模板支架搭设应编制专项施工方案，结构设计应进行计算，并应按规定进行审核、审批。

（2）模板支架搭设高度8m及以上；跨度18m及以上，施工总荷载15kN/m^{2}及以上；集中线荷载20kN/m及以上的专项施工方案应按规定组织专家论证。

知识点 二 施工安全检查评定等级

建筑施工安全检查评定的等级划分应符合下列规定：

1. 优良：分项检查评分表无零分，汇总表得分值应在80分及以上。
2. 合格：分项检查评分表无零分，汇总表得分值应在80分以下，70分及以上。
3. 不合格：①当汇总表得分值不足70分时；②当有一分项检查评分表得零分时。

采 分 点

1. 应组织专家论证的项目。
2. 安全检查评定的等级划分。

知识点 三 安全事故的分类

依据《生产安全事故报告和调查处理条例》第三条规定，根据生产安全事故（以下简称事故）造成的人员伤亡或者直接经济损失，事故一般分为以下等级：

1. 特别重大事故，是指造成30人以上死亡，或者100人以上重伤（包括急性工业中毒，下同），或者1亿元以上直接经济损失的事故。

2. 重大事故，是指造成10人以上30人以下死亡，或者50人以上100人以下重伤，或者5000万元以上1亿元以下直接经济损失的事故。

3. 较大事故，是指造成3人以上10人以下死亡，或者10人以上50人以下重伤，或者1000万元以上5000万元以下直接经济损失的事故。

4. 一般事故，是指造成3人以下死亡，或者10人以下重伤，或者1000万元以下直接经济损失的事故。

本条款所称的"以上"包括本数，所称的"以下"不包括本数。

知识点 四 安全生产管理的"三同时"和"四不放过"

1. "三同时"是指安全防护设施与主体同时设计、同时施工、同时投入使用。

2. "四不放过"是指在调查处理工伤事故时，必须坚持事故原因分析不清不放过、员工及事故责任人受不到教育不放过、事故隐患不整改不放过、事故责任人不处理不放过的原则。

知识点 五 特种作业

特种作业是指容易发生人员伤亡事故，对操作者本人、他人及周围设施的安全有重大危害的作业。建筑工程施工过程中电工、电焊工、气焊工、架子工、起重机司机、重机械安装拆卸工、起重机司索指挥工、施工电梯司机、龙门架及井架物料提升机操作工、场内机动车驾驶员等人员为特种作业人员。

特种作业人员。

真题回顾

一、单项选择题

1. 关于施工现场临时用电的做法，正确的是（　　）。

A. 总配电箱设置在靠近外电电源处

B. 开关箱中作为末级保护的漏电保护器，其额定漏电动作时间为0.2s

C. 室外220V灯具距地面高度为2.8m

D. 现场施工电梯未设置避雷装置

【答案】A

【解析】B错，在开关箱中作为末级保护的漏电保护器，其额定漏电动作电流不应大于30mA，额定漏电动作时间不应大于0.1s；C错，室外220V灯具距地面高度为3.0m；D错，现场施工电梯应设置避雷装置。

2. 脚手架定期检查的主要项目不包括（　　）。

A. 杆件的设置和连接是否符合要求

B. 立杆的沉降和垂直度

C. 地基是否有积水、底座是否松动

D. 安装的红色警示灯

【答案】D

【解析】脚手架定期检查的主要项目包括：杆件的设置和连接，连墙件、支撑、门洞桁架等的构造是否符合要求。地基是否有积水，底座是否松动，立杆是否悬空。扣件螺栓是否有松动。高度在24m以上的脚手架，其立杆的沉降与垂直度的偏差是否符合技术规范的要求。架体的安全防护措施是否符合要求。是否有超载使用的现象等。

3. 关于外用电梯安全控制的说法，正确的是（　　　　）。

A. 外用电梯由有相应资质的专业队伍安装完成后，经监理验收合格即可投入使用

B. 外用电梯底笼周围2.5m范围内必须设置牢固的防护栏杆

C. 外用电梯与各层站过桥和运输通道进出口处应设常开型防护门

D. 七级大风天气时，在项目经理指导下使用外用电梯

【答案】B

【解析】外用电梯的安装和拆卸作业必须由取得相应资质的专业队伍进行，安装完毕经验收合格，取得政府相关主管部门核发的《准用证》后方可投入使用。故A项不对；外用电梯与各层站过桥和运输通道，除应在两侧设置安全防护栏杆、挡脚板并用安全立网封闭外，进出口处尚应设置常闭型的防护门。故C项不对；外用电梯在大雨、大雾和六级及六级以上大风天气时，应停止使用。暴风雨过后，应组织对电梯各有关安全装置进行一次全面检查。故D项不对。

二、多项选择题

1. 某检验高度45m的落地式钢管脚手架工程，下列做法正确的有（　　　　）。

A. 采用拉筋和顶撑配合使用的连接方式

B. 每搭设完15m进行一次检查和验收

C. 停工两个月后，重新开工时，对脚手架进行检查、验收

D. 每层连墙件均在其上部可拆杆件全部拆除完成后才进行拆除

E. 遇六级大风，停止脚手架拆除作业

【答案】DE

【解析】脚手架及其地基基础应在下列阶段进行检查和验收：①基础完工后及脚手架搭设前。②作业层上施加荷载前。③每搭设完6~8m高度后。④达到设计高度后。⑤遇有六级及以上大风与大雨后。⑥寒冷地区土层开冻后。⑦停用超过一个月的，在重新投入使用之前。

2. 下列影响扣件式钢管脚手架整体稳定性的因素中，属于主要影响因素的是（　　　　）。

A. 立杆的间距　　　　　　　　　　B. 立杆的接长方式

C. 水平杆的步距　　　　　　　　　D. 水平杆的接长方式

E. 连墙件的设置

【答案】ABCE

【解析】影响模板钢管支架整体稳定性的主要因素有立杆间距、水平杆的步距、立杆的接长、连墙件的连接、扣件的紧固程度。

3. 下列垂直运输机械的安全控制做法中，正确的是（　　　　）。

A. 高度23m的物料提升机采用1组缆风绳

B. 在外用电梯底笼周围2.0m范围内设置牢固的防护栏杆

C. 塔吊基础的设计计算作为固定式塔吊专项施工方案内容之一

D. 现场多塔作业时，塔机间保持安全距离

E. 遇六级大风以上恶劣天气时，塔吊停止作业，并将吊钩放下

【答案】CD

【解析】A错，高度20m的物料提升机采用1组缆风绳；B错，在外用电梯底笼周围2.5m范围内设置牢固的防护栏杆；E错，遇六级大风以上恶劣天气时，塔吊停止作业，并将吊钩升起。

4. 根据《建筑施工安全检查标准》（JGJ 59—2011），建筑施工安全检查评定的等级有（　　）。

A. 优良　　　　　　　　　　　　　　B. 良好

C. 一般　　　　　　　　　　　　　　D. 合格

E. 不合格

【答案】ADE

【解析】施工安全检查评分等级分为优良、合格、不合格。

5. 下列时间段中，全过程均属于夜间施工时段的有（　　）。

A. 20：00 至次日 4：00　　　　　　　　B. 21：00 至次日 6：00

C. 22：00 至次日 4：00　　　　　　　　D. 23：00 至次日 6：00

E. 22：00 至次日 7：00

【答案】CD

【解析】夜间施工时间是指22：00 至次日 6：00 之间的时间段。

三、案例分析题

1.【背景资料】

某高校新建一栋办公楼和一栋实验楼，均为现浇钢筋混凝土框架结构。办公楼地下1层，地上11层，建筑檐高48m，实验楼六层，建筑檐高22m。建设单位与某施工总承包单位签订了施工总承包合同。合同约定：①电梯安装工程由建设单位指定分包。②保温工程保修期为10年。

实验楼物料提升机安装总高度26m，采用一组缆风绳锚固。与各楼层连接处搭设卸料通道，与相应的楼层连通后，仅在通道两侧设置了临边安全防护设施，地面进料口处仅设置安全防护门，且在相应位置挂设了安全警示标志牌，监理工程师人为安全设置不齐全，要求整改。

【问题】

指出题中错误之处，并分别给出正确做法。

【参考答案】

错误之处有：

（1）缆风绳组数不符合要求。

正确做法：缆风绳设置不少于2组。

（2）仅在通道两侧设置了临边安全防护设施。

正确做法：必须设置防护栏杆、挡脚板，并封挂安全立网进行封闭。

（3）地面进料口仅设置安全防护门。

正确做法：对邻近的人与物有坠落危险的其他横竖向的洞口，应加盖或加以防护，并固定牢靠，防止移位。

2. 【背景资料】

某工程基坑深 8m，支护采用桩锚体系，桩数共计 200 根。基础采用桩筏形式，桩数共计 400 根。毗邻基坑东侧 12m 处即有密集居民区，居民区和基坑之间的道路下 1.8m 处埋设有市政管道。项目实施过程中发生如下事件：

工程地质条件复杂，设计要求对支护结构和周围环境进行监测，对工程桩采用不少于总数 1% 的静载荷试验方法进行承载力检验。

【问题】

题中，工程支护结构和周围环境监测分别包含哪些内容？最少需要多少根桩做静载荷试验？

【参考答案】

支护结构检测内容包括：①对维护墙侧压力、弯曲应力和变形的监测。②对支撑（锚杆）轴力、弯曲应力的检测。③对腰梁（围檩）轴力、弯曲应力的检测。④对立柱沉降、抬起的监测。

周围环境监测包括：①坑外地形的变形监测。②邻近建筑物的沉降和倾斜监测。③地下管线的沉降和位移监测等。

最少需要 3 根桩做静载荷试验。

3. 【背景资料】

某建设单位新建办公楼，与甲施工单位签订施工总承包合同。该工程门厅大堂内墙设计做法为干挂石材，多功能厅隔墙设计做法为石膏板骨架隔墙。

装饰装修施工时，甲施工单位组织大堂内墙与地面平行施工。监理工程师要求补充交叉作业专项安全措施。

【问题】

交叉作业安全控制应注意哪些要点？

【参考答案】

交叉作业安全控制应注意要点：

（1）交叉作业人员不允许在同一垂直方向上操作，要做到上部与下部作业人员的位置错开，使下部作业人员的位置处在上部落物的可能坠落半径范围之外，当不能满足要求时，应设置安全隔离层进行防护。

（2）在拆除模板、脚手架等作业时，作业点下方不得有其他作业人员，防止落物伤人。模板等堆放时，不能过于靠近楼层边沿，应与楼层边沿留出不小于 1m 的安全距离，码放高度也不宜超过 1m。

（3）结构施工自二层起，凡人员进出的通道口都应搭设符合规范要求的防护棚，高度超过 24m 的交叉作业，通道口应设双层防护棚进行防护。

4. 【背景资料】

某新建工业厂区，地处大山脚下，总建筑面积 16000m²，其中包含一幢六层办公楼工程，摩擦型预应力管桩，钢筋混凝土框架结构。

在施工过程中，发生了下列事件：

事件一：在预应力管桩锤击沉桩施工过程中，某一根管桩在桩端标高接近设计标高时难以下沉；此时，贯入度已达到设计要求，施工单位认为该桩承载力已经能够满足设计要求，提出终止沉桩。经组织勘察、设计，施工等各方参建人员和专家会商后同意终止沉桩，监理工程师签字认可。

事件二：连续几天的大雨引发山体滑坡，导致材料库房垮塌，造成 1 人当场死亡，7 人重伤。施工单位负责人接到事故报告后，立即组织相关人员召开紧急会议，要求迅速查明事故原因和责任，严格按照"四不放过"原则处理；4 小时后向相关部门递交了 1 人死亡的事故报告。事故发生后第 7 天和第 32 天分别有 1 人在医院抢救无效死亡，其余 5 人康复出院。

事件三：办公楼一楼大厅支模高度为 9m 施工单位编制了模架施工专项方案并经审批后，及时进行专项方案专家论证，论证会由总监理工程师组织，在行业协会专家库中抽出 5 名专家，其中 1 名专家是该工程设计单位的总工程师，建设单位没有参加论证会。

事件四：监理工程师对现场安全文明施工进行检查时，发现只有公司级、分公司级、项目级三级安全教育记录，开工前的安全技术交底记录中交底人为专职安全员，监理工程师要求整改。

【问题】

（1）事件一中，监理工程师同意终止沉桩是否正确？预应力管桩的沉桩方法通常有哪几种？

（2）事件二中，施工单位负责人报告事故的做法是否正确？应该补报死亡人数几人？事故处理的"四不放过"原则是什么？

（3）分别指出事件三中错误做法，并说明理由。

（4）分别指出事件四中错误做法，并写出正确做法。

【参考答案】

（1）①不正确；当采用锤击沉管法成孔时，桩管入土深度控制应以高程控制为主，以贯入度控制为辅。②预应力管桩的沉桩方法通常有锤击沉桩法、静力压桩法、振动法等。

（2）①不正确；施工单位负责人接到事故报告后，应当在 1h 内向事故发生单位地县级以上人民政府建设主管部门和有关部门报告。事故报告后出现新情况，以及事故发生之日起 30d 内伤亡人数发生变化的，应当及时补报。②应该补报人数为 1 人。③"四不放过"原则：事故原因不清楚不放过；事故责任者和人员没有受到教育不放过；事故责任者没有处理不放过；没有制定纠正和预防措施不放过。

（3）①论证会由总监理工程师组织错误。理由：超过一定规模的危险性较大的分部分项工程专项方案应当由施工单位组织召开。②5 名专家之一为该工程设计单位总工程师错误。理由：本项目参建各方人员不得以专家身份参加专家论证会。③建设单位没有参加论证会错误。理由：参会人员应有建设单位项目负责人或技术负责人。

（4）①只有公司级、分公司级、项目级安全教育记录错误。正确做法：施工企业安全生产教育培训一般包括对管理人员、特种作业人员和企业员工的安全教育。新员工上岗前要进行三级安全教育，包括公司级、项目级和班组级安全教育。②安全技术交底记录中交底人为专职安全员错误。正确做法：安全技术交底应由项目经理部的技术负责人交底。安全技术交底应由交底人、被交底人、专职安全员进行签字确认。

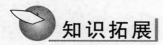 知识拓展

一、单项选择题

1. 脚手架每搭设（　　）m 之后应进行检查和验收。

A. 8 ~ 12　　　　　　B. 10 ~ 12　　　　　　C. 8 ~ 13　　　　　　D. 6 ~ 8

2. 接到施工现场发生安全事故的报告后，施工单位负责人应当在（　　）h 内向事故发生地有关部门报告。

A. 1　　　　　　　　B. 5　　　　　　　　C. 12　　　　　　　　D. 24

3. 某工地发生了安全事故，造成 3 人死亡，按照生产安全事故报告和调查处理条例的规定该事故属于（　　）事故。

A. 特别重大　　　　　B. 重大　　　　　　C. 较大　　　　　　D. 一般

4. 下列选项中，属于建筑施工企业取得安全生产许可证应当具备的安全生产条件是（　　）。

A. 依法参加工伤保险，依法为施工现场从事危险作业人员办理意外伤害保险，为从业人员缴纳保险费

B. 在城市规划区的建筑工程已经取得建设工程规划许可证

C. 施工场地已基本具备施工条件，需要拆迁的，其拆迁进度符合施工要求

D. 有保证工程质量和安全的具体措施

5. 工程施工过程中，边长在（　　）的孔口，必须用坚实的盖板盖严，盖板要有防止挪动移位固定措施。

A. 2.5 ~ 25cm　　　　B. 25 ~ 50cm　　　　C. 50 ~ 150cm　　　　D. 150cm 以上

6. 关于施工现场安全用电的做法，正确的是（　　）。

A. 所有用电设备用同一个专用开关箱

B. 总配电箱无须加装漏电保护器

C. 现场用电设备 10 台编制了用电组织设计

D. 施工现场的动力用电和照明用电形成一个用电回路

二、多项选择题

1. 安全技术交底的主要内容包括（　　）。

A. 本工程项目的施工作业的特点和危险点

B. 事故后的避难和急救措施

C. 相应的安全操作规程和标准

D. 安全技术交底报告单

E. 针对危险点的具体预防措施

2. 下列机械设备，属于施工机械设备的有（　　）。

A. 辅助配套的电视、泵机　　　　　　　　B. 测量仪器

C. 计量器具　　　　　　　　　　　　　　D. 空调设备

E. 操作工具

3. 下列对高处作业的说法正确的是（　　）。

A. 坠落半径为 2m 的高处作业为二级高处作业

B. 坠落半径为 2m 的高处作业为一级高处作业

C. 坠落半径为 3m 的高处作业为二级高处作业

D. 坠落半径为 3m 的高处作业为一级高处作业

E. 坠落半径为 4m 的高处作业为三级高处作业

4. 建设工程施工质量事故调查报告的主要内容应当包括（　　）。

A. 工程概况、事故概况

B. 质量事故的处理依据

C. 事故调查中的有关数据、资料

D. 事故处理的建议方案

E. 事故处理的初步结论

5. 关于塔吊安装拆除的说话，正确的有（ 　　）。

A. 塔吊安装、拆除之前应制订专项施工方案

B. 安装和拆除塔吊的专业队伍可不具备相应资质，但需有类似施工经验

C. 塔吊安装完毕到验收合格取得政府相关部门颁发的《准用证》后方可使用

D. 施工现场多塔作业，塔机间应保持安全距离

E. 塔吊在六级大风中作业时应减缓起吊速度

三、案例分析题

1. 【背景资料】

某办公楼工程，有地下室，框架剪力墙结构。施工中，某工人在中厅高空搭设脚手架时随手将扳手放在脚手架上，脚手架受震动后扳手从上面滑落，砸到在地下室施工的曹姓工人头部。由于曹姓工人认为在室内楼板下作业没有危险，故没有戴安全帽，被砸成重伤。

【问题】

（1）该起安全事故的直接原因与间接原因是什么？

（2）三级安全教育是指哪些层次的教育？内容是什么？

（3）事故发生后，作为项目经理应如何处置？

2. 【背景资料】

A机电安装公司项目部总承包了某化工厂技术改造项目。在施工过程中，项目部将管道安装任务分包给了具有相应资质的B公司。建设单位提供设备，A机电安装公司提供主材。在项目部协助业主试运行生产期间，由于一个管道上的一个阀门突然出现砂眼泄漏，泄漏的无色、无味、有毒气体致使在附近作业的两名安装人员中毒昏迷。此前，业主对此种有毒气体进行过介绍，这种气体毒性较大，但比较稳定，不易燃易爆。

【问题】

（1）事故发生后，项目部应采取哪些应急措施？

（2）在事故调查中发现，B公司项目部没有按照规定对阀门进行100%强度检验。那么这次事故的损失应该由谁来承担？

（3）这次事故应该由谁来处理？

（4）简述伤亡事故调查程序。

3. 【背景资料】

某办公楼工程，首层高4.8m，标准层高3.6m，地下1层，地上12层，顶层房间为有保温层的轻钢龙骨纸面石膏板吊顶。工程结构施工采用外双排落地脚手架，工程于2007年6月15日开工，计划竣工日期为2009年5月1日。

2008年5月20日7时30分左右，因通道和楼层自然采光不足，瓦工陈某不慎从9层未设门槛的管道井竖向洞口处坠落到地下1层混凝土底板上，当场死亡。

【问题】

从安全管理方面分析，导致这起事故发生的主要原因是什么？落地竖向洞口应采用哪些方式加以防护？

4.【背景资料】

某大厦建筑面积为20000m²，框架剪力墙结构，箱形基础，地上10层，地下2层。民工甲与乙两名电焊工在6层进行钢筋对焊埋弧作业时未按规定穿戴绝缘鞋和手套。当民工甲右手拿起焊把钳正要往钢筋对接处连接电焊机的二次电源时，不慎触及焊钳的裸露部分，致使触电倒地身亡。

【问题】

（1）试分析这起事故发生的原因。

（2）进行安全生产管理时，经常提及的"三个同时""四不放过"的内容是什么？

参考答案

一、单项选择题

1. D　2. A　3. C　4. A　5. A　6. C

二、多项选择题

1. ABCE　2. BCE　3. BCE　4. ACD　5. CD

三、案例分析题

1.（1）直接原因与间接原因包括：该工人违规操作，曹姓工人未戴安全帽，现场安全防护不到位，安全意识淡薄。

（2）三级安全教育是指公司、项目经理部和施工班组的安全教育。公司教育内容：国家和地方有关安全生产的方针、政策、法规、标准、规范、规程和企业的安全规章制度等；项目经理部教育内容：工地安全制度、施工现场环境、工程施工特点及可能存在的不安全因素等；施工班组教育内容：本工种的安全操作规程、事故安全剖析、劳动纪律和岗位讲评等。

（3）事故发生后项目经理应做好危险地段的人员疏散和撤离，在确保安全的前提下积极排除险情、抢救伤员，并立即向企业上级主管领导、主管部门、地方安全生产监督管理部门、地方建设行政主管部门等有关部门进行报告。事故调查处理过程中，项目经理要积极配合好事故调查组的调查，认真吸取事故教训，落实好现场各项整改和防范措施，妥善处理善后事宜。

2.（1）事故发生后，项目部应立即启动应急预案，并采取有针对性的应急措施：

①立即抢救中毒人员，防止出现生命危险。②采取防止事故进一步扩大的措施，例如：关闭相关阀门，防止有毒气体进一步泄漏；划定安全区，设置标识，防止其他人员误入有毒区域等。③保护事故现场，排查事故原因；保护事故现场直到问题查清。

（2）A机电安装公司提供阀门，应该对采购的阀门质量负责，阀门出现砂眼说明阀门质量不合格，A公司应该负采购供应的责任。B公司项目部没有按照规定对进入现场的阀门进行100%强度检验，对阀门的进场检验质量失控。因此，这次事故的损失应该由A、B两个公司共同承担。

（3）这次有毒气体将两名安装人员熏倒昏迷是中毒受伤，不是死亡事故。应由具有相应资质的独立的法人单位B公司负责人或其指定人员组织生产、技术、安全等有关人员以及工会成员参加的事故调查组，进行调查。

（4）迅速成立调查组开展调查；调查组应迅速赶赴事故现场进行勘查；物证收集，造成事故主体材料的取样和收集，证人材料收集，现场拍照，事故原因分析，事故责任分析，确定事故中的直接责任者和领导责任者、主要责任者；事故处理建议；提出防止类似事故再次发生的预防措施；根据事故调查情况撰写企业职工伤亡事故调查报告书。

3.（1）导致这起事故发生的主要原因包括：①楼层管道井竖向洞口无防护。②在自然采光不足的情况下楼层内没有设置照明灯具。③现场安全检查不到位，对事故隐患未能及时发现并整改。④工人的安全教育不到位，安全意识淡薄。

（2）应采取的防护措施有：墙面等处的竖向洞口，凡落地的洞口应加装开关式、固定式或工具式防护门，门栅网格的间距大于15cm，也可采用防护栏杆，下设挡脚板。

4.（1）这起事故发生的主要原因：

①民工甲安全防护意识差，自我保护能力不强，没有穿戴绝缘鞋和手套。②埋弧焊班长对作业工具的安全状况检查不认真，对民工甲的违章行为和使用漏电的电焊把钳没有采取措施。③项目经理部主管生产的负责人对埋弧焊作业中存在的安全问题检查不及时，整改不彻底，制度落实不力。

（2）"三个同时"是指安全生产与经济建设、企业深化改革、技术改造同步策划、同步发展、同步实施的原则。

"四不放过"是指在调查处理工伤事故时，必须坚持事故原因分析不清不放过、员工及事故责任人受不到教育不放过、事故隐患不整改不放过、事故责任人不处理不放过的原则。

第五章　建筑工程施工招标投标管理

 大纲考点：施工招标投标管理要求

知识点一　施工招标的主要管理要求

1. 必须进行招标的项目
（1）大型基础设施、公用事业等关系社会公共利益、公众安全的项目。
（2）全部或者部分使用国有资金投资或者国家融资的项目。
（3）使用国际组织或者外国政府贷款、援助资金的项目。
招标投标活动应当遵循公开、公平、公正和诚实信用的原则。
2. 涉及国家安全、国家秘密、抢险救灾或者属于利用扶贫资金实行以工代赈、需要使用农民工等特殊情况，不适宜进行招标的项目，按照国家有关规定可以不进行招标。有下列情形之一的，可以不进行招标：
（1）需要采用不可替代的专利或者专有技术。
（2）采购人依法能够自行建设、生产或者提供。
（3）已通过招标方式选定的特许经营项目投资人依法能够自行建设、生产或者提供。
（4）需要向原中标人采购工程、货物或者服务，否则将影响施工或者功能配套要求。
（5）国家规定的其他特殊情形。
3. 招标分为公开招标和邀请招标。
4. 投标有效期从提交投标文件的截止之日起算。招标人应当确定投标人编制投标文件所需要的合理时间；但是，依法必须进行招标的项目，自招标文件开始发出之日起至投标人提交投标文件截止之日止，最短不得少于20d。
5. 招标人不得组织单个或者部分潜在投标人踏勘项目现场。

 **采 分 点**

1. 必须进行招标的项目和可不进行招标的项目。
2. 投标有效期最短不得少于20d。

知识点二　施工投标的主要管理要求

1. 投标人少于3个的，招标人应当依法重新招标。在招标文件要求提交投标文件的截止时间后送达的投标文件，招标人应当拒收。

2. 投标人在招标文件要求提交投标文件的截止时间前，可以补充、修改或者撤回已提交的投标文件，并书面通知招标人。补充、修改的内容为投标文件的组成部分。

3. 由同一专业的单位组成的联合体，按照资质等级较低的单位确定资质等级。联合体各方应当签订共同投标协议，明确约定各方拟承担的工作和责任，并将共同投标协议连同投标文件一并提交招标人。联合体中标的，联合体各方应当共同与招标人签订合同，就中标项目向招标人承担连带责任。

4. 投标人撤回已提交的投标文件，应当在投标截止时间前书面通知招标人。招标人已收取投标保证金的，应当自收到投标人书面撤回通知之日起5d内退还。投标截止后投标人撤销投标文件的，招标人可以不退还投标保证金。

5. 投标人不得以低于成本的报价竞标，也不得以他人名义投标或者以其他方式弄虚作假，骗取中标。

 采分点

1. 在招标文件要求提交投标文件的截止时间后送达的投标文件，招标人应当拒收。
2. 投标截止后投标撤销投标文件的，招标人可以不退还投标保证金。

 真题回顾

单项选择题

1. 采用邀请招标时，应至少邀请（　　）家投标人。

A. 1　　　　B. 2　　　　C. 3　　　　D. 4

【答案】C

【解析】采用邀请招标时，应至少邀请3家投标人。

 知识拓展

一、单项选择题

1. 依法必须进行招标的项目，自招标文件开始发出之日起至投标人提交投标文件截止之日止，最短不得少于（　　）d。

A. 5　　　　　　B. 15　　　　　　C. 20　　　　　　D. 30

2. 下列有关招投标的说法正确的是（　　）。

A. 投标有效期从提交投标文件的截止之日起算

B. 招标人可以组织单个或者部分潜在投标人踏勘项目现场

C. 投标人少于5个的，招标人应当依法重新招标

D. 撤销投标文件的，招标人可以不退还投标保证金

3. 下列属于必须进行招投标的项目是（　　）。

A. 使用国际组织或者外国政府贷款、援助资金的项目

B. 采购人依法能够自行建设、生产或者提供的项目

C. 需要采用不可替代的专利或者专有技术的项目

D. 需要向原中标人采购工程、货物或者服务，否则将影响施工或者功能配套要求的项目

二、案例分析题

1. 【背景资料】

某工程设计已完成，施工图纸具备，施工现场已完成"三通一平"工作，已具备开工条件。在招投标过程中，发生了如下事项：

（1）招标阶段：招标代理机构采用公开招标方式代理招标，编制了标底（800万元）和招标文件。要求施工总工期365d。按国家工期定额规定，该工程工期应为400d。

通过资格预审参加投标的共有A、B、C、D、E 5家施工单位。开标结果是这5家投标单位的报价均高出标底价近300万元，这一异常引起了招标人的注意。为了避免招标失败，业主提出由代理机构重新复核标底。复核标底后，确认是由于工作失误，漏算了部分工程项目，致使标底偏低。在修正错误后，代理机构重新确定了新的标底。A、B、C 3家单位认为新的标底不合理，向招标人提出要求撤回投标文件。

由于上述问题导致定标工作在原定的投标有效期内一直没有完成。为早日开工，该业主更改了原定工期和工程结算方式等条件，指定了其中一家施工单位中标。

（2）投标阶段：A单位为不影响中标，又能在中标后取得较好收益，在不改变总报价基础上对工程内部各项目报价进行了调整，提出了正式报价，增加了所得工程款的现值；D单位在对招标文件进行估算后，认为工程价款按季度支付不利于资金周转，决定在按招标文件要求报价之外，另建议业主将付款条件改为预付款降到5%，工程款按月支付；E单位首先对原招标文件进行了报价，又在认真分析原招标文件的设计和施工方案的基础上提出了一种新方案（缩短了工期，且可操作性好），并进行了相应报价。

【问题】

（1）根据该工程特点和业主的要求，该工程的标底中是否应含有赶工措施费？为什么？

（2）上述招标工作存在哪些问题？资格预审主要侧重于对投标人的哪些方面的审查？

（3）A、B、C 3家投标单位要求撤回投标文件的做法是否正确？为什么？

2. 【背景资料】

某单位准备建一座办公楼，按照《招标投标法》和《建筑法》的规定，建设单位编制了招标文件，并向当地的建设行政主管部门提出了招标申请，得到批准。建设单位依照有关招标投标程序进行公开招标。

由于该工程设计上比较复杂，根据当地建设局的建议，对参加投标单位的要求是不低于二级资质。

拟参加此次投标的五家单位中A、B、D单位为二级资质，C单位为三级资质，E单位为一级资质，而C单位的法定代表人是建设单位某主要领导的亲戚。建设单位招标工作小组在资格预审时出现了分歧，正在犹豫不决时，C单位准备组成联合体投标，经C单位的法定代表人的私下活动，建设单位同意让C与A联合承包工程，并明确向A暗示，如果不接受这个投标方案，则该工程的中标将授予B单位。A单位为了中标，同意了与C组成联合体承包该工程。于是A和C联合投标获得成功，与建设单位了合同，A与C也签订了联合承包工程的协议。

【问题】

（1）简述公开招标的基本程序。

（2）在上述招标过程中，作为该项目的建设单位其行为是否合法？为什么？

（3）A和C组成投标联合体是否有效？为什么？

3. 【背景资料】

在某建筑工程施工公开招标中，有 A、B、C、D、E、F、G、H 等施工单位报名投标，经招标代理机构资格预审合格，但建设单位以 A 单位是外地单位为由不同意其参加投标。评标委员会由 5 人组成，其中当地建设行政主管部门的招投标管理办公室主任 1 人，建设单位代表 1 人，随机抽取的技术经济专家 3 人。

评标时发现，B 单位的投标报价明显低于其他单位报价且未能说明理由；D 单位投标报价大写金额小于小写金额；F 单位投标文件提供的施工方法为其自创，且未按原方案给出报价；H 单位投标文件中某分项工程的报价有个别漏项；其他单位投标文件均符合招标文件要求。

【问题】

（1）A 单位是否有资格参加投标？为什么？

（2）评标委员会的组成是否不妥？

（3）B、D、F、H 四家单位的标书是否为有效标？

【参考答案】

一、单项选择题

1. C   2. A   3. A

二、案例分析题

1.（1）应含有赶工措施费，因该工程工期压缩率（400 - 365）/400 = 8.75% < 15%。

（2）招标工作存在以下问题：①开标以后，又重新确定标底。②在投标有效期内没有完成定标工作。③更改招标文件的合同工期和工程结算条件。④直接指定中标单位。资格预审侧重对承包人企业总体能力是否适合招标工程的要求进行审查。

（3）A、B、C 3 家投标单位要求撤回投标文件的做法不正确，投标是一种要约行为。

2.（1）公开招标的基本程序为：提出招标申请→由建设单位组成符合招标要求的招标班子→编制招标文件和标底→发布招标公告→投标单位报名申请投标→对投标单位进行资格预审→向合格的投标单位发出招标文件及设计图纸→组织标前会议→踏勘现场，并对招标文件答疑→接受投标文件→召开开标会议→组织评标，决定中标单位→发出中标通知书→签订合同。

（2）作为该项目的建设单位的行为不合法。因为作为建设单位，为了照顾某些个人关系，指使 A 和 C 强行联合，并最终排斥了 B、D、E 可能中标的机会，构成了不正当竞争，违反了《招标投标法》中关于不得强制投标人组成联合体共同投标，不得限制投标人之间的竞争的强制性规定。

（3）A 和 C 组成的投标联合体无效。根据联合体各方应符合相应资格条件，按照资质等级较低的单位资质作为联合体资质等级的规定，A 和 C 组成的联合体的资质等级应为三级，不符合招标对投标人资质等级的要求，所以是无效的。

3.（1）A 单位有资格参与投标。公开招标时不得以投标单位为外地企业为由拒绝，否则违反了"公开、公平和公正"原则。

（2）招标办的主任不得参与到评标委员会中，且技术经济专家在评标委员会成员中只有 3/5，小于 2/3 的最低要求，不合法。

（3）D、H 单位为有效标。B 单位涉嫌恶意竞标，而 F 单位没有对招标文件中的原方案进行报价，视为未响应招标文件要求，也应为废标。

第六章　建筑工程造价与成本管理

 大纲考点：工程造价的构成与计算

知识点一 按费用构成要素划分

建筑安装工程费按照费用构成要素划分：由人工费、材料（包含工程设备，下同）费、施工机具使用费、企业管理费、利润、规费和税金组成。其中人工费、材料费、施工机具使用费、企业管理费和利润包含在分部分项工程费、措施项目费、其他项目费中。

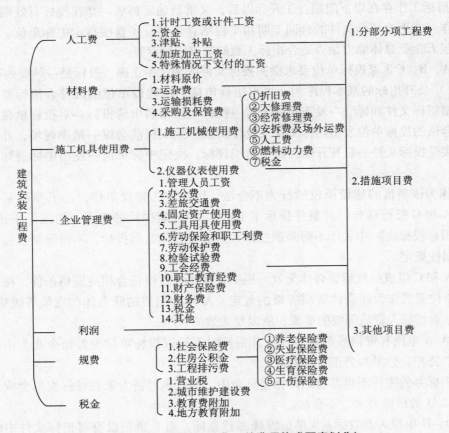

图2-1　建筑安装工程费（按费用构成要素划分）

采 分 点

建筑安装工程费按照费用的构成要素划分。

按造价形成划分

建筑安装工程费按照工程造价形成由分部分项工程费、措施项目费、其他项目费、规费、税金组成，分部分项工程费、措施项目费、其他项目费包含人工费、材料费、施工机具使用费、企业管理费和利润。

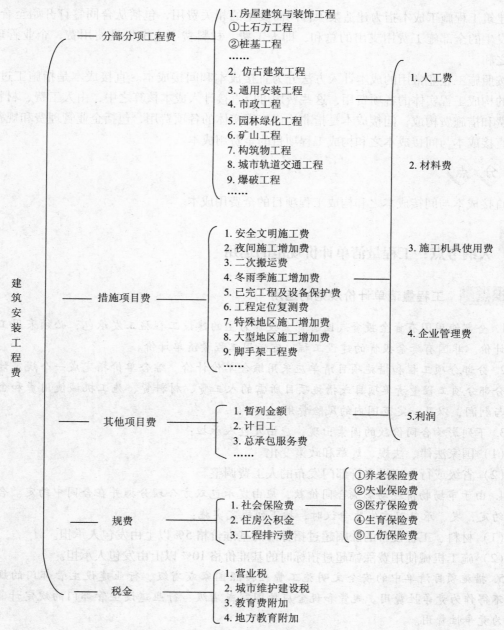

图 2-2 建筑安装工程费（按造价形成划分）

采分点

建筑安装工程费按照工程造价形成划分。

大纲考点：工程施工成本的构成

知识点　工程施工成本的构成

　　建筑工程施工成本指为建造某项合同而发生的相关费用，包括从合同签订开始至合同完成所发生的全部施工费用支出的总和，即人工费、材料费、施工机具使用费、企业管理费、规费之和。

　　按照施工企业常用的成本计入方法分为直接成本和间接成本。直接成本是指施工过程中耗费的构成工程实体的各项费用，这些费用可以直接计入成本核算之中，由人工费、材料费、机械费和措施费构成；间接成本是指非构成工程实体的各项费用，包括企业管理费和规费。

　　直接成本与间接成本之和构成工程项目的全费用成本。

采分点

直接成本与间接成本之和构成工程项目的全费用成本。

大纲考点：工程量清单计价规范的运用

知识点　工程量清单计价规范的运用

　　1. 全部使用国有资金投资或国有资金投资为主的建设工程施工发承包，必须采用工程量清单计价。非国有资金投资的建设工程，宜采用工程量清单计价。

　　2. 分部分项工程和措施项目清单应采用综合单价计价。综合单价指完成一个规定计量单位的分部分项工程量清单项目或措施项目所需的人工费、材料费、施工机械使用费和企业管理费与利润，以及一定范围内的风险费用。

　　3. 下列影响合同价款的因素出现，应由发包人承担：

　　（1）国家法律、法规、规章和政策变化。

　　（2）省级或行业建设主管部门发布的人工费调整。

　　4. 由于市场物价波动影响合同价款，应由发承包双方合理分摊并在合同中约定。合同中没有约定，发、承包双方发生争议时，按下列规定实施：

　　（1）材料、工程设备的涨幅超过招标时的基准价格5%以上由发包人承担。

　　（2）施工机械使用费涨幅超过招标时的基准价格10%以上由发包人承担。

　　5. 措施项目清单中的安全文明施工费应按照国家或省级、行业建设主管部门的规定计价，不得作为竞争性费用。规费和税金应按国家或省级、行业建设主管部门的规定计算，不得作为竞争性费用。

　　6. 单位工程费包括：分部分项工程量清单合价，措施项目清单合价，其他项目清单合价，规费和税金。因此要分别计算各类费用，而后汇总。

合同价款调整规定。

大纲考点：合同价款的约定与调整

知识点一 合同价款的约定

建设工程合同应当采取书面形式，合同变更亦应当采取书面形式。在应急情况下，可采取口头形式，但事后应予以书面形式确认。

1. 单价合同

固定单价不调整的合同称为固定单价合同，一般适用于虽然图纸不完备但是采用标准设计的工程项目。固定单价可以调整的合同称为可调单价合同，一般适用于工期长、施工图不完整、施工过程中可能发生各种不可预见因素较多的工程项目。

2. 总价合同

固定总价合同适用于规模小、技术难度小、工期短（一般在一年之内）的工程项目。可调总价合同是指在固定总价合同的基础上，对在合同履行过程中因为法律、政策、市场等因素影响，对合同价款进行调整的合同；适用于虽然工程规模小、技术难度小、图纸设计完整、设计变更少，但是工期一般在一年以上的工程项目。

3. 成本加酬金合同

适用于灾后重建、新型项目或对施工内容、经济指标不确定的工程项目。

各类合同的适用范围。

知识点二 合同价款的调整

1. 变更估价程序

承包人应在收到变更指示后14d内，向监理人提交变更估价申请。监理人应在收到承包人提交的变更估价申请后7d内审查完毕并报送发包人，监理人对变估价申请有异议，通知承包人修改后重新提交。发包人应在承包人提交变更估价申请后14d内审批完毕。发包人逾期未完成审批或未提出异议的，视为认可承包人提交的变更估价申请。

2. 变更价款原则

除专用合同条款另有约定外，变更估价按照本款约定处理：

（1）已标价工程量清单或预算书有相同项目的，按照相同项目单价认定。

（2）已标价工程量清单或预算书中无相同项目，但有类似项目的，参照类似项目价认定。

（3）变更导致实际完成的变更工程量与已标价工程量清单或预算书中列明的该项目工程量的变化幅度超过15%的，或已标价工程量清单或预算书中无相同项目及类似项目单价的，按照合理的成本与利润构成原则，由合同当事人进行商定，或者总监理工程师按照合同约定审慎做出公正的确定。

采 分 点

1. 变更时限。
2. 变更价款原则。

大纲考点：预付款与进度款的计算

知识点 一 预付款额度的确定方法

1. 百分比法

建筑工程一般不得超过当年建筑（包括水、电、暖、卫等）工程工作量的25%；安装工程一般不得超过当年安装工作量的10%；小型工程（一般指30万元以下）可以不预付备料款，直接分阶段拨付工程进度款等。

2. 数学计算法

工程备料款数额 = ［（工程总价 × 材料比重%）/ 年度施工天数］× 材料储备天数

公式中年度施工天数按365日历天计算。

知识点 二 预付备料款的回扣

起扣点 = 承包工程价款总额 −（预付备料款/主要材料所占比重）

采 分 点

起扣点的计算。

知识点 三 工程进度款的计算

在确认计量结果后14d内，发包人应向承包人支付进度款。

大纲考点：工程竣工结算

知识点 一 《建设工程施工合同（示范文本）》关于竣工结算的规定

工程竣工验收报告经发包人认可后28d内，承包人向发包人提交竣工结算报告及完整的竣工结算资料。承包人收到竣工结算价款后14d内将竣工工程交付发包人。

知识点 二 竣工调值公式法

$P = P_0 (a_0 + a_1 A/A_0 + a_2 B/B_0 + a_3 C/C_0 + a_4 D/D_0)$

式中，P——工程实际结算价款。

P_0——调值前工程进度款；

A_0——不调值部分比重；

a_1、a_2、a_3、a_4——调值因素比重；

A、B、C、D——现行价格指数或价格；

A_0、B_0、C_0、D_0——基期价格指数或价格。

应用调值公式时应注意三点：

1. 计算物价指数的品种只选择对总造价影响较大的少数几种。

2. 在签订合同时要明确调价品种和波动到何种程度可调整（一般为10%）。

3. 考核地点一般在工程所在地或指定某地的市场。

调值公式的应用。

 大纲考点：成本控制方法在建筑工程中的应用

知识点一 **用价值工程原理控制工程成本**

按价值工程的公式 $V = F/C$ 分析，提高价值的途径有5条：

1. 功能提高，成本不变。

2. 功能不变，成本降低。

3. 功能提高，成本降低。

4. 降低辅助功能，大幅度降低成本。

5. 成本稍有提高，大大提高功能。

提高价值的途径。

知识点二 **建筑工程成本分析**

成本分析的依据是统计核算、会计核算和业务核算的资料。

建筑工程成本分析方法有两类八种：第一类是基本分析方法，有比较法、因素分析法、差额分析法和比率法；第二类是综合分析法，包括分部分项成本分析、月（季）度成本分析、年度成本分析、竣工成本分析。

因素分析法最为常用。这种方法的本质是分析各种因素对成本差异的影响，采用连环替代法。该方法首先要排序。排序的原则是先工程量后价值量；先绝对数，后相对数。

因素分析法排序原则。

真题回顾

案例分析题

1. 【背景资料】

某公司中标某工程，根据《建设工程施工合同（承包文本）》（GF—1999 0201）与建设单位签订总承包施工合同。按公司成本管理的规定，首先进行该项目成本预测（其中：人工费

287.4万元，材料费504.4万元，机械使用费155.3万元，施工措施费104.2万元，施工管理费46.2万元，税金30.6万元），然后将成本预测结果下达给项目经理部进行具体施工成本管理。

总承包施工合同是以工程量清单为基础的固定单位合同。合同约定当A分项工程、B分项工程实际工程量与清单工程量差异幅度在±5%以内的按清单价结算，超出幅度大于5%时按清单价的0.9倍结算，减少幅度大于5%时按清单价的1.1倍结算。

分项工程	A分项工程	B分项工程
清单价（元/m³）	42	560
清单工程量（m³）	5400	6200
实际工程量（m³）	5800	5870

【问题】

（1）根据成本预测资料，计算该项目的直接成本（保留一位小数）。

（2）根据背景资料，项目经理部的具体施工成本管理任务还应包括哪些？

（3）A分项工程、B分项工程单价是否存在调整？分别列式计算A分项工程、B分项工程结算的工程价款（单位：元）。

【参考答案】

（1）直接成本：（人工费）287.4 +（材料费）504.5 +（机械费）155.3 +（措施费）104.2 = 1051.4（万元）。

（2）成本管理任务还应包括：成本计划、成本控制、成本核算、成本分析、成本考核。

（3）A分项工程：（5800 - 5400）/5400 × 100% = 7.4% > 5%，因此，A分项工程需调整。

B分项工程：（6200 - 5870）/6200 × 100% = 5.3% > 5%，因此，B分项工程也需调整。

A分项工程结算价：5400 ×（1 + 5%）× 42 + [5800 - 5400 ×（1 + 5%）] ×（42 × 0.9）= 243054（元）。

B分项工程结算价：5870 ×（560 × 1.1）= 3615920（元）。

2.【背景资料】

某房地产开发公司与施工单位签订了一份价款为1000万元的建筑工程施工合同，合同工期为7个月。工程价款约定如下：①工程预付款为合同的10%。②工程预付款扣回的时间及比例：自工程款（含工程预付款）支付至合同价款的60%后，开始从当月的工程款中扣回工程预付款，分两次扣回。③工程质量保修金为工程结算总价的5%竣工结算是一次扣留。④工程款按月支付，工程款达到合同总造价的90%停止支付，余款待工程结算完成并扣除保修金后一次性支付。

每月完成的工作量如下：

月份	3	4	5	6	7	8	9
实际完成工作量（万元）	80	160	170	180	160	130	120

工程施工过程中，双方签字认可因钢材涨价增补价差5万元，因施工单位保管不力罚款1万元。

【问题】

（1）列式计算本工程预付款及其起扣点分别是多少万元？工程预付款从几月份开始起扣？

（2）7、8月份开发公司应支付工程款多少万元？截至8月末累计支付工程款多少万元？

（3）工程竣工验收书合格后，双方办理了工程结算。工程竣工结算之前累计支付工程款

多少万元？本工程竣工结算多少万元？本工程保修金多少万元？（保留小数点后两位）

（4）根据《建设工程价款结算暂行办法》（财建〔2004〕369 号）的规定，工程竣工结算方式分别有哪几种类型？本工程竣工结算属于哪种类型？

【参考答案】

（1）预付款：1000×10%=100（万元）；预付款起扣点：1000×60%=600（万元）；6 月开始扣回预付款。

（2）7 月工程款=160－50=110（万元）；8 月工程款=130（万元）；

截至 8 月末支付工程款=80＋160＋170＋180＋160＋130=880（万元）。

（3）结算之前累计支付工程款：1000×90%=900（万元）；竣工结算：1000＋5=1005（万元）；保修金：1005×5%=50.25（万元）。

（4）工程竣工结算方式分为单位工程竣工结算、单项工程竣工结算和建设项目竣工总结算。本工程竣工结算属于建设项目竣工总结算。

3. **【背景资料】**

某建设单位投资兴建一大型商场，地下两层，地上九层，钢筋混凝土框架结构，建筑面积为 71500m²。经过公开招标，某施工单位中标，中标造价 25025.00 万元。双方按照《建设工程施工合同（示范文本）》（GF—2013－0201）签订了施工总承包合同。合同中约定工程预付款比例为 10%，并从未完施工工程尚需的主要材料款相当于工程预付款时起扣，主要材料所占比重按 60% 计。

在合同履行过程中，发生了下列事件（事件一略）：

事件二：中标造价费用组成为：人工费 3000 万元，材料费 17505 万元，机械费 995 万元，管理费 450 万元，措施费 760 万元，利润 940 万元，规费 525 万元，税金 850 万元。施工总承包单位据此进行了项目施工承包核算等工作。

事件三：在基坑施工过程中，发现古化石，造成停工 2 个月。施工总承包单位提出了索赔报告，索赔工期 2 个月，索赔费用 34.55 万元。索赔费用经项目监理机构核实，人工窝工费 18 万元，机械租赁费用 3 万元，管理费 2 万元，保函手续费 0.1 万元，资金利息 0.3 万元，利润 0.69 万元，专业分包停工损失费 9 万元，规费 0.47 万元，税金 0.99 万元。经审查，建设单位同意延长工期 2 个月；除同意支付人员窝工费、机械租赁外，不同意支付其他索赔费用。

【问题】

（1）分别列示计算本工程项目预付款和预付款的起扣点是多少万元（保留两位小数）？

（2）事件二中，除了施工成本核算、施工成本预测属于成本管理任务外，成本管理任务还包括哪些工作？分别列式计算本工程项目的直接成本和间接成本各是多少万元。

（3）列式计算事件三中建设单位应该支付的索赔费用是多少万元。（保留两位小数）

【参考答案】

（1）本工程项目预付款=25025.00（万元）×10%=2502.50（万元）；

预付款的起扣点=25025.00－2502.50/60%=20854.17（万元）。

（2）除了施工成本核算、施工成本预测属于成本管理任务外，成本管理任务还包括施工成本计划、施工成本控制、施工成本分析、施工成本考核。

直接成本：3000（万元）＋17505（万元）＋995（万元）＋760（万元）=22260.00（万元）。

间接成本：450（万元）＋525（万元）=975.00（万元）。

（3）建设单位应该支付的索赔费用＝人工窝工费＋机械租赁费＋管理费＋保函手续费＋资金利息＋专业分包停工损失费＝18＋3＋2＋0.1＋0.3＋9＝32.4（万元）。

知识拓展

一、单项选择题

1. 在进行施工成本核算时，一般以（　　）为成本核算对象。

A. 单项工程　　　　B. 单位工程　　　　C. 分部工程　　　　D. 分项工程

2. 建筑安装工程费按照费用构成要素划分，其中材料费不包括（　　）。

A. 运输损耗费　　　B. 工程设备费　　　C. 检查试验费　　　D. 运杂费

3. 根据《建筑安装工程费用项目组成》（建标［2013］44号），不属于企业管理费的是（　　）。

A. 工程排污费　　　　　　　　　　B. 办公费

C. 劳动保险　　　　　　　　　　　D. 固定资产使用费

二、多项选择题

1. 施工成本管理的任务和环节包括（　　）。

A. 施工成本的预测　　　　　　　　B. 施工成本计划

C. 施工成本优化　　　　　　　　　D. 施工成本概算

E. 施工成本分析、考核

2. 为了取得施工成本管理的理想成效，应当从（　　）采取措施实施管理。

A. 组织措施　　　　　　　　　　　B. 管理措施

C. 技术措施　　　　　　　　　　　D. 经济措施

E. 合同措施

3. 下列关于工程结算方式的表述，正确的是（　　）。

A. 可以先预付部分工程款，在施工过程中按月结算工程进度款，竣工后进行竣工结算

B. 实行竣工后一次结算方式的，承包商不能预支工程款

C. 实行按月结算的，当月结算的工程款应与工程形象进度一致，竣工后不再结算

D. 实行分阶段结算的，可以按月预支工程款

E. 实行竣工后一次结算的工程，当年结算的工程款应与分年度的工程量一致，年终不另清算

4. 按价值工程的公式分析，提高价值的途径有（　　）。

A. 功能提高，成本不变

B. 功能不变，成本降低

C. 功能降低，成本提高

D. 降低辅助功能，大幅度降低成本

E. 成本稍有提高，大大降低功能

三、案例分析题

1. 【背景资料】

某开发商与总承包方签订施工合同，承包范围为土建工程和安装工程，合同总价为1680万元，工期为8个月。承包合同规定：①主要材料及构件金额占工程价款的60％。②预付备料款占工程价款的20％；工程预付款应从未施工工程尚需的主要材料及构配件的价值相当于

预付备料款时起扣，每月以抵充工程款的方式陆续收回。③工程进度款逐月结算。④工程保修金为承包合同总价的3%，业主在最后一个月扣除。在保修期满后，保修金及保修金利息扣除已支出费用后的剩余部分退还给承包商。⑤除设计变更和其他不可抗力因素外，合同总价不做调整。⑥业主供料价款在发生当月的工程款中扣回。⑦工程师签发月度付款最低金额为120万元。

由业主的工程师代表签认的承包商各月计划和实际完成的建安工程量，以及业主提供的材料、设备价值见下表。

单位：万元

月份	4—7	8	9	10	11
计划完成的建安工程量	600	240	260	300	280
实际完成的建安工程量	580	250	280	320	250
业主供料价款	40	18	20	25	—

【问题】

（1）本例的工程预付款和起扣点分别是多少？几月份开始起扣？

（2）通常工程竣工结算的前提是什么？竣工结算的原则是什么？

（3）工程师应签发的各月付款凭证金额是多少？累计支付工程款为多少？

2. 【背景资料】

某开发商通过公开招标与某建筑集团公司分公司签订了一份建筑安装工程项目施工总承包合同。承包范围为土建工程和安装工程，合同总价为5000万元，工期为7个月。合同签订日期为4月10日，双方约定5月10日开工，11月30日竣工。

合同中规定：

（1）主要材料及构件金额占合同总价的65%。

（2）预付备料款为合同总价的25%，于4月25日前拨付给承包商，工程预付款应从未施工工程尚需主要材料及构配件的价值相当于预付备料款时起扣，每月以抵充工程款的方式陆续收回。

（3）工程保修金为合同总价的5%，业主从每月承包商取得的工程款中按3%的比例扣留。保修期（一年）满后，剩余部分退还承包商。

（4）若施工单位每月实际完成产值不足计划产值的90%时，业主可按实际完成产值的6%的比例扣留工程进度款，在工程竣工结算时将扣留的工程进度款退还施工单位。

（5）业主供料价款在发生当月的工程款中扣回。

由业主的工程师代表签认的承包商各月计划和实际完成产值以及业主提供的材料、设备价值见下表：

单位：万元

时间（月）	5	6	7	8	9	10	11
计算完成产值	600	800	850	850	800	600	500
实际完成产值	600	790	870	860	700	650	530
业主供料价款	5	11	10	10	12	7	—

【问题】

（1）该工程预付款为多少？起扣点为多少？

（2）5—10月，每月实际应结算工程款为多少？

3.【背景资料】

某宾馆装修改造项目采用工程量清单计价方式进行招投标，该项目装修合同工期为3个月，合同总价为400万元，合同约定实际完成工程量超过估计工程量15%以上时调整单价，调整后的综合单价为原综合单价的90%。合同约定客房地面铺地毯工程量为3800m²，单价为140元/m²；墙面贴壁纸工程量为7500m²，单价为88元/m²。施工过程中发生以下事件：

装修进行2个月后，发包方以设计变更的形式通知承包方将公共走廊作为增加项目进行装修改造。走廊地面装修标准与客房装修标准相同，工程量为980m²；走廊墙面装修为高级乳胶漆，工程量为2300m²，因工程量清单中无项目，发包人与承包人依据合同约定协商后确定的乳胶漆的综合单价为15元/m²。

由于走廊设计变更等待新图纸造成承包方停工待料5d，造成窝工50工日（每工日工资20元）。

施工图纸中浴厕间毛巾环为不锈钢材质，但由发包人编制的工程量清单中无此项目，故承包人投标时未进行报价。施工过程中，承包人自行采购了不锈钢毛巾环并进行安装。工程结算时，承包人按毛巾环实际采购价要求发包人进行结算。

【问题】

（1）因工程量变更，施工合同中综合单价应如何确定？

（2）客房及走廊地面、墙面装修的结算工程款应为多少？

（3）由于走廊设计变更造成的工期及费用损失，承包人是否应得到补偿？

（4）承包人关于毛巾环的结算要求是否合理？为什么？

4.【背景资料】

某建筑幕墙工程由建设单位公开招标发包给A幕墙施工企业承包施工，2001年9月30日正式签订了工程承包合同。合同总价为6240万元，工期12个月，竣工日期2002年10月30日，承包合同另外规定：

（1）工程预付款为合同总价的25%。

（2）工程预付款从工程款（不含预付款）支付至合同价款的60%后，开始从当月的工程款中扣回，预付款分四个月平均扣回。

（3）除设计变更和其他不可抗力因素外，合同总价不做调整。

（4）材料和设备均由B承包商负责采购。

（5）工程保修金为合同总价的5%，在工程结算时一次扣留，工程保修期为正常使用条件下，建筑工程法定的最低保修期限。

经业主工程师代表签认的B承包商实际完成的建安工作量（第1个月至第12个月）见下表：

单位：万元

施工月份	第1个月至第7个月	第8个月	第9个月	第10个月	第11个月	第12个月
实际完成建安工作量	3000	420	510	770	750	790
实际完成建安工作量累计	3000	3420	3930	4700	5450	6240

在合同履行过程中发生下列事件：

事件一：外墙石材幕墙所用的石材，A单位向石材加工厂订购，并由该厂负责现场安装工作。经监理工程师检查发现，该加工厂无施工资质。

事件二：该工程采用张拉杆索体系的点支承幕墙，由于技术较复杂，建设单位指定由B公司分包施工，工程价款直接与建设单位进行结算。A公司认为本公司具有施工上述工程的能力，不需要进行分包。作为专业施工企业，只同意把自己承包工程的劳务部分分包给B公司，而不同意B公司直接与建设单位结算工程价款。

事件三：因幕墙工程施工质量问题导致局部墙面漏水，造成正在施工的部分室内装修地毯、壁纸等霉变，室内装修单位要求赔偿损失。幕墙施工单位认为，幕墙工程还在施工阶段，尚未通过竣工验收，没有承担室内装修的损失的义务。但对部分经过监理公司验收已拆除外脚手架的幕墙，在脚手架拆除后发现局部墙面有渗水的，同意合理承担部分损失。

事件四：工程完工后，按照合同约定进行工程竣工结算。该工程因变更设计引起工程量增减较大的有两项：一是隐框玻璃幕墙减少500平方米；二是原设计没有铝板幕墙，设计变更后增加600平方米。施工单位按照合同示范文本的约定，提出了调整这两个项目的综合单价。

【问题】

（1）本工程预付款是多少万元？工程预付款应从哪个月开始起扣？第1个月至第7个月合计以及第8、9、10个月，业主工程师代表应签发的工程款各是多少万元？（请列出计算过程）

（2）该石材加工厂可否承担石材幕墙的安装任务？为什么？

（3）A公司不同意建设单位指定将张拉杆索体系的点支承玻璃幕墙工程分包给B公司施工，也不同意B公司与建设单位直接进行工程价款的结算，是否合理？为什么？

（4）A公司对幕墙质量问题处理是否合理？为什么？除了已经赔偿部分损失外，它还应当承担什么责任？

参考答案

一、单项选择题

1. B　2. C　3. A

二、多项选择题

1. ABE　2. ACDE　3. ADE　4. ABD

三、案例分析题

1.（1）预付备料款为：1680（万元）×20%＝336（万元）；

预付备料款起扣点为：1680－336／60%［或（1－20%／60%）×1680］＝1120（万元）；

9月完成280（万元），累计完成1110（万元）；10月完成320（万元），累计完成1430（万元）＞1120（万元），因此，应从10月份开始扣回工程预付款。

（2）工程竣工结算的前提条件是承包商按照合同规定内容全部完成所承包的工程，并符合合同要求，经验收质量合格。

竣工结算的原则是：完工、验收后结算；依法结算；实事求是结算；依据合同结算；结算依据要充分。

（3）4—7月份及其他各月工程师应签发付款凭证金额：

①4—7月份工程师应签发付款凭证金额为：580 - 40 = 540（万元），支付工程款为540（万元）。②8月份工程师应签发付款凭证金额为：250 - 18 = 232（万元），累计支付工程款为772（万元）。③9月份工程师应签发付款凭证金额为：280 - 20 = 260（万元），累计支付工程款为1032（万元）。④10月份累计完成建安工程量为：580 + 250 + 280 + 320 = 1430（万元）＞1120（万元），所以应从10月份的工程拨款中扣除一定数额的预付备料款。因此，10月份工程师应签发付款凭证金额为：320 - （1430 - 1120）×60% - 25 = 109（万元），因本月应支付金额小于120万元，所以本月工程师不予签发付款凭证。⑤根据工程保修金为承包合同总价的3%，业主在最后一个月扣除，11月份工程师应签发的工程款是：250×（1 - 60%）- 1680×3% = 49.6（万元）；本月应签发付款凭证金额为：109 + 49.6 = 158.6（万元）。

2. （1）预付款为：5000×25% = 1250（万元）；

起扣点为：5000 - 1250÷65% = 3076.92（万元）。

（2）每月实际应结算工程款为：

5月份应签发付款凭证金额为：600×（1 - 3%）+ 25 - 5 = 602（万元）。

6月份应签发付款凭证金额为：790×（1 - 3%）- 11 = 755.3（万元）。

7月份应签发付款凭证金额为：870×（1 - 3%）- 10 = 833.9（万元）。

8月份累计完成产值（600 + 790 + 870 + 860）= 3120（万元）＞3076.92（万元），所以应从8月份的工程拨款中扣除一定数额的预付备料款。

8月份应签发付款凭证金额为：860×（1 - 3%）-（3120 - 3076.92）×65% - 10 = 796.2（万元）。

9月份完成产值700（万元）＜800×90% = 720（万元），所以应扣除700（万元）的6%。

9月份应签发付款凭证金额为：700×（1 - 3% - 6%）- 700×65% + 4 + 5 - 12 = 179（万元）。

10月份应签发付款凭证金额为：650×（1 - 3%）- 650×65% - 7 = 201（万元）。

3. （1）合同中综合单价因工程量变更需调整时，除合同另有规定外，应按照下列办法确定：

①工程量清单漏项或设计变更引起新的工程量清单项目，其相应综合单价由承包人提出，经发包人确认后作为结算的依据。

②由于工程量清单的工程数量有误或设计变更引起工程量增减，属合同约定幅度以内的，应执行原有的综合单价；属合同约定幅度以外的，其增加部分的工程量或减少后的剩余部分的工程量的综合单价由承包人提出，经发包人确认后，作为结算的依据。

（2）客房地面及墙面装修结算工程款为：

$3800m^2×140$元$/m^2 + 7500m^2×88$元$/m^2 = 1192000$（元）；

走廊地面地毯按原单价计算的工程量为：$3800m^2×15% = 570m^2$；

走廊地面装修结算工程款为：

$570m^2×140$元$/m^2 + （980m^2 - 570m^2）×140$元$/m^2×90% = 131460$（元）；

走廊墙面装修结算工程款为：$2300m^2×15$元$/m^2 = 34500$（元）；

客房及走廊墙面、地面装修结算工程为：

1192000元 + 131460元 + 34500元 = 1357960（元）。

（3）由于等待新图纸造成暂时停工的责任在于发包人，因此，发包人应对承包人的损失予以补偿，并顺延工期。

（4）承包人的要求不合理。对于工程量清单漏项的项目，承包人应在施工前向发包人提出其综合单价，经发包人确认后作为结算的依据。

4.（1）本工程预付款为：$6240 \times 25\% = 1560$（万元）；

本工程起扣点为：$6240 \times 60\% = 3744$ 万元，从第 9 个月起开始扣；

第 1 个月至第 7 个月为：3000（万元）；

第 8 个月为：420（万元）；

第 9 个月为：$510 - 1560 \times 25\% = 120$（万元）；

第 10 个月为：$770 - 1560 \times 25\% = 380$（万元）。

（2）不可承担。因为石材幕墙安装是一项对建筑物使用安全关系极大的工作，必须由具有幕墙施工专项资质的企业承担施工。按合同法的有关规定，该分包行为是违法的，分包行为无效。

（3）A 公司的做法是合理的。因为 A 公司本身就具备张拉杆索体系点支承玻璃幕墙的施工能力，不需要分包。而且作为专业施工企业，不能把自己承包的任务分包给另一家专业施工企业，B 公司如果愿意，作为劳务分包是合适的。而且按有关规定，建设单位不得直接指定分包工程承包人，发包人未经承包人同意不得以任何形式向分包单位支付各种工程款项。

（4）A 公司对幕墙渗水的质量问题处理是合理的。这是幕墙施工与室内装修施工经常发生的矛盾，需要互相协调的问题。一般情况下，在幕墙工程竣工前，室内装修的最后装饰面层不宜施工，幕墙施工企业没有承担其损失的义务。但对于经过验收且已拆除外墙脚手架的幕墙，除了幕墙公司特别声明外，一般视同已经完工，可以全面进行室内装修。对这一部分幕墙出现局部渗水，幕墙公司应当负有一定的责任，故 A 公司同意承担部分损失是合理的。此外，A 公司还应当对整个工程的幕墙进行全面无偿检修，不论是否已承担赔偿金，都必须继续履行合同规定的义务，如果因为修理、返工造成工程逾期交付的，还应当承担违约责任。

第七章　建设工程施工合同管理

 大纲考点：施工合同的组成内容

知识点一　《建设工程施工合同（示范文本）》简介

《建设工程施工合同（示范文本）》由"协议书""通用条款""专用条款"三部分组成。

知识点二　施工合同文件的构成

1. 施工合同协议书（双方有关的工程洽商、变更等书面协议或文件视为协议书的组成部分）。

2. 中标通知书（如果有）。

3. 投标函及其附件（如果有）。

4. 专用合同条款及其附件。

5. 通用合同条款。

6. 技术标准和要求。

7. 图纸。

8. 已标价工程量清单或预算书。

9. 其他合同文件。

施工合同文件的构成。

 大纲考点：施工合同的签订与履行

知识点一　施工合同的签订

建设工程施工合同一般采用书面形式签订。

 **知识点 二** 合同的履行

承包人的合同管理应遵循下列程序：

1. 合同评审。

2. 合同订立。

3. 合同实施计划。

4. 合同实施控制。

5. 合同综合评价。

6. 有关知识产权的合法使用。

知识点 三 合同缺陷的处理原则

在执行政府定价或政府指导价的情况下，在履行合同过程中，当价格发生变化时：

1. 执行政府定价或者政府指导价格的，在合同约定的交付期限内政府价格调整时，按照交付的价格计价。

2. 逾期交付标的物的，遇到价格上涨时，按照原价履行；价格下降时，按照新价格履行。

3. 逾期提取标的物或者逾期付款的，遇到价格上涨时，按照新价格履行；价格下降时，按照原价格履行。

 采 分 点

合同缺陷的处理原则。

大纲考点：专业分包合同的应用

知识点 一 专业分包合同

1. 专业承包企业资质设 2~3 个等级，60 个资质类别。常用类别有地基与基础、建筑装饰装修、建筑幕墙、钢结构、机电设备安装、电梯安装、消防设施、建筑防水、防腐保温、园林古建筑、爆破与拆除、电信工程、管道工程等。

2. 分包人应当按照本合同协议书约定的开工日期开工。分包人不能按时开工，应当不迟于本合同协议书约定的开工日期前 5d，以书面形式向承包人提出延期开工的理由。承包人应当在接到延期开工申请后的 48h 内以书面形式答复分包人。承包人在接到延期开工申请后 48h 内不答复，视为同意分包人要求，工期相应顺延。承包人不同意延期要求或分包人未在规定时间内提出延期开工要求，工期不予顺延。

3. 下列原因之一造成分包工程工期延误，经总包项目经理确认，工期相应顺延：

（1）承包人根据总包合同从工程师处获得与分包合同相关的竣工时间延长。

（2）承包人未按本合同专用条款的约定提供图纸、开工条件、设备设施、施工场地。

（3）承包人未按约定日期支付工程预付款、进度款，致使分包工程施工不能正常进行。

（4）项目经理未按分包合同约定提供所需的指令、批准或所发出的指令错误，致使分包工程施工不能正常进行。

（5）非分包人原因的分包工程范围内的工程变更及工程量增加。

（6）不可抗力的原因。

（7）本合同专用条款中约定的或项目经理同意工期顺延的其他情况。

4. 分包人应在上述约定情况发生后 14d 内，就延误的工期以书面形式向承包人提出报告。承包人在收到报告后 14d 内予以确认，逾期不予确认也不提出修改意见，视为同意顺延工期。

分包人不能按时开工，应当不迟于本合同协议书约定的开工日期前 5d，以书面形式向承包人提出延期开工的理由。

分包人应在上述约定情况发生后 14d 内，就延误的工期以书面形式向承包人提出报告。

不可抗力风险承担责任的原则：

1. 永久工程、已运至施工现场的材料和工程设备的损坏，以及因工程损坏造成的第三人人员伤亡和财产损失由发包人承担。

2. 承包人施工设备的损坏由承包人承担。

3. 发包人和承包人承担各自人员伤亡和财产的损失。

4. 因不可抗力影响承包人履行合同约定的义务，已经引起或将引起工期延误的，应当顺延工期，由此导致承包人停工的费用损失由发包人和承包人合理分担，停工期间必须支付的工人工资由发包人承担。

5. 因不可抗力引起或将引起工期延误，发包人要求赶工的，由此增加的赶工费用由发包人承担。

6. 承包人在停工期间按照发包人要求照管、清理和修复工程的费用由发包人承担。

知识点 二 违法分包

违法分包行为主要有：总承包单位将建设工程分包给不具备相应资质条件的单位；建设工程总承包合同中未约定，又未经建设单位认可，承包单位将其承包的部分建设工程交由其他单位完成的；施工总承包单位将建设工程主体结构的施工分包给其他单位的；分包单位将其分包的建设工程再分包的。

大纲考点：劳务分包合同的应用

知识点 一 劳务分包类别

劳务分包企业资质设一至两个等级，13 个资质类别，其中常用类别有：木工作业、砌筑作业、抹灰作业、油漆作业、钢筋作业、混凝土作业、脚手架作业、模板作业、焊接作业、水暖电安装作业等。如同时发生多类作业可划分为结构劳务作业、装修劳务作业、综合劳务作业。

知识点 二 劳务报酬的约定方式

固定劳务报酬（含管理费）；约定不同工种劳务的计时单价（含管理费），按确认的工时计算；约定不同工作成果的计件单价（含管理费），按确认的工程量计算三种约定。

知识点 三　工时及工程量的确认

1. 采用固定劳务报酬方式的，施工过程中不计算工时和工程量。

2. 采用按确定的工时计算劳务报酬的，由劳务分包人每日将提供劳务人数报工程承包人，由工程承包人确认。

3. 采用按确认的工程量计算劳务报酬的，由劳务分包人按月（或旬、日）将完成的工程量报工程承包人，由工程承包人确认。对劳务分包人未经工程承包人认可，超出设计图纸范围和因劳务分包人原因造成返工的工程量，工程承包人不予计量。

知识点 四　责任承担

全部工程竣工（包括劳务分包人完成工作在内）一经发包人验收合格，劳务分包人对其分包的劳务作业的施工质量不再承担责任，在质量保修期内的质量保修责任由工程承包人承担。

大纲考点：施工合同变更与索赔

知识点 一　合同变更索赔

1. 建筑工程施工合同索赔是在合同履行过程中，无过错的一方要求存在过错的一方承担责任的情况。施工合同索赔包括经济补偿和工期补偿两种情况。

2. 由于工程索赔是双向的，合同的任何一方均有权向对方提出索赔。索赔通常分为费用索赔和工期索赔。

3. 索赔的计算：
（1）工期索赔的计算方法：网络分析法、比例分析法、其他方法。
（2）费用索赔的计算方法：总费用法、分项法。

知识点 二　索赔的程序

发包人未能按合同约定履行自己的各项义务或发生错误以及应由发包人承担责任的其他情况，造成工期延误和承包人不能及时得到合同价款及承包人的其他经济损失，承包人可按下列程序以书面形式向发包人索赔：

1. 索赔事件发生后 28d 内，向工程师发出索赔意向通知。

2. 发出索赔意向通知后 28d 内，向工程师提出延长工期和补偿损失的索赔报告及有关资料。

3. 工程师在收到承包人送交的索赔报告和有关资料后，于 28d 内给予答复，或要求承包人进一步补充索赔理由和证据。

4. 工程师在收到承包人送交的索赔报告和有关资料后 28d 内未予答复或未对承包人作进一步要求，视为该项索赔已经认可。

5. 当该索赔事件持续进行时，承包人应当阶段性向工程师发出索赔意向，在索赔事件终了后 28d 内，向工程师送交索赔的有关资料和最终索赔报告。

承包人未能按合同约定履行自己的各项义务或发生错误，发包人可按以上索赔程序和时限向承包人提出索赔。

采 分 点

索赔程序注意时间期限为 "28 天"。

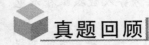真题回顾

一、单项选择题

1. 不属于专业承包资质类别的是（　　）。

A. 建筑幕墙　　　　　　B. 电梯安装　　　　C. 混凝土作业　　　　D. 钢结构

【答案】C

【解析】专业承包企业常用资质类别有：地基与基础、建筑装饰装修、建筑幕墙、钢结构、机电设备安装、电梯安装、消防设施、建筑防水、防腐保温、园林古建筑、爆破与拆除、电信工程、管道工程等。

2. 下列施工合同文件的排序符合优先解释顺序的是（　　）。

A. 施工合同协议书、施工合同专用条款、中标通知书、投标书及其附件

B. 施工合同协议书、中标通知书、投标书及其附件、施工合同专用条款

C. 施工合同专用条款、施工合同协议书、中标通知书、投标书及其附件

D. 施工合同专用条款、中标通知书、投标书及其附件、施工合同协议书

【答案】B

【解析】当合同文件中出现不一致时，施工合同文件的优先解释顺序：①施工合同协议书。②中标通知书（如果有）。③投标函及其附件（如果有）。④专用合同条款及其附件。⑤通用合同条款。⑥技术标准和要求。⑦图纸。⑧已标价工程量清单或预算书。⑨其他合同文件。

二、案例分析题

1. 【背景资料】

某高校新建一栋办公楼和一栋实验楼，均为现浇钢筋混凝土框架结构。办公楼地下一层，地上十一层，建筑檐高48m，实验楼六层，建筑檐高22m。建设单位与某施工总承包单位签订了施工总承包合同。合同约定：①电梯安装工程由建设单位指定分包。②保温工程保修期为10年。

办公楼电器安装工程早于装饰装修工程施工完，提前由总监理工程组织验收，总承包单位未参加，验收后电梯安装单位将电梯高层有关资料移交给建设单位。整体工程完成时，电梯安装单位已撤场，由监理组织，监理、设计、总承包单位参与进行了单位工程质量验收。

【问题】

指出题中错误之处，并分别给出正确做法。

【参考答案】

错误之处一是组织验收的时候总承包单位未参加。

正确做法：电梯工程属于分部工程，施工总承包单位必须参加验收。

错误之处二是电梯安装单位将资料交给建设单位。

正确做法：资料应该由分包单位交给施工总承包单位，再由施工总单位交给建设单位。

错误之处三是单位工程质量验收分包单位没有参加，不妥。

正确做法：单位工程验收时，电梯安装的分包单位应参加。

2.【背景资料】

某公司承建某大学城项目，在装饰装修阶段，大学城建设单位追加新建校史展览馆，紧邻在建大学城项目。总建筑面积 2160m²，总造价 408 万元，工期 10 个月。部分陈列室采用木龙骨石膏板吊顶。

考虑到工程较小，某公司也具备相应资质，建设单位经当地建设相关主管部门批准后，未通过招投标直接委托给该公司承建。

展览馆项目设计图纸已齐全，结构造型简单，且施工单位熟悉周边环境及现场条件。甲乙双方协商采用固定总价计价模式签订施工承包合同。

考虑到展览馆项目紧邻大学城项目，用电负荷较小，且施工组织仅需 6 台临时用电设备，某公司依据《施工组织设计》编制了《安全用电和电气防火措施》，决定不单独设置总配电箱，直接从大学城项目总配电箱引出分配电箱。施工现场临时用电设备直接从分配电箱连接供电。项目经理安排了一名有经验的机械工进行用电管理。施工过程中发生如下事件（略）：

开工后，监理工程师对临时用电管理进行检查，认为存在不妥，指令整改。

【问题】

（1）大学城建设单位将展览馆项目直接委托给某公司是否合法？说明理由。

（2）该工程采用固定总价合同模式是否妥当？给出固定总价合同模式适用的条件？除背景材料中固定总价合同模式外，常用的合同计价模式还有哪些（至少列出三项）？

（3）指出校史展览馆工程临时用电管理中的不妥之处，并分别给出正确做法。

【参考答案】

（1）大学城建设单位做法合法。虽然合同总价超过 200 万元，但是此工程属于在建工程追加的附属小型工程，原施工单位具备相应资质，且已报当地建设相关主管部门审批，可以不进行公开招标。

（2）该工程采用固定总价妥当，因为图纸齐全、结构简单、造价较低、工期较短，且为在建工程附属工程，施工单位熟悉周边环境和现场施工条件，风险较小。固定总价合同适用的条件：工期不长，技术不复杂且设计完善，造价相对较低。常用的合同计价模式还有可调总价合同、可调单价合同、固定单价合同、成本加酬金合同。

（3）不妥之处一：编制《安全用电和电气防火措施》。

正确做法：编制《安全用电和电气防火组织设计》。

不妥之处二：不单独设置总配电箱引出分配电箱。

正确做法：可以不设总配电箱，但必须三级配电。

不妥之处三：安排一名有经验的机械工进行用电管理。

正确做法：安排有资格的电工进行用电管理。

3.【背景资料】

某公司中标某工程，根据《建设工程施工合同（承包文本）》（GF—1999－0201）与建设单位签订总承包施工合同。

总承包施工合同中还约定 C 分项工程为甲方指定专业分包项目，C 分项工程施工过程中发生了如下事件：

事件一：由于建设单位原因，导致 C 分项工程停工 7d。专业分包单位就停工造成的损失向总承包单位提出索赔。总承包单位认为由于建设单位原因造成的损失，专业分包单位应直接向建设单位提出索赔。

事件二：甲方指定专业分包单位现场管理混乱、安全管理薄弱。建设单位责令总承包单位加强管理并提出整改。总承包单位认为 C 分项工程施工安全管理属专业分包单位责任，非总承包单位责任范围。

事件三：C 分项工程施工完毕并通过验收，专业分包单位向建设单位上报 C 分项工程施工档案，建设单位通知总承包单位接收。总承包单位认为 C 分项工程属甲方指定专业分包项目，其工程档案应直接上报建设单位。

【问题】

指出事件一、二、三中总承包单位说法中的不妥之处，并分别说明理由或指出正确做法。

【参考答案】

事件一不妥之处：总承包单位不能拒绝分包单位的索赔事宜。

正确做法：总承包单位接收分包单位索赔，再由总承包单位向建设单位索赔。

事件二不妥之处：总承包单位认为 C 分包工程安全管理属专业分包的责任，非总承包的单位责任范围不妥。

正确做法：总承包单位应按照建设单位的要求加强对分包单位的管理。

事件三不妥之处：总承包单位认为分包单位把资料直接交给建设单位不妥。

正确做法：总承包单位接收，并统一上报建设单位。

4. 【背景资料】

某广场地下车库工程，建筑面积 $18000m^2$。建设单位和某施工单位根据《建设工程施工合同（示范文本）》签订了施工承包合同，合同工期 140d。

在施工过程中，该工程所在地连续下了 6d 特大暴雨（超过了当地近 10 年来季节的最大降雨量），洪水泛滥，给建设单位和施工单位造成了较大的经济损失。施工单位认为这些损失是由于特大暴雨（不可抗力事件）所造成的，提出下列索赔要求（以下索赔数据与实际情况相符）：

（1）工程清理、恢复费用 18 万元。

（2）施工机械设备重新购置和修理费用 29 万元。

（3）人员伤亡善后费用 62 万元。

（4）工期顺延 6d。

【问题】

分别指出施工单位的索赔要求是否成立？说明理由。

【参考答案】

（1）工程清理、恢复费用 18 万元的索赔要求成立。

理由：不可抗力事件发生后，工程所需清理、修复费用，由发包人承担。

（2）施工机械设备重新购置和修理费用 29 万元的索赔要求不成立。

理由：不可抗力事件发生后，承包人机械设备损伤及停工损失，由承包人承担。

（3）人员伤亡善后费用 62 万元的索赔要求不成立。

理由：不可抗力事件发生后，工程本身的损害、因工程损害导致第三人人员伤亡和财产损失以及运至施工场地用于施工的材料和待安装的设备的损害，由发包人承担；发包人、承包人人员伤亡由其所在单位负责，并承担相应费用。

（4）工期顺延 6d 的索赔要求成立。

理由：不可抗力事件发生后，延误的工期相应顺延。

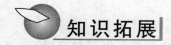 知识拓展

一、单项选择题

1. 索赔最重要的依据是（　　）。

A. 合同文件　　　　　　　　　　　B. 财务账目

C. 监理确认单　　　　　　　　　　D. 施工进度计划

2. 根据《标准施工招标文件》中的通用合同条款，没有（　　）的变更指示，承包人不得擅自进行工程变更。

A. 发包人　　　　　　　　　　　　B. 设计人

C. 监理人　　　　　　　　　　　　D. 政府建设主管部门

3. 索赔程序中，索赔事件发生后总承包方应在（　　）d 之内向发包人工程师发出索赔意向通知。

A. 7　　　　　　　　B. 14　　　　　　　　C. 28　　　　　　　　D. 30

4. 根据《工程建设项目施工招标投标办法》规定，在招标文件要求提交投标文件的截止时间前，投标人（　　）。

A. 可以补充修改或者撤回已经提交的投标的文件，并书面通知招标人

B. 不得补充、修改、替代或者撤回已经提交的投标文件

C. 须经过招标人的同意才可以补充、修改、替代已经提交的投标文件

D. 撤回已经提交的投标文件的，其投标保证金将被没收

二、多项选择题

1. 平行发包与施工总承包对业主比较有利的特点包括（　　）。

A. 施工总承包模式，业主只负责对施工总承包单位的管理及组织协调，工作量大大减少

B. 平行发包的合同管理，招标及合同管理工作量小

C. 施工总承包的费用控制，有利于业主对总造价的早期控制

D. 平行发包对业主的质量控制有利

E. 施工总承包合同管理业主只需要进行一次招标，与一家承包商签约，招标及合同管理工作量大大减少

2. 可调价合同中合同价款的调整因素包括（　　）。

A. 法律、行政法规和国家有关政策变化影响合同价款

B. 市场材料价格调整

C. 一周内非承包人原因停水、停电、停气造成停工累计超过 5h

D. 一周内非承包人原因停水、停电、停气造成停工累计超过 8h

E. 双方约定的其他因素

三、案例分析题

1.【背景资料】

某开发商与总承包方签订施工合同，承包范围为土建工程和安装工程，合同总价为 1680 万元，工期为 8 个月。

【问题】

工程在保修期间发生屋面漏水，甲方多次催促乙方修理，乙方一再拖延，随后甲方另请

其他施工单位修理，修理费 2.8 万元，该项费用如何处理？

2. 【背景资料】

某施工合同，在施工任务完成后，由于发包人拖欠工程款而发生纠纷，但双方直到任务完成后都未签订合同。

在工程施工中，监理工程师口头指示把卫生间石膏板吊顶改为铝板吊顶，但是监理工程师直到竣工仍未鉴认变更通知。监理工程师对项目经理发出口头指令时，有工长、总工程师在场。可随时证明此事确实存在。

【问题】

（1）该工程合同成立吗？

（2）监理工程师的口头指令能够构成合同的组成部分吗？

3. 【背景资料】

某单位新建写字楼，建筑面积 32000m²，开工日期为 2009 年 3 月 1 日，竣工日期为 2011 年 8 月 1 日。工程准时开工，在结构工程施工到 1/2 时，甲方与承包商协商，并达成如下协议：甲方将该楼外墙的玻璃幕装修项目、室内隔墙砌筑项目，单独发包给专业公司施工，并支付承包商该项目价格的 1.5% 作为管理配合费使用，专业公司按承包商管理要求的日期进场，有关工程款由甲方直接支付给专业公司。

承担外墙玻璃幕装修项目的专业公司根据有关承包商的要求，于 2010 年 2 月 20 日进场施工，但是在进场后的 2010 年 4 月 10 日，该专业公司因甲方未按其双方签署的合同约定支付工程款而停工，承包商因外墙装修停工，原计划 2010 年 7 月 20 日开始的其他外墙施工项目无法进行。

外墙装修项目在 2011 年 3 月才恢复施工。

在 2011 年 4 月 20 日，承包商按进度计划安排，要求室内隔墙砌筑项目的施工单位进场，要求完工日期为 2011 年 9 月 20 日。该项目的施工单位按合同约定准时进场。在施工过程中，因施工质量不合格，多次返工，致使承包商的机电施工受到影响。直到 2011 年 12 月 25 日才合格地完成砌筑任务，致使机电项目施工拖延了 5 个月。

【问题】

（1）承包商是否可以因外墙装修项目停工，向发包人提出工期索赔、经济损失索赔？

（2）发包人是否可以向外墙玻璃幕装修单位因停工提出经济损失的索赔？为什么？

（3）因室内砌筑进展缓慢，承包商是否可以向发包人提出工期索赔和窝工索赔？

4. 【背景资料】

某厂房根据生产需要需新建设备基础，与 A 建筑公司签订了施工承包合同，该合同包括 Ⅰ、Ⅱ、Ⅲ 三项工作，合同工期 260d。业主另将设备安装施工（包括设备安装与调试工作）直接发包给了 B 安装公司，规定合同工期为 100d。A 建筑公司根据实际情况编制了施工组织设计，经业主同意后，开始按下列进度计划施工：

① ——Ⅰ——② ——Ⅱ——③—设备安装与调试—④——Ⅲ——⑤
　　　80　　　　　30　　　　　100　　　　　　50

该工程在实际施工过程中发生了如下事件：

（1）Ⅰ工作施工时，业主负责供应的钢筋混凝土预制桩供应不及时，使该工作延误 7d。

（2）Ⅱ工作施工后进行检查验收时，发现一预埋件埋置位置有误，经核查是由于设计图纸中预埋件位置标注错误所致。A 建筑公司进行返工处理，损失 5 万元，且使Ⅱ工作延误 15d。

（3）A 建筑公司因人员与机械调配问题造成Ⅲ工作增加工作时间 5d，窝工损失 2 万元。

（4）B 安装公司进行设备安装时，因接线错误造成设备损坏，使 B 安装公司安装调试工作延误 5d，损失 12 万元。

发生以上事件后，A、B 两家施工单位均及时向业主提出了索赔要求。

【问题】

（1）针对 A 建筑公司和 B 安装公司就以上各事件提出的索赔要求，请分析业主是否应给予相应的工期和费用补偿。

（2）如果合同中约定，由于业主原因造成延期开工或工期拖延，每延期一天补偿施工单位 6000 元；由于施工单位原因造成延期开工或工期延误，每延误一天扣误期损害赔偿费 6000 元。请计算施工单位应得的工期与费用补偿各是多少？

5.**【背景资料】**

某工程为框架剪力墙结构。业主与施工单位签订的施工合同中约定，由承包商原因造成工期延误，每延误一天罚款 10000 元，由于业主原因造成工期延误，每延误一天补偿承包商 10000 元，工期每提前一天奖励承包商 20000 元。承包商按时提交了单位工程施工组织设计，并得到了监理工程师的批准。其中，工程的网络计划如下图所示：

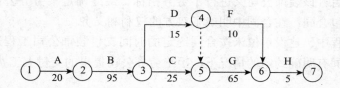

该工程施工过程中发生了以下几项事件：

事件一：基础工程 A 施工过程中，发生了边坡塌方事故，为治理塌方事故，使 A 工作持续时间拖后了 3d，增加用工 20 个工日。

事件二：门窗安装 C 施工时，承包商发现业主负责购买的个别型号塑钢窗质量不合格，向监理工程师提出，建议业主重新购买合格的塑钢窗。监理工程师答复说，经与业主商议改由承包商负责采购更换合格的门窗。由此造成门窗安装延长 4d，材料费增加损失 2.8 万元。

事件三：外墙抹灰 D 施工时，天下特大暴雨使外墙抹灰延长 3d，使按时进场的施工人员窝工 45 个工日。

事件四：室内装修 G 施工时，承包商为保证合同工期，采取了加快施工技术措施，使内墙抹灰施工缩短 2d，室内地面施工缩短 2d，该技术措施费为 1.8 万元。

其余各项工作持续时间和费用均与原计划相同。

【问题】

（1）承包商就上述事件中哪些事件可以向业主要求索赔，哪些事件不可以要求索赔，并说明原因。

（2）可获得工期索赔多少 d？实际工期为多少 d？

（3）若人工费标准为 60 元/工日，现场管理费为人工费的 25%，则承包商应得到的费用补偿为多少？

6.**【背景资料】**

某施工单位于 3 月 10 日与建设单位签订了该工程项目的固定价格施工合同，合同期为 10

个月。工程招标文件参考资料中提供的使用砂地点距工地 2000 米，但是开工后，检查该砂质量不符合要求，承包商只得从另一距工地 18000 米的供砂地点采购。由于供砂距离的增大，必然引起费用的增加，承包商经过仔细认真计算后，在业主指令下达的第 3 天，向业主提交了将原用砂单价每吨提高 5 元人民币的索赔要求。

工程进行了一个月后，业主因资金紧缺，无法如期支付工程款，口头要求承包商暂停施工一个月，承包商亦口头答应。恢复施工后，在一个关键工作面上又发生了几种原因造成的临时停工：5 月 20 日—5 月 24 日承包商的施工设备出现了从未有过的故障；6 月 8 日—6 月 12 日施工现场下了罕见的特大暴雨，造成了 6 月 13 日—6 月 14 日的该地区的供电全面中断。针对上述两次停工，承包商向业主提出要求顺延工期共计 42d。

【问题】

（1）该工程采用固定价格合同是否合适？

（2）业主要求承包商暂停施工一个月的合同变更形式是否妥当？为什么？

（3）上述事件中承包商提出的索赔要求是否合理？说明其原因。

7.**【背景资料】**

某单位新建一写字楼，地上五层，地下一层，通过招投标与某装饰公司签署了施工合同。双方签订施工合同后，该装饰公司又进行了劳务招标，最终确定某劳务公司为中标单位，并与其签订了劳务分包合同，在合同中明确了双方的权利和义务。

在装修施工过程中，建设单位未按合同约定的时间支付装饰公司工程进度款，该装饰公司以此为由，在合同有明确约定的情况下，拒绝劳务公司提出的支付人工费的要求。

【问题】

（1）本装修工程施工过程中，劳务公司是否可以就劳务费问题向建设单位提出索赔？

（2）发生索赔后，承包人应注意的索赔时效问题是什么？

8.**【背景资料】**

某建筑工程，建筑面积 3.8 万平方米，地下一层，地上十六层。施工单位（以下简称"乙方"）与建设单位（以下简称"甲方"）签订了施工总承包合同，合同工期 600d。合同约定工期每提前（或拖后）1 天奖励（或罚款）1 万元。乙方将屋面和设备安装两项工程的劳务进行了分包，分包合同约定，若造成乙方关键工作的工期延误，每延误一天，分包方应赔偿损失 1 万元。主体结构混凝土施工使用的大模板采用租赁方式，租赁合同约定，大模板到货每延误一天，供货方赔偿 1 万元。乙方提交了施工网络计划，并得到了监理单位和甲方的批准。网络计划示意图如下图所示：

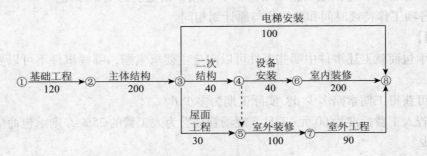

××工程网络计划示意图（单位：d）

施工过程中发生了以下事件：

事件一：基础底板防水工程施工时，因特大暴雨突发洪水原因，造成基础工程施工工期延长5d，因人员窝工和施工机械闲置造成乙方直接经济损失10万元。

事件二：主体结构施工时，大模板未能按期到货，造成乙方主体结构施工工期延长10d，直接经济损失10万元。

事件三：屋面工程施工时，乙方的劳务分包方不服从指挥，造成乙方返工，屋面工程施工工期延长3d，直接经济损失0.8万元。

事件四：中央空调设备安装过程中，甲方采购的制冷机组因质量问题退换货，造成乙方设备安装工期延长9d，直接费用增加3万元。

事件五：因为甲方对外装修设计的色彩不满意，局部设计变更通过审批后，使乙方外装修晚开工30d，直接费损失0.5万元。

其余各项工作，实际完成工期和费用与原计划相符。

【问题】

（1）指出乙方向甲方索赔成立的事件，并分别说明索赔的内容和理由。

（2）分别指出乙方可以向大模板供货方和屋面工程劳务分包方索赔的内容和理由。

（3）该工程实际总工期多少d？乙方可得到甲方的工期补偿为多少d？工期奖（罚）款是多少万元。

9.【背景资料】

某开发商通过公开招标与某建筑集团公司二公司签订了一份建筑安装工程项目施工总承包合同。承包范围为土建工程和安装工程，合同总价为5000万元，工期为7个月。合同签订日期为4月10日，双方约定5月10日开工，11月30日竣工。

工程款逾期支付，按每日1‰的利率计息。

施工过程中发生如下事件（发生部位均为关键工序，索赔费用在当月付款中结清）：

事件1：预付款延期支付20d，致使工程实际开工日拖延5d。

事件2：6月初因施工机械出现故障延误工期2d，费用损失9000元。

事件3：7月份赶上雨季施工，施工单位采取防雨措施费用增加2万元。

事件4：8月上旬该建筑集团公司进行了安全生产大检查。在这个工地面积为$8 \times 8m^2$的焊接车间内，发现氧气瓶、乙炔瓶、二氧化碳气瓶直接放置在同一角落的水泥地面上，2名工人正进行电焊作业，辅助工在休息吸烟。正在作业的工人已经通过培训考核，但尚未领到"特种作业操作证"，因天气炎热，两人只穿了衬衫。

事件5：9月份由于业主设计变更，造成施工单位返工费4万元，并损失工期3d。又停工待图10d，窝工损失5万元。

事件6：为赶工期，施工单位增加赶工措施费6万元（10月份4万元，11月份2万元），使工程得以按照合同工期完工。

【问题】

（1）在以上事件发生后，施工单位是否可以向监理工程师提出索赔要求？为什么？

（2）施工单位可索赔工期和费用各为多少？

参考答案

一、单项选择题

1. A 2. C 3. C 4. A

二、多项选择题

1. ACDE　2. ADE

三、案例分析题

1. 维修费用是由于乙方的施工质量原因造成的，因此应由乙方承担。2.8万元维修费应从乙方（承包方）的保修金中扣除。

2. （1）合同成立。虽然合同应该书面订立，但签字盖章前，承包商已履行了合同的主要义务，业主已接受。

（2）可以构成合同的组成部分，承包人有证据证明监理工程师确实发布过口头指令，可以认定口头指令是有效力的。

3. （1）承包商可以向发包人提出工期索赔和经济索赔，因为工期的延长和因工期延长引发的费用增加不是承包人自身原因造成的。

（2）发包人因自身原因未能按合同约定支付工程款，给外墙玻璃幕装修项目的施工单位造成了经济损失，故不能对该施工单位进行索赔，而且该项目的施工单位可以向发包人提出工期索赔和经济损失索赔。

（3）因室内砌筑进展缓慢，承包商可以向发包人提出工期索赔和窝工费用损失索赔。

4. （1）①业主钢筋混凝土预制桩供应不及时，造成Ⅰ工作延误，业主应给予A建筑公司补偿工期和相应的费用。另外，业主还应顺延B公司的开工时间和补偿相关费用。②因设计图纸错误导致A建筑公司返工处理，故应给予A建筑公司相应的工期顺延和费用补偿。同时因对B公司也造成影响，故也应对B公司给予相应的工期和费用补偿。③因人员与机械调配问题造成Ⅲ工作增加工作时间5d，窝工损失2万元，这是由于A建筑公司自身的原因造成的，业主不应给予工期和费用补偿。同时，因为Ⅲ工作不影响B公司，所以业主不应给予B安装公司工期和费用补偿。④由于B公司的错误造成总工期延误与费用损失，业主不给予工期和费用补偿。由此引起的对A公司的工期延误和费用损失，业主应给予补偿。

（2）①A公司应得到的工期补偿为：

事件1：业主预制桩供应不及时补偿工期7d。

事件2：由于设计图纸中预埋件位置标注错误造成A公司工期延误，应补偿15d。

事件4：因B安装公司的原因给A公司造成工期延误，应补偿5d。

合计：27d。

A公司应得到的费用补偿为：

事件1：$7 \times 6000 = 4.2$（万元）；

事件2：$50000 + 15 \times 6000 = 14.0$（万元）；

事件4：$5 \times 6000 = 3.0$（万元）；

事件3：扣款$5 \times 6000 = 3.0$（万元）；

合计：$4.2 + 14.0 + 3.0 - 3.0 = 18.2$（万元）。

②B公司应得到工期补偿为：

事件1：业主预制桩供应不及时补偿工期7d；

事件2：由于设计图纸中预制埋件位置标注错误造成A公司工期延误，同时也造成B公司工作延误，应补偿工期15d。

B公司应得到费用补偿为：

事件1：$7 \times 6000 = 4.2$（万元）；

事件2：$15 \times 6000 = 9$（万元）；

事件4扣款：$5 \times 6000 = 3.0$（万元）；

合计：$4.2 + 9 - 3.0 = 10.2$（万元）。

5. （1）事件一：索赔不成立，因为基坑边坡坍塌是施工单位施工不当造成的，无权向业主索赔。

事件二：索赔成立，因为C是关键工作门窗安装的工期延误和费用的增加是业主负责购买的个别型号塑钢窗质量不合格造成的，这个责任应由业主承担。

事件三：索赔不成立，因为外墙抹灰D施工时，天下特大暴雨使外墙抹灰延长3d，理应工期给予顺延，但外墙抹灰是非关键工作，延误的时间小于其总时差（10d）。

事件四：索赔不成立，因为是承包商自己为保证合同工期，采取了加快施工技术措施，使费用增加，所以无权向业主索赔。但室内装修是关键工作，其内墙抹灰施工缩短2d，室内地面施工缩短2d，可使工期缩短4d。

（2）可获得工期补偿4d（事件二）；实际工期为 $210 + (3 + 4 - 2 - 2) = 213$（d）。

（3）应得费用补偿：

事件一：被罚款 $3 \times 10000 = 30000$（元）；

事件二：业主补偿 $4 \times 10000 = 40000$（元）；

索赔材料损失费 28000（元）。

应得工期奖励：

工期提前：$210 + 4 - 213 = 1$（d）；

工期奖励：$1 \times 20000 = 20000$（元）；

承包商应得费用补偿总额为：$40000 + 28000 + 20000 - 30000 = 58000$（元）。

6. （1）因为固定价格合同适用于工程量不大且能够较准确计算、工期较短、技术不太复杂、风险不大的项目，该工程基本符合这些条件，故采用固定价格合同是合适的。

（2）业主要求承包商暂停施工1个月的合同变更形式不妥。根据《中华人民共和国合同法》和《建设工程施工合同（示范文本）》的有关规定，建设工程合同应当采取书面形式，合同变更亦应当采取书面形式。若在应急情况下，可采取口头形式，但事后应予以书面形式确认；否则，在合同双方对合同变更内容有争议时，往往因口头形式协议很难举证，而不得不以书面协议约定的内容为准。本案例中业主要求临时停工，承包商亦答应，是双方的口头协议，且事后并未以书面的形式确认，所以业主要求承包商暂停施工1个月的合同变更形式不妥。

（3）因砂场地点变化提出的索赔要求不合理，原因是：①承包商应对自己就招标文件的解释负责。②承包商应对自己报价的正确性与完备性负责。③作为一个有经验的承包商可以通过现场踏勘确认招标文件参考资料中提供的用砂质量是否合格，若承包商没有通过现场踏勘发现用砂质量问题，其相关风险应由承包商承担。

因几种情况的暂时停工提出的工期索赔42d不合理，可以批准的延长工期为37d，原因是：①5月20日—5月24日出现的设备故障，属于承包商应承担的风险，不应考虑承包商的延长工期和费用索赔要求。②6月8日—6月12日的特大暴雨属于双方共同的风险，应延长工期5d。③6月13日—6月14日的停电属于有经验的承包商无法预见的外界障碍，为不可抗力，应延长工期2d。

因业主资金紧缺要求停工1个月而提出的工期索赔是合理的。原因是业主未能及时支付工程款，应对停工承担责任，故应当赔偿承包商停工 1 个月的实际经济损失，工期顺延 1 个月。

综上所述，承包商可以提出的工期索赔共计 37d。

7. （1）不可以。因为劳务公司作为装饰公司的分包单位，应该按照分包合同的约定对总承包单位（装饰公司）负责，同时，按合同约定向劳务分包公司支付劳动报酬也是总承包单位的义务，所以劳务公司应该就劳务费问题向该装饰公司提出索赔。

（2）当出现索赔事项时，承包人应在事项发生后的 28d 内，以书面的索赔通知书形式向工程师（或业主）提出索赔意向通知。在索赔通知书发出后的 28d 内，向工程师提出延长工期和（或）补偿经济损失的索赔报告及有关资料。工程师在收到承包人送交的索赔报告的有关资料后 28d 未予答复或未对承包人作进一步要求，视为该项索赔已经认可。

8. （1）索赔成立的有事件一、事件四、事件五。事件一，按不可抗力处理，又是在关键线路上，所以只赔工期 5d，不赔费用。事件四，制冷机组出现质量问题是甲方的责任，也是在关键线路上，所以可赔工期 9d，还可赔费用 3 万元。事件五，是甲方的责任，但工作不在关键线路上，有时差存在（时差值为：$600 - 550 = 50d$），没有超出总时差，所以只赔费用，不赔工期。

（2）乙方可向模板供应商索赔 10 万元，向劳务分包商索赔 0.8 万元。因为它们之间有合同关系，而且责任不在乙方，索赔成立。

（3）实际总工期为：$600 + 24 = 624$（d），乙方可得到甲方的工期补偿为：$5 + 9 = 14$（d），工期罚款为：1（万元）$\times 10$（d）$= 10$（万元）。

说明：实际延误的时间 $24d = 5 + 9 + 10$（事件二），其中事件三虽延误，但没有超出总时差（$TF = 600 - 540 = 60d$）。

9. （1）事件 1：可以提出索赔。工程预付款延期支付属于业主责任，应向施工单位支付延期付款的利息，并顺延工期。

事件 2：不可以提出索赔。施工机械出现故障属于施工单位责任，故不能提出索赔。

事件 3：不可以提出索赔。7 月份赶上雨期施工应为施工单位施工组织设计中应预见到的费用，故不能支持索赔。

事件 5：可以提出索赔。该事件都是由于业主原因造成的，所以可以提出相应的工期和费用索赔。

事件 6：不可以提出索赔。赶工措施费是施工单位自身的原因，故不能提出索赔。

（2）工期索赔的计算：

预付款延期支付拖延 5d；返工时间 3d；停工待图 10d。

所以可索赔工期：$5 + 3 + 10 = 18$（d）。

费用索赔的计算：

事件 1：延期付款利息：$5000 \times 25\% \times 1‰ \times 20 = 25$（万元）。

事件 5：返工费 4 万元；窝工损失 5 万元。

所以可索赔费用为：$25 + 4 + 5 = 34$（万元）。

第八章 建筑工程施工现场管理

 大纲考点：建筑工程施工现场管理

 施工现场消防的一般规定

1. 现场的消防安全工作应以"预防为主、防消结合、综合治理"为方针，健全防火组织，认真落实防火安全责任制。

2. 施工单位在编制施工组织设计时，必须包含防火安全措施内容，所采用的施工工艺、技术和材料必须符合防火安全要求。

3. 现场要有明显的防火宣传标志，必须设置临时消防车道，保持消防车道畅通无阻。

4. 现场应明确划分固定动火区和禁火区，施工现场动火必须严格履行动火审批程序，采取可靠的防火安全措施，指派专人进行安全监护。

5. 施工材料的存放、使用应符合防火要求，易燃易爆物品应专库储存，并有严格的防火措施，等等。

采 分 点

现场的消防安全方针是"预防为主、防消结合、综合治理"。

知识点 二 动火等级的划分

1. 凡属下列情况之一的动火，均为一级动火。

（1）禁火区域内。

（2）油罐、油箱、油槽车和储存过可燃气体、易燃液体的容器及与其连接在一起的辅助设备。

（3）各种受压设备。

（4）危险性较大的登高焊、割作业。

（5）比较密封的室内、容器内、地下室等场所。

（6）现场堆有大量可燃和易燃物质的场所。

2. 凡属下列情况之一的动火，均为二级动火。

（1）在具有一定危险因素的非禁火区域内进行临时焊、割等用火作业。

（2）小型油箱等容器。

（3）登高焊、割等用火作业。

3. 在非固定的、无明显危险因素的场所进行用火作业，均属三级动火作业。

属于二级动火的情况。

知识点三　动火审批程序

1. 一级动火作业由项目负责人组织编制防火安全技术方案，填写动火申请表，报企业安全管理部门审查批准后，方可动火。

2. 二级动火作业由项目责任工程师组织拟定防火安全技术措施，填写动火申请表，项目安全管理部门和项目负责人审查批准后，方可动火。

3. 三级动火作业由所在班组填写动火申请表，经项目责任工程师和项目安全管理部门审查批准后，方可动火。

4. 动火证当日有效，如动火地点发生变化，则需重新办理动火审批手续。

1. 一级动火作业报企业安全管理部门审查批准后，方可动火。

2. 动火证当日有效，如动火地点发生变化，则需要重新办理动火审批手续。

知识点四　消防器材的配备

1. 在建工程及临时用房的下列场所应配置灭火器：

（1）易燃易爆危险品存放及使用场所。

（2）动火作业场所。

（3）可燃材料存放、加工及使用场所。

（4）厨房操作间、锅炉房、发电机房、变配电房、设备用房、办公用房、宿舍等临时用房。

（5）其他具有火灾危险的场所。

2. 一般临时设施区，每100m² 配备两个10L的灭火器，大型临时设施总面积超过1200m²的，应备有消防专用的消防桶、消防锹、消防钩、盛水桶（池）、消防砂箱等器材设施。

3. 临时木工加工车间、油漆作业间等，每25m² 应配置一个种类合适的灭火器。

4. 仓库、油库、危化品库或堆料厂内，应配备足够组数、种类的灭火器，每组灭火不应少于四个，每组灭火器之间的距离不应大于30m。

5. 高度超过24m的建筑工程，应保证消防水源充足，设置具有足够扬程的高压水泵，安装临时消防竖管，管径不得小于75mm，每层必须设消火栓口，并配备足够的水带。

1. 临时木工加工车间、油漆作业间等，每25m² 应配置一个种类合适的灭火器。

2. 高度超过24m的建筑工程，安装临时消防竖管，管径不得小于75mm。

 **知识点 五** 灭火器的摆放

1. 灭火器应摆放在明显和便于取用的地点，且不得影响到安全疏散。
2. 灭火器应摆放稳固，其名牌必须朝外。
3. 手提式灭火器应使用挂钩悬挂，或摆放在托架上、灭火箱内，其顶部离地面高度应小于1.5m，底部离地面高度宜大于0.15m。
4. 灭火器不应摆放在潮湿或强腐蚀性的地点，必须摆放时，应采取相应的保护措施。
5. 摆放在室外的灭火器不得摆放在超出其使用温度范围以外的地点，灭火器的使用温度范围应符合规范规定。

知识点 六 施工现场消防车道

施工现场内应设置临时消防车道，临时消防车道与在建工程、临时用房、可燃材料堆场及其加工场的距离，不宜小于5m，且不宜大于40m。施工现场周边道路满足消防车通行及灭火救援要求时，施工现场内可不设置临时消防车道。

1. 临时消防车道宜为环形，如设置环形车道确有困难，应在消防车道尽端设置尺寸不小于12m×12m的回车场。
2. 临时消防车道的净宽度和净空高度均不应小于4m。

 采 分 点

施工现场内应设置临时消防车道，临时消防车道与在建工程、临时用房、可燃材料堆场及其加工场的距离，不宜小于5m，且不宜大于40m。

大纲考点：现场文明施工管理

知识点 一 文明施工主要内容

1. 规范场容、场貌，保持作业环境整洁卫生。
2. 创造文明有序安全生产的条件和氛围。
3. 减少施工对居民和环境的不利影响。
4. 树立绿色施工理念，落实项目文化建设。

知识点 二 文明施工管理要点

1. 现场必须实施封闭管理，现场出入口应设大门和保安值班室，大门或门头设置企业名称和企业标识，建立完善的保安值班管理制度，严禁非施工人员任意进出；场地四周必须采用封闭围挡，围挡要坚固、整洁、美观，并沿场地四周连续设置。一般路段的围挡高度不得低于1.8m，市区主要路段的围挡高度不得低于2.5m。
2. 现场出入口明显处应设置"五牌一图"，即工程概况牌、管理人员名单及监督电话牌、消防保卫牌、安全生产牌、文明施工和环境保护牌及施工现场总平面图。
3. 现场的施工区域应与办公、生活区划分清晰，并应采取相应的隔离防护措施，在建工程内严禁住人。

4. 现场应设置畅通的排水沟渠系统，保持场地道路的干燥坚实，泥浆和污水未经处理不得直接排放。施工场地应硬化处理，有条件时可对施工现场进行绿化布置。

1. 围挡高度：一般路段不得低于 1.8m，市区主要路段不得低于 2.5m。
2. "五牌一图"：工程概况牌、管理人员名单及监督电话牌、消防保卫牌、安全生产牌、文明施工和环境保护牌及施工现场总平面图。
3. 注意事项：在建工程内严禁住人。

 大纲考点：现场成品保护管理

知识点 现场成品保护要点

1. 合理安排施工顺序。
2. 根据产品的特点，可以分别对成品、半成品采取护、包、盖、封等具体保护措施。
3. 建立成品保护责任制，加强对成品保护工作的巡视检查，发现问题及时处理。

 大纲考点：现场环境保护管理

知识点一 建筑施工中一些常见的重要环境影响因素

1. 施工噪声排放。
2. 施工场地粉尘排放。
3. 现场遗撒。
4. 现场有害物品遗漏。
5. 现场有毒有害废弃物排放。
6. 城区施工现场夜间照明造成的光污染。
7. 现场发生的火灾、爆炸。
8. 生活、生产污水的排放。
9. 材料的消耗。
10. 能源的消耗。

知识点二 建筑施工环境保护实施要点

1. 在城市市区范围内从事建筑工程施工，项目必须在工程开工前向工程所在地县级以上地方人民政府环境保护管理部门申报登记。施工期间的噪声排放应当符合国家规定的建筑施工场界环境噪声排放标准。夜间施工的，需办理夜间施工许可证明，并公告附近社区居民。

2. 施工现场污水排放要与所在地县级以上人民政府市政管理部门签署污水排放许可协议、申领《临时排水许可证》。雨水排入市政雨水管网，污水经沉淀处理后二次使用或排入市政污水管网。现场产生的泥浆、污水未经处理不得直接排入城市排水设施、河流、湖泊、池塘。

3. 现场产生的固体废弃物应在所在地县级以上地方人民政府环卫部门申报登记，分类存放。建筑垃圾和生活垃圾应与所在地垃圾消纳中心签署环保协议，及时清运处置。有毒有害废弃物应运送到专门的有毒有害废弃物中心消纳。

4. 现场的主要道路必须进行硬化处理，土方应集中堆放。裸露的场地和集中堆放的土方应采取覆盖、固化或绿化等措施。现场土方作业应采取防止扬尘措施。

5. 拆除建筑物、构筑物时，应采用隔离、洒水等措施，并应在规定期限内将废弃物清理完毕。建筑物内施工垃圾的清运，必须采用相应的容器倒运，严禁凌空抛掷。

6. 现场使用的水泥和其他易飞扬的细颗粒建筑材料应密闭存放或采取覆盖等措施。混凝土搅拌场所应采取封闭、降尘措施。

7. 施工现场白天不允许超过70dB，夜间不允许超过55dB。

建筑施工环境保护实施注意事项：

1. 在城市市区范围内从事建筑工程施工，项目必须在工程开工前向工程所在地县级以上地方人民政府环境保护管理部门申报登记。

2. 施工现场污水排放要与所在地县级以上人民政府市政管理部门签署污水排放许可协议、申领《临时排水许可证》。

3. 现场的主要道路必须进行硬化处理，土方应集中堆放。

4. 施工现场白天不允许超过70dB，夜间不允许超过55dB。

大纲考点：职业健康安全管理

知识点　职业健康安全管理

危险源是指可能导致人员伤害或疾病、物质财产损失、工作环境破坏的情况或这些情况组合的根源或状态。危险因素与危害因素同属于危险源。

建筑施工主要职业危害来自粉尘的危害、生产性毒物的危害、噪声的危害、振动危害、紫外线的危害和环境条件危害等。

用于预防和治理职业病危害、工作场所卫生检测、健康监护和职业卫生培训等费用，按照国家有关规定，应在生产成本中据实列支，专款专用。

大纲考点：临时用电、用水管理

知识点一　现场临时用电管理

电工作业应持有效证件，电工等级应与工程的难易程度和技术复杂性相适应。电工作业由两人以上配合进行，并按规定穿绝缘鞋、戴绝缘手套、使用绝缘工具，严禁带电作业和带负荷插拔插头等。

知识点二　现场临时用水管理

1. 现场临时用水包括生产用水、机械用水、生活用水和消防用水。

2. 现场临时用水必须根据现场工况编制临时用水方案，建立相关的管理文件和档案资料。

3. 消防用水一般利用城市或建设单位的永久消防设施。如自行设计，消防干管直径应不小于100mm，消火栓处昼夜要有明显标志，配置足够的水龙带，周围3m内不准存放物品。

4. 高度超过24m的建筑工程，应安装临时消防竖管，管径不得小于75mm，严禁将消防竖管作为施工用水管线。

5. 消防供水要保证足够的水源和水压。消防泵应使用专用配电线路，保证消防供水。

消防管径规定：

1. 永久消防设施，如自行设计，消防干管直径应不小于100mm。

2. 高度超过24m的建筑工程，应安装临时消防竖管，管径不得小于75mm，严禁消防竖管作为施工用水管线。

 大纲考点：安全警示牌的布置原则

知识点一 安全警示牌的类型

安全标志分为禁止标志、警告标志、指令标志和提示标志四大类型。

知识点二 不同安全警示牌的作用和基本形式

1. 禁止标志是用来禁止人们不安全行为的图形标志。基本形式是红色带斜杠的圆边框，图形是黑色，背景为白色。

2. 警告标志是用来提醒人们对周围环境引起注意，以避免发生危险的图形标志。基本形式是黑色正三角形边框，图形是黑色，背景为黄色。

3. 指令标志是用来强制人们必须做出某种动作或必须采取一定防范措施的图形标志。基本形式是黑色圆形边框，图形是白色，背景为蓝色。

4. 提示标志是用来向人们提供目标所在位置与方向性信息的图形标志。基本形式是矩形边框，图形文字是白色，背景是所提供的标志，为绿色。消防设备提示标志用红色。

知识点三 安全警示牌的设置原则

标准、安全、醒目、便利、协调、合理。

知识点四 使用安全警示牌的基本要求

现场出入口、施工起重机械、临时用电设施、脚手架、通道口、楼梯口、电梯井口、孔洞、基坑边沿、爆炸物及有毒害物质存放处等属于存在安全风险的重要部位，应当设置明显的安全警示标牌。

多个安全警示牌在一起布置时，应按警告、禁止、指令、提示类型的顺序，先左后右、先上后下进行排列。各标志牌之间的距离至少应为标志牌尺寸的0.2倍。

大纲考点：施工现场综合考评分析

知识点 一 **施工现场综合考评的内容**

建设工程施工现场综合考评的内容，分为建筑业企业的施工组织管理、工程质量管理、施工安全管理、文明施工管理和建设、监理单位的现场管理五个方面。

知识点 二 **施工现场综合考评办法及奖罚**

1. 对于施工现场综合考评发现的问题，由主管考评工作的建设行政主管部门根据责任情况，向建筑业企业、建设单位或监理单位提出警告。

2. 对于一个年度内同一个施工现场被两次警告的，根据责任情况，给予建筑业企业、建设单位或监理单位通报批评的处罚；给予项目经理或监理工程师通报批评的处罚。

3. 对于一个年度内同一个施工现场被三次警告的，根据责任情况，给予建筑业企业或监理单位降低资质一级的处罚；给予项目经理、监理工程师取消资格的处罚；责令该施工现场停工整顿。

 真题回顾

一、单项选择题

1. 施工现场进行一级动火作业前，应由（　　）审核批准。

A. 安全监理工程师　　　　　　　　　B. 企业安全管理部门

C. 项目负责人　　　　　　　　　　　D. 项目安全管理部门

【答案】B

【解析】一级动火作业由项目负责人组织编制防火安全技术方案，填写动火申请表，报企业安全管理部门审查批准后，方可动火。

2. 关于施工现场泥浆处置的说法，正确的是（　　）。

A. 可直接排入市政污水水管网

B. 可直接排入市政雨水管网

C. 可直接排入工地附近的城市景观河

D. 可直接外运至指定地点

【答案】D

【解析】现场产生的泥浆、污水未经处理不得直接排入城市排水设施、河流、湖泊、池塘。本题选 D。

3. 关于施工现场临时用水管理的说法，正确的是（　　）。

A. 高度超过 24m 的建筑工程严禁把消防管兼作施工用水管线

B. 施工降水不可用于临时用水

C. 自行设计消防用水时消防干管直径最小应为 150mm

D. 消防供水中的消防泵可不使用专用配电线路

【答案】A

【解析】现场临时用电用水管理包括：现场临时用水必须根据现场工况编制临时用水方案，建立相关的管理文件盒档案资料，故 B 不对。消防用水一般利用城市或建设单位的永久消防设施。如自行设计，消防干管直径应不小于 100mm，故 C 不对。消防泵应使用专用配电线路，保证消防供水，故 D 不对；高度超过 24m 的建筑工程，应安装临时消防竖管，管径不得小于 75mm，严禁消防竖管作为施工用水管。

4. 无须办理动火证的作业是（　　）。

A. 登高焊、割作业　　　　　　　B. 密闭容器内动火作业

C. 现场食堂用火作业　　　　　　D. 比较密封的地下室动火作业

【答案】C

【解析】需办理动火证的作业包括：电焊、气割、喷灯、电钻、砂轮、火花、炽热表面或使用易燃易爆介质温度高于燃点的施工作业。危险性较大的登高焊、割作业；比较封闭的室内、室容器内、地下室等场所。

5. 关于某建筑工程（高度 28m）施工现场临时用水的说法，正确的是（　　）。

A. 现场临时用水仅包括生产用水、机械用水和消防用水三部分

B. 自行设计的消防用水系统，其消防干管直径不小于 75mm

C. 临时消防竖管管径不得小于 75mm

D. 临时消防竖管可兼作施工用水管线

【答案】C

【解析】高度超过 24m 的建筑工程，应安装临时消防竖管，管径不得小于 75mm，严禁消防竖管作为施工用水管线。

二、案例分析题

1. 【背景资料】

某高校新建宿舍楼工程，地下一层，地上五层，钢筋混凝土框架结构，采用悬臂式钻孔灌注桩作为基坑支护结构，施工总承包单位按规定在土方开挖过程中实施桩顶位移监测，并设定了检测预警值。

项目经理安排安全员制作了安全警示标志牌，并设置了存在风险的重要位置，监理工程师在巡查施工现场时，发现仅设置了警告类标志，要求补充齐全其他类型警示标示牌。

【问题】

题中，除了警告标志外，施工现场通常还应设置哪些类型的安全警示标志？

【参考答案】

安全警示标志有以下几种：警告标志、禁止标志、指令标志和提示标志。后三种安全警示标志同样需要在现场设置。

2. 【背景资料】

某工程基坑深 8m，支护采用桩锚体系，桩数共计 200 根。基础采用桩筏形式，桩数共计 400 根。毗邻基坑东侧 12m 处即有密集居民区，居民区和基坑之间的道路下 1.8m 处埋设有市政管道。项目实施过程中发生如下事件：

基坑施工过程中，因工期较紧，专业分包单位夜间连续施工。挖掘机、桩机等施工机械噪声较大，附近居民意见很大，到有关部门投诉。有关部门责成总承包单位严格遵守文明施工作业时间段规定，现场噪声不得超过国家标准《建筑施工场界噪声限值》的规定。

【问题】

（1）根据《建筑施工场界噪声限值》的规定，挖掘机、桩机昼间和夜间施工噪声限值分别是多少？

（2）根据文明施工要求，在居民密集区进行强噪声施工，作业时间段有什么具体规定？特殊情况需要昼夜连续施工，需做好哪些工作？

【参考答案】

（1）昼间施工挖掘机：75dB；桩机：85dB。

夜间挖掘机：55dB；桩机：禁止施工。

（2）22：00至次日6：00禁止施工。

连续施工要求：①须在工程开工之前向所在地县级以上地方人民政府环境保护管理部门申请登记。②作业计划、影响范围、程度及有关情况向周边居民和单位通报说明，取得协作和配合。③对于施工机械噪声与震动扰民，应有相应的降噪减振控制措施。

 知识拓展

一、单项选择题

1. 施工现场安全四大类标志中，"系安全带"属于（   ）标志。

A. 指令   B. 禁止   C. 警告   D. 提示

2. 施工现场污水排放要与所在地县级以上人民政府（   ）部门签署污水排放许可协议、申领《临时排水许可证》。

A. 环境管理   B. 市政管理

C. 环境保护管理   D. 环境卫生管理

3. 我国消防安全的基本方针不包括（   ）。

A. 预防为主   B. 防消结合   C. 治理为主   D. 综合治理

二、多项选择题

1. 固体废物的处理中，属于化学处理方式的有（   ）。

A. 氧化还原   B. 化学浸出

C. 压实浓缩   D. 脱水干燥

E. 厌氧处理

2. 安全警示牌设置的原则包括（   ）。

A. 标准、便利   B. 安全、协调

C. 醒目、合理   D. 经济、醒目

E. 简洁、标准

3. 施工现场照明用电中，电源电压不得大于36V的是（   ）。

A. 仓库   B. 料具堆放场所

C. 隧道   D. 高温场所

E. 比较潮湿的场所

4. 关于施工安全管理任务的说法，正确的有（   ）。

A. 施工平面图设计是施工安全管理计划的主要内容

B. 施工班组应设置兼职的安全员

C. 施工安全管理控制主要以施工活动中的人力、物力和环境为对象

D. 创造安全文明示范工地是施工安全管理目标实施的主要内容之一

E. 所有施工项目均应制定单项安全技术方案和措施

三、案例分析题

1.【背景资料】

某工程设计已完成，施工图纸具备，施工现场已完成"三通一平"工作，已具备开工条件。

【问题】

施工现场"三通一平"具体指什么？

2.【背景资料】

某施工单位承接了一师范大学教学综合楼工程，建筑面积28000m²，9层框架结构。进场后，根据现场情况，项目经理部组织编制了现场临时用水用电的方案，并完成了临电、临水设施的布设。主体施工阶段共有两家分包单位进场施工。为满足二次结构施工用水及消防安全需要，建筑物竖向安装了一根管径50mm的供水管，为每个楼层提供水源。

【问题】

（1）现场总包单位与分包单位在临时用电设施使用上需要履行什么手续？总包单位应履行哪些管理职责？

（2）高度超过24m的建筑工程施工用水和消防用水是否可以共用一根竖向水管？

（3）该项目安装的竖向消防水管的管径尺寸是否符合要求？高度超过24m的建筑工程安装的临时消防竖管，管径最小不得小于多少？

3.【背景资料】

一写字楼项目位于城市中心地带，一期工程建筑面积30000m²，框架为剪力墙结构，箱形基础。施工现场设置一混凝土搅拌站。由于工期紧，混凝土需用量大，施工单位自行决定实行"三班倒"连续进行混凝土搅拌和浇筑作业，周边社区居民对此意见很大，纷纷到现场质询并到有关部门进行投诉，有关部门对项目部进行了经济处罚，并责令项目部进行了整改。为达到文明工地标准，现场设置了"五牌一图"。

【问题】

（1）建筑工程施工常见的引发噪声排放的重要因素是什么？

（2）《建筑施工场界噪声限值》标准关于建筑工程结构施工阶段的噪声限值是多少？

（3）施工现场设置的"五牌一图"指的是什么？

（4）施工现场因特殊情况确实需要夜间施工的应该怎么办？

参考答案

一、单项选择题

1. A　2. B　3. C

二、多项选择题

1. AB　2. ABC　3. CDE　4. ABC

三、案例分析题

1. "三通一平"具体指：水通、电通、路通和场地平整。

2. （1）工程总包单位与分包单位应订立临时用电管理协议。总包单位应按照协议约定对分包单位的用电设施和日常用电管理进行监督、检查和指导。

（2）不可以。

（3）不符合要求。管径不得小于75mm。

3.（1）主要有施工机械作业、模板支拆、清理和修复作业、脚手架安装与拆除作业等产生的噪声排放。

（2）结构施工阶段白天施工不允许超过70dB，夜间施工不得超过55dB。

（3）"五牌一图"指的是工程概况牌、管理人员名单及监督电话牌、消防保卫牌、安全生产牌、文明施工和环境保护牌及施工现场总平面图。

（4）夜间施工的，除采取一定的降噪措施外，还需办理夜间施工许可证明，并以公告形式告之附近社区居民。

第九章　建筑工程验收管理

 **大纲考点：检验批及分项工程的质量验收**

知识点 一　**检验批的质量验收**

1. 检验批是建筑工程质量验收的最小单元。

2. 检验批的质量验收记录由施工项目专业质量检查员填写，监理工程师（建设单位项目专业技术负责人）组织项目专业质量检查员等进行验收，并按照检验批质量验收记录填写。

采 分 点

检验批质量合格规定：

1. 主控项目和一般项目的质量经抽样检验合格。

2. 具有完整的施工操作依据、质量检查记录。

知识点 二　**分项工程的质量验收**

1. 建筑工程分项工程可由一个或若干个检验批组成。

2. 分项工程质量应由监理工程师（建设单位项目专业技术负责人）组织项目专业技术负责人等进行验收，并按分项工程质量验收记录填写。

采 分 点

分项工程质量合格规定：

1. 分项工程所含的检验批均应符合合格质量的规定。

2. 分项工程所含的检验批的质量验收记录应完整。

 大纲考点：分部工程的质量验收

知识点 一　**分部工程质量验收程序和组织**

分部工程应由总监理工程师（建设单位项目负责人）组织施工单位项目负责人和技术质量负责人等进行验收；地基与基础、主体结构分部工程的勘察、设计单位工程项目人和施工

单位技术、质量部门负责人也应参加相关分部工程验收。

 **知识点 二 分部工程质量验收合格规定**

1. 分部工程所含分项工程的质量均应验收合格。
2. 质量控制资料应完整。
3. 地基与基础、主体结构和设备安装等分部工程有关安全及功能的检验和抽样检测结果应符合有关规定。
4. 观感质量验收应符合要求。

 采 分 点

分部工程质量验收合格规定。

大纲考点：室内环境质量验收

知识点 建筑工程室内环境质量验收

1. 民用建筑工程根据控制室内环境污染的不同要求，划分为两类：

（1） Ⅰ类民用建筑工程：住宅、医院、老年建筑、幼儿园、学校教室等民用建筑工程。

（2） Ⅱ类民用建筑工程：办公楼、商店、旅馆、文化娱乐场所、书店、图书馆、展览馆、体育馆、公共交通等候室、餐厅、理发店等民用建筑工程。

2. 民用建筑工程室内环境质量验收的时间：应在工程完工至少7d以后、工程竣工验收前进行。

3. 检测数量的规定

（1） 民用建筑工程验收时，应抽检有代表性的房间室内环境污染物浓度，检测数量不得少于5%，并不得少于3间。房间总数少于3间时，应全数检测。

（2） 民用建筑工程验收时，凡进行了样板间室内环境污染物浓度测试结果合格的，抽检数量减半，并不得少于3间。

（3） 民用建筑工程验收时，室内环境污染物浓度检测点应按房间面积设置。

表 2-1 室内环境污染物浓度检测点数设置

房间使用面积（㎡）	检测点数（个）
<50	1
≥50，<100	2
≥100，<500	不少于3
≥500，<1000	不少于5
≥1000，<3000	不少于6
≥3000	不少于9

（4） 当房间内有2个及以上检测点时，应取各点检测结果的平均值作为该房间的检测值。

（5）民用建筑工程验收时，环境污染物浓度现场检测点应距内墙面不小于0.5m、距楼地面高度0.8~1.5m。检测点应均匀分布，避开通风道和通风口。

（6）民用建筑工程室内环境中游离甲醛、苯、氨、总挥发性有机化合物（TVOC）浓度检测时，对采用集中空调的民用建筑工程，应在空调正常运转的条件下进行；对采用自然通风的民用建筑工程，检测应在对外门窗关闭1h后进行。

（7）民用建筑工程室内环境中氡浓度检测时，对采用集中空调的民用建筑工程，应在空调正常运转的条件下进行；对采用自然通风的民用建筑工程，检测应在对外门窗关闭24h后进行。

4. 检测结果处理

当室内环境污染物浓度检测结果不符合本规范的规定时，应查找原因并采取措施进行处理，并可进行再次检测。再次检测时，抽检数量应增加1倍。室内环境污染物浓度再次检测结果全部符合本规范的规定时，应判定为室内环境质量合格。

1. 验收时间：应在工程完工至少7d以后、工程竣工验收前进行。
2. 检测方法：对采用集中空调的，应该在空调正常运转下进行；对采用自然通风的，应在对外门窗关闭1h后进行。
3. 检测项目：游离甲醛、苯、氨、总挥发性有机化合物（TVOC）。

 大纲考点：节能工程质量验收

知识点　建筑节能工程施工质量验收

1. 验收人员

节能工程是单位工程中的一个分部工程，包括10个分项工程。建筑节能分部工程质量验收应由总监理工程师（建设单位项目负责人）主持，施工单位项目经理、项目技术负责人和相关专业的质量检查员、施工员参加；施工单位的质量或技术负责人应参加；设计单位节能设计人员应参加。

2. 建筑节能工程质量验收合格规定

（1）分项工程应全部合格。
（2）质量控制资料应完整。
（3）外墙节能构造现场实体检测结果应符合设计要求。
（4）严寒、寒冷和夏热冬冷地区的外窗气密性现场实体检测结果应合格。
（5）建筑设备工程系统节能性能检测结果应合格。

3. 建筑节能分部工程质量验收核查的资料

（1）设计文件、图纸会审记录、设计变更和洽商。
（2）主要材料、设备和构件的质量证明文件、进场检验记录、进场核查记录、进场复验报告、见证试验报告。
（3）隐蔽工程验收记录和相关图像资料。
（4）分项工程质量验收记录；必要时应该核查检验批验收记录。
（5）建筑围护结构节能构造现场实体检验记录。

（6）严寒、寒冷和夏热冬冷地区外窗气密性现场检测报告。

（7）风管及系统严密性检验记录。

（8）现场组装的组合式空调机组的漏风量测试记录。

（9）设备单机试运行及调试记录。

（10）系统联合试运转及调试记录。

（11）系统节能性能检验报告。

（12）其他对工程质量有影响的重要技术资料。

建筑节能分部工程质量验收应由总监理工程师（建设单位项目负责人）主持。

大纲考点：消防工程竣工验收

知识点 消防验收

在工程竣工后，施工安装单位必须委托具备资格的建筑消防设施检测单位进行技术测试，取得建筑消防设施技术测试报告。

建设单位应当向公安消防监督机构提出工程消防验收申请，送达建筑消防设施技术测试报告，填写《建筑工程消防验收申报表》，并组织消防验收。消防验收不合格的，施工单位不得交工，建筑物的所有者不得接收使用。

大纲考点：单位工程竣工验收

知识点 单位工程竣工验收

1. 单位工程竣工验收的程序和组织

（1）建设单位收到工程验收报告后，应由建设单位（项目）负责人组织施工（含分包单位）、设计、监理等单位（项目）负责人进行单位（子单位）工程验收。勘察单位虽然也是责任主体，但已经参加了地基验收，故单位工程验收时可以不参加。

（2）在一个单位工程中，对满足生产要求或具备使用条件，施工单位已预验，监理工程师已初验通过的子单位工程，建设单位可组织进行验收。

（3）单位工程有分包单位施工时，分包单位负责人也应参加验收。

（4）当参加验收各方对工程质量验收意见不一致时，可请当地建设行政主管部门或工程质量监督机构（也可是其委托的部门、单位或各方认可的咨询单位）协调处理。

（5）单位工程质量验收合格后，建设单位应在规定时间内将工程竣工验收报告和有关文件报县级以上人民政府建设行政主管部门或其他有关部门备案。否则，不允许投入使用。

2. 单位工程质量验收合格应符合下述规定

（1）单位工程所含分部（子分部）工程的质量均应验收合格。

（2）质量控制资料应完整。

（3）单位工程所含分部工程有关安全和功能的检测资料应完整。

（4）主要功能项目的抽查结果应符合相关专业质量验收规范的规定。

（5）观感质量验收应符合要求。

3. 当建筑工程质量不符合要求时，应按照下列规定进行处理

（1）经返工重做或更换器具、设备的检验批，应重新进行验收。

（2）经有资质的检测单位鉴定，能够达到设计要求的检验批，应予以验收。

（3）经有资质的检测单位鉴定，达不到设计要求，但经原设计单位核算认可能够满足结构安全和使用功能的检验批，可予以验收。

（4）经返修或加固处理的分项、分部工程，虽然改变外形尺寸但仍能满足安全使用要求，可按技术处理方案和协商文件进行验收。

（5）通过返修或加固处理仍不能满足安全使用要求的分部工程、单位（子单位）工程，严禁验收。

1. 由建设单位（项目）负责人组织施工（含分包单位）、设计、监理等单位（项目）负责人进行单位（子单位）工程验收。

2. 单位工程质量验收合格应符合的规定。

3. 建筑工程质量不符合要求时的处理方法。

 大纲考点：竣工资料的编制

知识点 一　工程资料分类

建筑工程资料可分为：工程准备阶段文件、监理资料、施工资料、竣工图和工程竣工文件5类。

知识点 二　工程资料移交与归档

1. 工程资料移交应符合下列规定

（1）施工单位应向建设单位移交施工资料。

（2）实行施工总承包的，各专业承包单位应向施工总承包单位移交施工资料。

（3）监理单位应向建设单位移交监理资料。

（4）工程资料移交时应及时办理相关移交手续，填写工程资料移交书、移交目录。

（5）建设单位应按国家有关法规和标准规定向城建档案管理部门移交工程档案，并办理相关手续。有条件时，向城建档案管理部门移交的工程档案应为原件。

2. 工程资料归档应符合下列规定

工程资料归档保存期限应符合国家现行有关标准的规定；当无规定时，不宜少于5年。

工程资料归档保存期限应符合国家现行有关标准的规定；当无规定时，不宜少于5年。

一、单项选择题

1. 根据建筑工程施工质量验收统一标准，单位工程竣工验收应由（　　）组织。

A. 建设单位项目负责人

B. 监理单位项目负责人

C. 施工单位项目负责人

D. 质量监督机构

【答案】A

【解析】建设单位（项目）负责人组织施工（含分包单位）、设计、监理等单位（项目）负责人进行单位（子单位）工程验收。

2. 根据建筑工程施工质量验收统一标准，建筑工程质量验收的最小单元是（　　）。

A. 单位工程　　　B. 分部工程　　　C. 分项工程　　　D. 检验批

【答案】D

【解析】检验批是指按统一的生产条件或按规定的方式汇总起来供检验用的，由一定数量样本组成的检验体。它是建筑工程质量验收的最小单元。

3. 向当地城建档案管理部门移交工程竣工档案的责任单位是（　　）。

A. 建设单位　　　B. 监理单位　　　C. 施工单位　　　D. 分包单位

【答案】A

【解析】建设单位应按国家有关法规和标准规定向承建档案管理部门移交工程档案，并办理相关手续。

二、多项选择题

1. 必须参加单位工程竣工验收的单位有（　　）。

A. 建设单位

B. 施工单位

C. 勘察单位

D. 监理单位

E. 设计单位

【答案】ABDE

【解析】建设单位收到工程验收报告后，应由建设单位（项目）负责人组织施工（含分包单位）、设计、监理等单位（项目）负责人进行单位（子单位）工程验收。勘察单位虽然也是责任主体，但已经参加了地基验收，故单位工程验收时可以不参加。

2. 根据《建筑工程施工质量验收统一标准》（GB 50300），单位工程竣工验收应由（　　）组织。

A. 施工单位　　　B. 建设单位　　　C. 监理单位　　　D. 设计单位

【答案】B

【解析】单位工程完成后，施工单位首先要依据质量标准、设计图纸等组织有关人员进行自检，并对检查结果进行评定，符合要求后向建设单位提交工程验收报告和完整的质量资料，请建设单位组织验收。

三、案例分析题

1. 【背景资料】

某人防工程，建筑面积5000m²，地下一层，层高4.0m。基础埋深为自然地面以下6.5m。建设单位委托监理单位对工程实施全过程监理。建设单位和某施工单位根据《建设工程施工合同（示范文本）》（GF—1999 – 0201）签订了施工承包合同。

工程在设计时就充分考虑"平战结合、综合使用"的原理。平时用作停车库，人员通过电梯或楼梯通道上到地面。工程竣工验收时，相关部门对主体结构、建筑电气、通风空调、装饰装修等分部工程进行了验收。

【问题】

根据人防工程的特点和题中的描述，本工程验收时还应包含哪些分部工程？

【参考答案】

本工程验收时还应包括电梯安装工程、人防工程、地下防水工程、屋面工程、给排水工程。

2.【背景资料】

某施工单位承建两栋15层的框架结构工程。合同约定：①钢筋由建设单位供应。②工程质量保修按国务院279号令执行。开工前施工单位编制了单位工程施工组织设计，并通过审批。

工程最后一次阶段验收合格，施工单位于2010年9月18日提交工程验收报告，建设单位于当天投入使用。建设单位以工程质量问题需要在使用中才能发现为由，将工程竣工验收时间推迟到11月18日进行，并要求《工程质量保修书》中竣工日期以11月18日为准。施工单位对竣工日期提出异议。

【问题】

施工单位对竣工日期提出异议是否合理？说明理由。写出本工程合理的竣工日期。

【参考答案】

建设单位已投入使用，即工程已合格。竣工日期即为使用日期，2010年9月18日。

 知识拓展

一、单项选择题

1. 发包人收到竣工验收报告后（　　）内组织验收，并在验收后（　　）内给予认可或提出修改意见。

A. 14d，28d 　　　B. 7d，14d 　　　C. 28d，14d 　　　D. 7d，28d

2. 检验批的质量验收记录由施工项目（　　）填写。

A. 专业技术负责人 　　　　　　　　B. 专业资料员

C. 专业施工员 　　　　　　　　　　D. 专业质量检查员

二、多项选择题

施工项目竣工质量验收的依据主要包括（　　）。

A. 双方签订的施工合同

B. 国家和有关部门颁发的施工规范

C. 设计变更通知书

D. 批准的设计文件、施工图纸说明书

E. 工程进度计划

三、案例分析题

1.【背景资料】

重庆某高层办公楼建筑平面形状为L形，设计采用混凝土小型砌块砌筑，墙体加构造柱。工程于2007年3月1日开工建设，2011年5月12日竣工。按照《建筑节能工程施工质量验收规范》规定，需先组织建筑节能分部工程质量验收。

【问题】

（1）该楼达到什么条件方可竣工验收？竣工验收应如何组织？

（2）建筑节能分部工程质量验收应由谁组织？应由哪些人员参加？

（3）建筑节能分部工程质量验收合格应符合哪些规定？

2.【背景资料】

某写字楼工程，地下1层，地上10层，当主体结构已基本完成时，施工企业根据工程实际情况，调整了装修施工组织设计文件，编制了装饰工程施工进度网络计划，经总监理工程师审核批准后组织实施。

由于建设单位急于搬进写字楼办公室，要求提前竣工验收，总监理工程师组织建设单位技术人员，施工单位项目经理及设计单位负责人进行了竣工验收。

【问题】

竣工验收是否妥当？说明理由。

3.【背景资料】

某写字楼大厦是一座现代化的智能型建筑，框架为剪力墙结构，地下3层，地上28层，建筑面积58000m²，施工总承包单位是该市第三建筑公司，由于该工程设备先进，要求高，因此该公司将机电设备安装工程分包给香港某公司。

【问题】

（1）该工程施工技术竣工档案应由谁上交到城建档案馆？

（2）香港某公司的竣工资料直接交给建设单位是否正确？为什么？

（3）该工程施工总承包单位和分包方香港某公司在工程档案管理方面的职责是什么？

（4）建设方在工程档案管理方面的职责是什么？

参考答案

一、单项选择题

1. C   2. D

二、多项选择题

BCD

三、案例分析题

1.（1）①该办公楼竣工验收的条件：完成建设工程设计和合同规定的内容。有完整的技术档案和施工管理资料。有工程使用的主要建筑材料、建筑构配件和设备的进场试验报告。有勘察、设计、施工、工程监理等单位分别签署的质量合格文件。有施工单位签署的工程质量保修书。②该办公楼竣工验收组织过程：该办公楼完工后，建筑公司首先要依据质量标准、设计图纸等组织有关人员进行自检，并对检查结果进行评定，符合要求后向建设单位提交工程验收报告和完整的质量资料，请建设单位组织验收。建设单位收到工程验收报告后，应由建设单位（项目）负责人组织施工（含分包单位）、设计、监理等单位（项目）负责人进行单位（子单位）工程验收。

（2）建筑节能分部工程质量验收应由总监理工程师（建设单位项目负责人）主持。施工单位项目经理、项目技术负责人和相关专业的质量检查员、施工员参加；施工单位的质量或技术负责人应参加；设计单位节能设计人员以及各相关专业监理工程师应参加。

（3）建筑节能工程质量验收合格应符合下述规定：

①分项工程应全部合格。②质量控制资料应完整。③外墙节能构造现场实体检测结果应符合设计要求。④严寒、寒冷和夏热冬冷地区的外窗气密性现场实体检测结果应合格。⑤建筑设备工程系统节能性能检测结果应合格。

2. 不妥当。因为竣工验收应分为三个阶段：

（1）竣工验收的准备：参与工程建设的各方应做好竣工验收的准备。

（2）初步验收：施工单位在自检合格基础上，填写竣工工程报验单，由总监理工程师组织专业监理工程师，对工程质量进行全面检查，经检查验收合格后，由总监签署工程竣工报验单，向建设单位提出质量评估报告。

（3）正式验收：由建设单位接到监理单位的质量评估和竣工报验单后，审查符合要求即组织正式验收。

3. （1）应由建设单位上交到城建档案馆。

（2）不正确。因为按规定香港某公司的竣工资料应先交给施工总承包单位，由施工总承包单位统一汇总后交给建设单位，再由建设单位上交到城建档案馆。

（3）总包单位负责收集、汇总各分包单位形成的工程档案，并应及时向建设单位移交；分包单位应将本单位形成的工程文件整理、立卷后及时移交总包单位。

（4）建设单位应履行以下职责：

①在工程招标及勘察、设计、施工、监理等单位签订协议、合同时，应对工程文件的套数、费用、质量、移交时间等提出明确要求。②收集和整理工程准备阶段、竣工验收阶段形成的文件，并应进行立卷归档。③负责组织、监督和检查勘察、设计、施工、监理等单位的工程文件的形成、积累和立卷归档工作。④收集和汇总勘察、设计、施工、监理等单位立卷归档的工程档案。⑤在组织工程竣工验收前，应提请当地的城建档案管理机构对工程档案进行预验收。未取得工程档案验收认可文件，不得组织工程竣工验收。⑥对列入城建档案馆（室）接收范围的工程，工程竣工验收后3个月内，向当地城建档案馆（室）移交一套符合规定的工程档案。

建 筑 工 程 管 理 与 实 务

第三部分

建筑工程项目施工相关
法规与标准

第一章　建筑工程相关法规

 大纲考点：民用建筑节能法规

知识点 一 **民用建筑节能的概念**

　　民用建筑节能，是指在保证民用建筑使用功能和室内热环境质量的前提下，降低其使用过程中能源消耗的活动。该条例对新建建筑节能、既有建筑节能、建筑用能系统运行节能及违反条例的法律责任做出规定。

知识点 二 **新建建筑节能**

　　1. 国家推广使用民用建筑节能的新技术、新工艺、新材料和新设备，限制使用或者禁止使用能源消耗高的技术、工艺、材料和设备。国务院节能工作主管部门、建设主管部门应当制定、公布并及时更新推广使用、限制使用、禁止使用目录。

　　2. 建设单位组织竣工验收，应当对民用建筑是否符合民用建筑节能强制性标准进行查验；对于不符合民用建筑节能强制性标准的，不得出具竣工验收合格报告。

　　3. 在正常使用条件下，保温工程的最低保修期限为 5 年。保温工程的保修期，自竣工验收合格之日起计算。

采 分 点

　　保温工程的最低保修期限 5 年保修期计算自竣工验收合格之日起计算。

知识点 三 **法律责任**

　　1. 违反本《条例》规定，施工单位未按照民用建筑节能强制性标准进行施工的，由县级以上地方人民政府建设主管部门责令改正，处民用建筑项目合同价款 2% 以上 4% 以下的罚款；情节严重的，由颁发资质证书的部门责令停业整顿，降低资质等级或者吊销资质证书；造成损失的，依法承担赔偿责任。

　　2. 违反本《条例》规定，施工单位有下列行为之一的，由县级以上地方人民政府建设主管部门责令改正，处 10 万元以上 20 万元以下的罚款；情节严重的，由颁发资质证书的部门责令停业整顿，降低资质等级或者吊销资质证书；造成损失的，依法承担赔偿责任。

　　（1）未对进入施工现场的墙体材料、保温材料、门窗、采暖制冷系统和照明设备进行查验的。

（2）使用不符合施工图设计文件要求的墙体材料、保温材料、门窗、采暖制冷系统和照明设备的。

（3）使用列入禁止使用目录的技术、工艺、材料和设备的。

3. 违反本《条例》规定，注册执业人员未执行民用建筑节能强制性标准的，由县级以上人民政府建设主管部门责令停止执业3个月以上1年以下；情节严重的，由颁发资格证书的部门吊销执业资格证书，5年内不予注册。

注册执业人员未执行民用建筑节能强制性标准的处罚由县级以上人民政府建设主管部门责令停止执业3个月以上1年以下；情节严重的，由颁发资格证书的部门吊销执业资格证书，5年内不予注册。

 大纲考点：建筑市场诚信行为信息管理办法

诚信行为记录由各省、自治区、直辖市建设行政主管部门在当地建筑市场诚信信息平台上统一公布。其中，不良行为记录信息的公布时间为行政处罚决定做出后7日内，公布期限一般为6个月至3年；良好行为记录信息公布期限一般为3年。各省、自治区、直辖市建设行政主管部门将确认的不良行为记录在当地发布之日起7d内报建设部。

不良行为公布期限一般为6个月至3年；良好行为记录信息公布期限一般为3年。

 大纲考点：危险性较大工程专项施工方案管理办法

知识点一 危险性较大的分部分项工程安全专项施工方案的定义

建筑工程实行施工总承包的，专项方案应当由施工总承包单位组织编制。其中，起重机械安装拆卸工程、深基坑工程、附着式升降脚手架等专业工程实行分包的，其专项方案可由专业承包单位组织编制。

知识点二 超过一定规模的危险性较大的分部分项工程的范围

1. 深基坑工程

（1）开挖深度超过5m（含5m）的基坑（槽）的土方开挖、支护、降水工程。

（2）开挖深度虽未超过5m，但地质条件、周围环境和地下管线复杂，或影响毗邻建（构）筑物安全的基坑（槽）的土方开挖、支护、降水工程。

2. 模板工程及支撑体系

（1）工具式模板工程：包括滑模、爬模、飞模工程。

（2）混凝土模板支撑工程：搭设高度8m及以上；搭设跨度18m及以上，施工总荷载15kN/m² 及以上；集中线荷载20kN/m 及以上。

（3）承重支撑体系：用于钢结构安装等满樘支撑体系，承受单点集中荷载700kg以上。

3. 起重吊装及安装拆卸工程

（1）采用非常规起重设备、方法，且单件起吊重量在 100kN 及以上的起重吊装工程。

（2）起重量 300kN 及以上的起重设备安装工程，高度 200m 及以上内爬起重设备的拆除工程。

4. 脚手架工程

（1）搭设高度 50m 及以上落地式钢管脚手架工程。

（2）提升高度 150m 及以上附着式整体和分片提升脚手架工程。

（3）架体高度 20m 及以上悬挑式脚手架工程。

5. 拆除、爆破工程

（1）采用爆破拆除的工程。

（2）码头、桥梁、高架、烟囱、水塔或拆除中容易引起有毒有害气（液）体或粉尘扩散、易燃易爆事故发生的特殊建筑物及构筑物的拆除工程。

（3）可能影响行人、交通、电力设施、通信设施或其他建筑物及构筑物安全的拆除工程。

（4）文物保护建筑、优秀历史建筑或历史文化风貌区控制范围的拆除工程。

6. 其他

（1）施工高度 50m 及以上的建筑幕墙安装工程。

（2）跨度大于 36m 及以上的钢结构安装工程；跨度大于 60m 及以上的网架和索膜结构安装工程。

（3）开挖深度超过 16m 的人工挖孔桩工程。

（4）地下暗挖工程、顶管工程、水下作业工程。

（5）采用新技术、新工艺、新材料、新设备及尚无相关技术标准的危险性较大的分部分项工程。

知识点 三 专家论证会人员组成和要求

1. 超过一定规模的危险性较大的分部分项工程专项方案应当由施工单位组织召开专家论证会。实行施工总承包的，由施工总承包单位组织召开专家论证会。

2. 专家组成员应当由 5 名及以上符合相关专业要求的专家组成，本项目参建各方人员不得以专家身份参加专家论证会。

3. 专家论证的主要内容：

（1）专项方案内容是否完整、可行。

（2）专项方案计算书和验算依据是否符合有关标准规范。

（3）安全施工的基本条件是否满足现场实际情况。

专家组成员应当由 5 名及以上符合相关专业要求的专家组成，本项目参建各方人员不得以专家身份参加专家论证会。

大纲考点：工程建设生产安全事故发生后的报告和调查处理程序

知识点一　事故报告的期限

事故发生后，事故现场有关人员应当立即向施工单位负责人报告；施工单位负责人接到报告后，应当于 1h 内向事故发生地县级以上人民政府建设主管部门和有关部门报告。

实行施工总承包的建设工程，由总承包单位负责上报事故。

事故报告后出现新情况，以及事故发生之日起 30d 内伤亡人数发生变化的，应当及时补报。

知识点二　报告的内容

1. 事故发生的时间、地点和工程项目、有关单位名称。
2. 事故的简要经过。
3. 事故已经造成或者可能造成的伤亡人数（包括下落不明的人数）和初步估计的直接经济损失。
4. 事故的初步原因。
5. 事故发生后采取的措施及事故控制情况。
6. 事故报告单位或报告人员。
7. 其他应当报告的情况。

 大纲考点：建筑工程严禁转包的有关规定

知识点　转包的定义

所谓"转包"，是指建筑工程的承包方将其承包的建筑工程倒手转让给他人，使他人实际上成为该建筑工程新的承包方的行为。

 大纲考点：建筑工程严禁违法分包的有关规定

知识点一　分包必须遵守的规定

1. 建筑工程主体结构的施工必须由总承包单位自行完成。
2. 合同中没有约定的，必须经招标人认可。
3. 禁止承包人将工程分包给不具备相应资质条件的单位。禁止分包单位将其承包的工程再分包。

知识点二　总承包的责任

建筑工程总承包单位按照总承包合同的约定对建设单位负责；分包单位按照分包合同的约定对总承包单位负责。总承包单位和分包单位就分包工程对建设单位承担连带责任。

大纲考点：工程保修有关规定

房屋建筑工程保修期从工程竣工验收合格之日起计算，在正常使用条件下，房屋建筑工程的最低保修期限为：

1. 地基基础工程和主体结构工程，为设计文件规定的该工程合理使用年限。
2. 屋面防水工程、有防水要求的卫生间、房间和外墙面的防渗漏为 5 年。
3. 供热与供冷系统，为 2 个采暖期、供冷期。
4. 电气管线、给排水管道、设备安装为 2 年。
5. 装修工程为 2 年。

 采 分 点

保修期限。

 大纲考点：房屋建筑工程竣工验收备案范围、期限与应提交的文件

知识点 备案时间和提交文件

建设单位应当自工程竣工验收合格之日起 15d 内，依照本办法规定，向工程所在地的县级以上地方人民政府建设行政主管部门（以下简称备案机关）备案。

建设单位办理工程竣工验收备案应当提交下列文件：

1. 工程竣工验收备案表。
2. 工程竣工验收报告。
3. 法律、行政法规规定应当由规划、环保等部门出具的认可文件或者准许使用文件。
4. 法律规定应当由公安消防部门出具的对大型的人员密集场所和其他特殊建设工程验收合格的证明文件。
5. 施工单位签署的工程质量保修书。
6. 法规、规章规定必须提供的其他文件。

住宅工程还应当提交《住宅质量保证书》和《住宅使用说明书》。

 采 分 点

建设单位应当自工程竣工验收合格之日起 15d 内向有关单位进行备案。

大纲考点：城市建设档案管理范围与档案报送期限

知识点 提交城建档案的时间

建设单位应当在工程竣工验收后三个月内，向城建档案馆报送一套符合规定的建设工程档案。

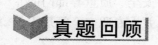 真题回顾

一、单项选择题

1. 下列选项中，《民用建筑节能条例》未指出规定的是（ ）节能。

A. 新建建筑 　　　　　　　　　　B. 既有建筑

C. 建材研制 　　　　　　　　　　D. 建筑用能系统运行

【答案】C

【解析】《民用建筑节能条例》规定了新建建筑节能、既有建筑节能、建筑用能系统运行、法律责任等。

2. 新建民用建筑在正常使用条件下，保温工程的最低保修期限为（ ）年。

A. 2 　　　　　　B. 5 　　　　　　C. 8 　　　　　　D. 10

【答案】B

【解析】新建民用建筑在正常使用条件下，保温工程的最低保修年限为 5 年。

二、案例分析题

1.【背景资料】

某工程基坑深 8m，支护采用桩锚体系，桩数共计 200 根。基础采用桩筏形式，桩数共计 400 根。毗邻基坑东侧 12m 处即有密集居民区，居民区和基坑之间的道路下 1.8m 处埋设有市政管道。

在基坑施工前，施工总承包单位要求专业分包单位组织召开深基坑专项施工方案专家论证会，本工程勘察单位项目技术负责人作为专家之一，对专项方案提出了不少合理化建议。

【问题】

题中存在哪些不妥？并分别说明理由。

【参考答案】

专业分包单位组织召开基坑专项施工方案专家论证会，本项目技术负责人作为专家组成员不妥。

正确做法：专项施工方案应由总包单位技术负责人编制，本项目技术负责人不得作为专家参与专项论证。

2.【背景资料】

某广场地下车库工程，建筑面积 18000m²。建设单位和某施工单位根据《建设工程施工合同（示范文本）》（GF—1999－0201）签订了施工承包合同，合同工期 140d。

工程实施过程中发生了下列事件：

项目经理部根据有关规定，针对水平混凝土构件模板（架）体系，编制了模板（架）工程专项施工方案，经过施工项目负责人批准后开始实施，仅安排施工项目技术负责人进行现场监督。

【问题】

题中，指出专项施工方案实施中有哪些不妥之处？说明理由。

【参考答案】

专项施工方案实施中的不妥之处：经施工项目负责人批准后开始实施，仅安排施工项目技术负责人进行现场监督。

理由：专项方案应当由施工单位技术部门组织本单位施工技术、安全、质量等部门的专业技术人员进行审核。经审核合格的，由施工单位技术负责人签字。并由专职安全管理人员进行现场监督。

3.【背景资料】

某新建办公楼，地下一层，筏板基础，地上十二层，剪力墙结构，筏板基础混凝土强度等级C30，抗渗等级P6，总方量1980m³，由某商品混凝土搅拌站供应，一次性连续浇筑。在施工现场内设置了钢筋加工区。

在工程竣工验收合格并交付使用一年后，屋面出现多处渗漏，建设单位通知施工单位立即进行免费维修。施工单位接到维修通知24h后，以已通过竣工验收为由不到现场，并拒绝免费维修。经鉴定，该渗漏问题因施工质量缺陷所致。建设单位另行委托其他单位进行修理。

【问题】

施工单位做法是否正确？说明理由。建设单位另行委托其他单位进行修理是否正确？说明理由。修理费用应如何承担？

【参考答案】

（1）施工单位的做法不正确。理由：在正常使用条件下，屋面防水工程的保修期限为5年，此处才交付使用一年，没有超过保修期限，应由施工单位负责修理。

（2）建设单位做法正确。理由：建设单位应负责工程的维修与管理。

（3）修理费应由施工单位承担。

 知识拓展

一、单项选择题

1. 在正常使用条件下，屋面防水工程的最低保修年限为（　　　）年。

A. 5　　　　　　　B. 3　　　　　　　C. 4　　　　　　　D. 2

2. 注册执业人员未执行民用建筑节能强制性标准的，由县级以上人民政府建设主管部门责令停止执业3个月以上一年以下；情节严重的，由颁发资格证书的部门吊销执业资格证书，（　　　）年内不予注册。

A. 5　　　　　　　B. 4　　　　　　　C. 3　　　　　　　D. 2

3. 关于正常使用条件下建设工程的最低保修期限的说法，正确的是（　　　）。

A. 房屋建筑的主体结构工程为30年

B. 保温工程为5年

C. 电气管线、给排水管道为3年

D. 装饰装修工程为1年

4. 下列有关分包的说法不正确的是（　　　）。

A. 承包人不得将其承包的全部建设工程转包给第三人

B. 中标人可以随意将中标项目的部分非主体、非关键工作分包给他人完成

C. 禁止分包单位将其承包的工程再分包

D. 施工总承包的，建筑工程主体结构的施工必须由总承包单位自行完成

5. 根据工程承包相关法律规定，建筑企业（　　　）承揽工程。

A. 可允许其他单位或者个人使用本企业的资质证书

B. 可以另一个建筑施工企业的名义

C. 只能在本企业资质等级许可的业务范围内

D. 可以超越本企业资质等级许可的业务范围

6. 我国建筑业企业资质分为（　　）三个序列。

A. 专业分包和劳务承包，工程总承包

B. 专业分包和劳务分包，施工总承包

C. 专业承包和劳务分包，施工总承包

D. 施工总承包和专业承包，工程总承包

二、多项选择题

1. 依据新建建筑节能规定的相应节能措施，其中（　　）不得在建筑活动中使用列入禁止使用目录的技术、工艺、材料和设备。

A. 施工单位

B. 建设单位

C. 监理单位

D. 设计单位

E. 勘察单位

2. 装饰装修工程施工管理签章文件中，合同管理不包括（　　）。

A. 工程分包合同

B. 劳动分包合同

C. 合同变更和索赔申报报告

D. 工程质量保修书

E. 合同补充、变更、中止、终止确认文件

3. 下列关于民用建筑节能的表述中，正确的有（　　）。

A. 达不到合理用能标准和节能设计规范要求的项目，依法审批的机关不得批准建设

B. 项目建成后，达不到合理用能标准和节能设计规范要求的，验收结论为不合格

C. 建设单位不得以任何理由要求设计单位擅自修改经审查合格的节能设计文件，降低建筑节能标准

D. 施工图设计文件不符合建筑节能强制性标准的，施工图设计文件审查结论应当定为不合格

E. 监理单位应当依照法律、法规以及建筑节能标准、节能设计文件、建设工程承包合同及监理合同对节能工程建设实施监理

4. 在正常使用条件下，建设工程的最低保修年限正确的是（　　）。

A. 屋面防水工程保修年限为 7 年

B. 供热与供冷系统，为 2 个采暖期、供冷期

C. 电气管线保修期限为 2 年

D. 装修工程为 2 年

E. 设备安装为 3 年

三、案例分析题

1.【背景资料】

某办公楼工程，首层高 4.8m，标准层高 3.6m，地下 1 层，地上 12 层，顶层房间为有保温层的轻钢龙骨纸面石膏板吊顶。建设工程承包单位在向建设单位提交竣工验收报告时，应当向建设单位出具质量保修书。

【问题】

该工程质量保修应明确哪些内容？

2.**【背景资料】**

某工程于 2011 年 7 月 1 日申报竣工，同年 7 月 15 日竣工验收合格，7 月 20 日工程移交，7 月 30 日办理了竣工验收备案手续。总包施工单位提交了工程质量保修书。在保修期间，建设单位找了一个家装施工队进行地板改造，将地埋采暖管损坏，冬季供暖时发生了跑水事故。医院在发生跑水后立即通知总包施工单位维修。地埋采暖管修复后，各方因维修费用的承担发生争议。

根据背景，作答下列题目：

（1）本案工程保修期的起算时间为（   ）。

A. 7 月 1 日   B. 7 月 15 日   C. 7 月 20 日   D. 7 月 30 日

（2）本案总包施工单位应在（   ）向建设单位提交质量保修书。

A. 7 月 1 日   B. 7 月 15 日   C. 7 月 20 日   D. 7 月 30 日

（3）在正常使用下，供热系统最低保修期限为（   ）。

A. 1 年   B. 2 年   C. 2 个采暖期   D. 5 年

（4）本案跑水事故发生后，总包施工单位接到保修通知后，正确的做法是（   ）。

A. 应在保修书约定的时间内予以维修

B. 不予维修

C. 立即到达现场抢修

D. 让医院通知家装队维修

（5）本案跑水事件维修完成后，应当由（   ）组织验收。

A. 总包施工单位   B. 医院

C. 监理单位   D. 家装队

（6）本案跑水维修费用应由（   ）承担。

A. 总包施工单位   B. 医院

C. 监理单位   D. 物业管理单位

（7）本案改扩建工程施工中产生的废弃物属于（   ）垃圾。

A. 工业   B. 医疗   C. 生活   D. 建筑

参考答案

一、单项选择题

1. A   2. A   3. B   4. B   5. C   6. C

二、多项选择题

1. ABD   2. DE   3. ACDE   4. BCD

三、案例分析题

1. 质量保修书中应当明确建设工程的保修范围、保修期限、保修责任等。

2.（1）B   （2）A   （3）C   （4）D   （5）B   （6）B   （7）D

第二章　建筑工程标准

第一节　建筑工程管理相关标准

 大纲考点：建设工程项目管理的有关规定

知识点一　项目管理规划

项目管理规划是指导项目管理工作的纲领性文件。项目管理规划应由组织的管理层或组织委托的项目管理单位编制。项目管理实施规划应对项目管理规划大纲进行细化，使其具有可操作性。项目管理实施规划应由项目经理组织编制。

大中型项目应单独编制项目管理实施规划；承包方的项目管理实施规划可以用施工组织设计或质量计划代替，但应满足项目管理实施规划要求。

编制项目管理实施规划应遵循下列程序：①项目相关各方的要求。②分析项目条件和环境。③相关的法规和文件。④组织编制。⑤履行报批手续。

项目管理实施规划应包括下列内容：①项目概况。②总体工作计划。③组织方案。④技术方案。⑤进度计划。⑥质量计划。⑦职业健康安全与环境管理计划。⑧成本计划。⑨资源需求计划。⑩风险管理计划。⑪信息管理计划。⑫项目沟通管理计划。⑬项目收尾管理计划。⑭项目现场平面布置图。⑮项目目标控制措施。⑯技术经济指标。

采分点

1. 项目管理规划是指导项目管理工作的纲领性文件。
2. 项目管理规划由组织的管理层或组织委托的项目管理单位编制。
3. 项目管理实施规划由项目经理组织编制。

知识点二　项目管理组织

建立项目经理部应遵循下列步骤：①根据项目管理规划大纲确定项目经理部的管理任务和组织结构。②根据项目管理目标责任书进行目标分解与责任划分。③确定项目经理部的组织设置。④确定人员的职责、分工和权限。⑤制定工作制度、考核制度与奖罚制度。

项目经理部的组织结构应根据项目的规模、结构、复杂程度、专业特点、人员素质和地域范围确定。

 **知识点三** 有关规定

1. 项目经理责任制

项目经理不应同时承担两个或两个以上未完项目领导岗位。

2. 项目职业健康安全管理

（1）组织应建立分级职业健康安全生产教育制度，实施公司、项目经理部和作业队三级教育，未经教育的人员不得上岗作业。

（2）工程开工前，项目经理部的技术负责人应向有关人员进行安全技术交底。

（3）项目经理部进行职业健康安全事故处理应坚持"事故原因不清楚不放过，事故责任者和人员没有受到教育不放过，事故责任者没有处理不放过，没有制定纠正和预防措施不放过"的原则。

（4）职业健康安全技术交底应符合下列规定：

①工程开工前，项目经理部的技术负责人应向有关人员进行安全技术交底。

②分部分项工程实施前，项目经理部的技术负责人应进行安全技术交底。

③项目经理部应保存安全技术交底记录。

3. 项目成本管理

项目经理部的成本管理应包括：成本计划、成本控制、成本核算、成本分析、成本考核。

采分点

1. 项目经理不应同时承担两个或两个以上未完项目领导岗位。

2. 项目经理部的成本管理应包括：成本计划、成本控制、成本核算、成本分析、成本考核。

 大纲考点：建筑工程施工质量验收有关规定

知识点一 基本规定

1. 建筑工程应按下列规定进行施工质量控制：

（1）建筑工程采用的主要材料、半成品、成品、建筑构配件、器具和设备应进行现场验收。凡涉及安全、功能的有关产品，应按各专业工程量验收规范规定进行复验，并应经监理工程师检查认可。

（2）各工序应按施工技术标准进行质量控制，每道工序完成后，应进行检查。

（3）相关各专业工种之间，应进行交接检验，并形成记录。未经监理工程师检查认可，不得进行下道工序施工。

2. 建筑工程施工质量应按下列要求进行验收：

（1）建筑工程质量应符合本标准和相关专业验收规范的规定。

（2）建筑工程施工应符合工程勘察、设计文件的要求。

（3）参加工程施工质量验收的各方人员应具备规定的资格。

（4）工程质量的验收均应在施工单位自行检查评定的基础上进行。

（5）隐蔽工程在隐蔽前应由施工单位通知有关单位进行验收，并应形成验收文件。

（6）涉及结构安全的试块、试件以及有关材料，应按规定进行见证取样检测。

（7）检验批的质量应按主控项目和一般项目验收。

（8）对涉及结构安全和使用功能的重要分部工程应进行抽样检测。

（9）承担见证取样检测及有关结构安全检测的单位应具有相应资质。

（10）工程的观感质量应由验收人员通过现场检查，并应共同确认。

未经监理工程师检查认可，不得进行下道工序施工。

知识点二 建筑工程质量验收

1. 检验批合格质量应符合下列规定：

（1）主控项目和一般项目的质量经抽样检验合格。

（2）具有完整的施工操作依据、质量检查记录。

2. 分项工程质量验收合格应符合下列规定：

（1）分项工程所含的检验批均应符合合格质量的规定。

（2）分项工程所含的检验批的质量验收记录应完整。

3. 分部（子分部）工程质量验收合格应符合下列规定：

（1）分部（子分部）工程所含分项工程的质量均应验收合格。

（2）质量控制资料应完整。

（3）地基与基础、主体结构和设备安装等分部工程有关安全及功能的检验和抽样检测结果应符合有关规定。

（4）观感质量验收应符合要求。

4. 单位（子单位）工程质量验收合格应符合下列规定：

（1）单位工程所含分部工程的质量均应验收合格。

（2）质量控制资料应完整。

（3）单位工程所含分部工程有关安全和功能的检测资料应完整。

（4）主要功能项目的抽查结果应符合相关专业质量验收规范的规定。

（5）观感质量验收应符合要求。

5. 当建筑工程质量不符合要求时，应按下列规定进行处理：

（1）经返工重做或更换器具、设备的检验批，应重新进行验收。

（2）经有资质的检测单位检测鉴定能够达到设计要求的检验批，应予以验收。

（3）经有资质的检测单位检测鉴定达不到设计要求，但经原设计单位核算认可能够满足结构安全和使用功能的检验批，可予以验收。

（4）经返修或加固处理的分项、分部工程，虽然改变外形尺寸但仍能满足安全使用要求，可按技术处理方案和协商文件进行验收。

6. 通过返修或加固处理仍不能满足安全使用要求的分部工程、单位（子单位）工程，严禁验收。

质量不合格处理规定。

知识点 三 建筑工程质量验收程序和组织

分部工程应由总监理工程师（建设单位项目负责人）组织施工单位项目负责人和技术、质量负责人等进行验收；地基与基础、主体结构分部工程的勘察、设计单位工程项目负责人和施工单位技术、质量部门负责人也应参加相关分部工程验收。

当参加验收各方对工程质量验收意见不一致时，可请当地建设行政主管部门或工程质量监督机构协调处理。

分部工程应由总监理工程师（建设单位项目负责人）组织施工单位项目负责人和技术、质量负责人等进行验收。

 大纲考点：建筑施工组织设计的有关规定

知识点 一 基本规定

1. 施工组织设计按编制对象，可分为施工组织总设计、单位工程施工组织设计和施工方案三个层次。

2. 施工组织设计应由项目负责人主持编制，可根据项目实际需要分阶段编制和审批。

3. 施工组织总设计应由总承包单位技术负责人审批；单位工程施工组织设计应由施工单位技术负责人或技术负责人授权的技术人员审批；施工方案应由项目技术负责审批；重点、难点分部（分项）工程和专项工程施工方案应由施工单位技术部门组织相关评审，施工单位技术负责人批准。

4. 由专业承包单位施工的分部（分项）工程或专项工程的施工方案，应由专业承包单位技术负责人或其授权的技术人员审批；有总承包单位时，应由总承包单位项目技术负责人核准备案。

施工组织设计的编制与审批。

知识点 二 施工组织总设计

1. 施工组织总设计主要包括：工程概况、总体施工部署、施工总进度计划、总体施工准备与主要资源配置计划、主要施工方法、施工总平面布置等几个方面。

2. 施工总平面布置应符合如下原则：

（1）平面布置科学合理，施工场地占用面积少。

（2）合理组织运输，减少二次搬运。

（3）施工区域的划分和场地的临时占用应符合总体施工部署和施工流程的要求，减少相互干扰。

（4）充分利用既有建（构）筑物和既有设施为项目施工服务，降低临时设施的建造费用。

（5）临时设施应方便生产和生活，办公区、生活区和生产区宜分离设置。

（6）符合节能、环保、安全和消防等要求。

（7）遵守当地主管部门和建设单位关于施工现场安全文明施工的相关规定。

 **采 分 点**

施工组织总设计的内容。

知识点 三 单位工程施工组织设计

单位工程施工组织设计主要包括工程概况、施工部署、施工进度计划、施工准备与资源配置计划、主要施工方案、施工现场平面布置等几个方面。

知识点 四 施工方案

施工方案主要包括工程概况、施工安排、施工进度计划、施工准备与资源配置计划、施工方法及工艺要求等几个方面。

 大纲考点：建设工程文件归档整理的有关规定

知识点 工程文件归档整理的有关规定

1. 在组织工程竣工验收前，应提请当地的城建档案管理机构对工程档案进行预验收。

2. 对列入城建档案馆（室）接收范围的工程，工程竣工验收后 3 个月内，向当地城建档案馆（室）移交一套符合规定的工程档案。

3. 工程文件可按建设程序划分为工程准备阶段的文件、监理文件、施工文件、竣工图、竣工验收文件 5 部分。

4. 工程文件的保管期限分为永久、长期、短期三种期限。密级分为绝密、机密、秘密三种。同一案卷内有不同密级的文件，应以高密级为本卷密级。

 采 分 点

同一案卷内有不同密级的文件，应以高密级为本卷密级。

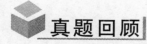 **真题回顾**

一、单项选择题

1. 建筑工程施工项目质量控制内容包括：①工序质量。②检验批质量。③分项工程质量。④分部工程质量。⑤单位工程质量。下列控制顺序中，正确的是（　　）。

A. ①②③④⑤　　　　B. ②①③⑤④　　　　C. ②①④③⑤　　　　D. ⑤④③②①

【答案】A

【解析】对于单位工程的质量验收，顺序为检验批质量、分项工程质量、分部（子分部）工程质量、单位（子单位）工程质量验收。以上四个顺序是质量验收，即完工后的质量控制。工序质量是在施工生产过程中的质量控制，所以在最前面，答案为 A。

2. 某大楼主体结构分部工程质量验收合格，则下列说法错误的是（　　）。

A. 该分部工程所含分项工程质量必定合格

B. 该分部工程质量控制资料必定完整

C. 该分部工程观感质量验收必定符合要求

D. 该单位工程质量验收必定合格

【答案】D

【解析】分部（子分部）工程质量验收合格应符合下列规定：①分部（子分部）工程所含分项工程的质量均应验收合格。②质量控制资料应完整。③地基与基础、主体结构和设备安装等分部工程有关安全及功能的检验和抽样检测结果应符合有关规定。④观感质量验收应符合要求。

3. 当建筑工程质量不符合要求时正确的处理方法是（　　）。

A. 经返工重做或更换器具，设备的检验批，不需要重新进行验收

B. 经有资质的检测单位检测鉴定能达到设计要求的检验批，应予以验收

C. 经有资质的检测单位检测鉴定能达到设计要求，虽经原设计单位核算能满足结构安全和使用功能的检验批，但仍不可予以验收

D. 经返修或加固处理的分项、分部工程，一律不予验收

【答案】B

【解析】经返工重做或更换器具，设备的检验批，应重新进行验收，所以 A 项错误；经有资质的检测单位检测鉴定达不到设计要求，但经原设计单位核算认可能够满足结构安全和使用功能的检验批，可予以验收，所以 C 项错误；经返修或加固处理的分项、分部工程，虽然改变外形尺寸但仍能满足安全使用要求，可按技术处理方案和协商文件进行验收，所以 D 项错误。

4. 根据《建设工程项目管理规范》（GB/T 50326）在满足项目管理实施规划要求的前提下，承包方的项目管理实施规划可以用（　　）代替。

A. 质量文件　　　　　　　　　　B. 安全生产责任制

C. 文明施工方案　　　　　　　　D. 劳动力、材料和机械计划

【答案】A

【解析】承包方的项目管理实施规划可以用施工组织设计或质量计划代替，但应能够满足项目管理实施规划的要求。

二、多项选择题

关于项目管理规划的说法，正确的有（　　）。

A. 项目管理规划是指导项目管理工作的纲领性文件

B. 项目管理规划包括项目管理规划大纲和项目管理实施规划

C. 项目管理规划大纲应由项目经理组织编制

D. 项目管理实施规划应由项目经理组织编制

E. 项目管理实施规划应进行跟踪检查和必要的调整

【答案】ABDE

【解析】 项目管理规划是指导项目管理工作的纲领性文件。项目管理规划应由组织的管理层或组织委托的项目管理单位编制。项目管理实施规划应由项目经理组织编制。

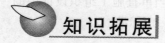 **知识拓展**

一、单项选择题

1. 检验批及分项工程应由（ ）（建设单位项目专业技术负责人）组织施工单位项目专业质量（技术）负责人等进行验收。

A. 专业监理工程师

B. 总监理工程师

C. 专业注册建造师

D. 专业注册项目工程师

2. 施工企业需要实施旁站监理的关键部位，施工前（ ）h，应当书面通知监理企业派驻工地的项目监理机构派员实施监理。

A. 1　　　　　　　　B. 7　　　　　　　　C. 14　　　　　　　　D. 24

3. 在工程项目开工前，建设工程质量监督机构在施工现场召开监督会议，公布监督方案，提出要求，并实行第一次监督检查工作，其监督检查的重点是（ ）。

A. 工程质量控制资料的完成情况

B. 特殊工种作业人员的操作质量

C. 分部分项工程实体的施工质量

D. 参与工程建设的各方主体的质量行为

4. 旁站监理时，发现施工企业有违反工程建设强制性标准行为的，应采取的措施是( )。

A. 责令施工企业整改

B. 向施工企业项目经理报告

C. 向建设单位驻工地代表报告

D. 向建设行政主管部门报告

5. 在施工过程中，必须经总监理工程师签字的事项是（ ）。

A. 建筑材料进场

B. 建筑设备安装

C. 隐蔽工程验收

D. 工程竣工验收

6. 技术论证，由（ ）报批准该项标准的建设行政主管部门或国务院有关主管部门审定。

A. 建设单位　　　　　B. 施工单位　　　　　C. 监理单位　　　　　D. 设计单位

7. 职业健康安全事故的处理内容有：①事故调查。②事故处理。③提交调查报告。④报告安全事故。⑤处理事故责任者。其处理的正确程序是（ ）。

A. ④①③②⑤　　　　　　　　　　　　　B. ①④②⑤③

C. ①②④③⑤　　　　　　　　　　　　　D. ④②①⑤③

8. 下列选项中，属于子分部工程的是（ ）。

A. 砖砌体工程   B. 土方开挖工程
C. 建筑地基工程   D. 防雷接地工程

9. 根据《建设工程安全生产管理条例》规定，工程监理单位应当审查施工组织设计中的安全技术措施或专项施工方案是否符合工程建设强制性标准和（   ）标准。

A. 监理单位制定的
B. 工程建设推荐的
C. 工程建设行业
D. 建设单位要求适用的

二、多项选择题

1. 按有关施工质量验收规范规定，必须进行现场质量检测且质量合格后方可进行下道工序的有（   ）。

A. 地基基础工程
B. 主体结构工程
C. 模板工程
D. 建筑幕墙工程
E. 钢结构及管道工程

2. 项目管理规划大纲是项目管理工作中具有战略性、全面性和宏观性的指导文件，应由（   ）编制。

A. 项目经理组织
B. 组织管理层
C. 组织委托的项目管理单位
D. 项目建设团队
E. 项目技术负责人

3. 项目经理责任制核心是项目经理承担实现项目管理目标责任书确定的责任。项目管理目标责任书应在项目实施之前，由（   ）与项目经理协商制定。

A. 授权人   B. 项目负责人
C. 项目管理人   D. 法定代表人
E. 项目技术负责人

参考答案

一、单项选择题

1. A   2. D   3. D   4. A   5. D   6. A   7. D   8. C   9. D

二、多项选择题

1. ABDE   2. BC   3. AD

第二节　建筑地基基础及主体结构工程相关技术标准

 大纲考点：建筑地基基础工程施工质量验收的有关规定

知识点一　地基

1. 对灰土地基、砂和砂石地基、土工合成材料地基、粉煤灰地基、强夯地基、注浆地基、预压地基，其竣工后的结果必须达到设计要求的标准。检验数量，每单位工程不应少于3点，1000m² 以上工程，每100m² 至少应有1点，3000m² 以上工程，每300m² 至少应有1点。每一独立基础下至少应有1点，基槽每20延米应有1点。

2. 对水泥搅拌复合地基、高压喷射注浆桩复合地基、砂桩地基、振冲桩复合地基、土和灰土挤密桩复合地基、水泥粉煤灰碎石桩复合地基及夯实水泥桩复合地基，其承载力检验，数量为总数的0.5%～1%，但不应少于3根。

知识点二　桩基础

1. 一般规定
桩位的放样允许偏差为：群桩20mm；单排桩10mm。

2. 静力压桩
压桩过程中应检查压力、桩垂直度、接桩间歇时间、桩的连接质量及压入深度、重要工程应对电焊接桩的接头做10%的探伤检查。对承受反力的结构应加强观测。施工结束后，应做桩的承载力及桩体质量检验。

3. 混凝土灌注桩
（1）施工中应对成孔、清渣、放置钢筋笼、灌注混凝土等进行全过程检查，人工挖孔桩尚应复验孔底持力层土（岩）性。嵌岩桩必须有桩端持力层的岩性报告。
（2）施工结束后，应检查混凝土强度，并应做桩体质量及承载力的检验。

 **采分点**

桩位的放样允许偏差为：群桩20mm；单排桩10mm。

知识点三　基坑工程

1. 基坑土方开挖的顺序、方法必须与设计工况相一致，并遵循"开槽支撑，先撑后挖，分层开挖，严禁超挖"的原则。

2. 基坑（槽）、管沟土方工程验收必须以确保支护结构安全和周围环境安全为前提。当设计有指标时，以设计要求为依据，如无设计指标时应按下表规定执行。

表 3 - 1   基坑变形的监控值   单位：（cm）

基坑类别	围护结构墙顶位移监控值	围护结构墙体最大位移监控值	地面最大沉降监控值
一级基坑	3	5	3
二级基坑	6	8	6
三级基坑	8	10	10

注：1. 符合下列情况之一者，为一级基坑：

（1）重要工程或支护结构做主体结构的一部分。

（2）开挖深度大于 10m。

（3）与邻近建筑物、重要设施的距离在开挖深度以内的基坑。

（4）基坑范围内有历史文物、近代优秀建筑、重要管线等需严加保护的基坑。

2. 三级基坑为开挖深度小于 7m，且周围环境无特别要求时的基坑。

3. 除一级和三级外的基坑属二级基坑。

4. 当周围已有的设施有特殊要求时，尚应符合这些要求。

1. 基坑土方开挖的顺序、方法必须与设计工况相一致，并遵循"开槽支撑，先撑后挖，分层开挖，严禁超挖"的原则。

2. 一级基坑规定。

 大纲考点：砌体结构工程施工质量验收的有关规定

知识点   砌体结构工程施工质量验收的有关规定

1. 砌体结构工程所用的材料应有产品合格证书、产品性能型式检验报告。块体、水泥、钢筋、外加剂应有材料主要性能的进场复验报告，并应符合设计要求。

2. 基底标高不同时，应从低处砌起，并应由高处向低处搭砌。

3. 砌体施工质量控制等级分为 A、B、C 三级，配筋砌体不得为 C 级施工。

4. 砌体结构工程检验批验收时，其主控项目应全部符合本规范的规定，一般项目应有 80% 及以上的抽检处符合本规范的规定。有允许偏差的项目，最大超差值为允许偏差值的 1.5 倍。

5. 砌体砌筑时，混凝土多孔砖、混凝土实心砖、蒸压灰砂砖、蒸压粉煤灰砖等块体的产品龄期不应小于 28d。不同品种的砖不得在同一楼层混砌。

6. 有冻胀环境和条件的地区，地面以下或防潮层以下的砌体，不应采用多孔砖。

7. 在厨房、卫生间、浴室等处采用轻骨料混凝土小型空心砌块、蒸压加气混凝土砌块砌筑墙体时，墙底部宜现浇混凝土坎台，其高度宜为 150mm。

1. 砌体施工质量控制等级分为 A、B、C 三级，配筋砌体不得为 C 级施工。

2. 砌体砌筑时，混凝土多孔砖、混凝土实心砖、蒸压灰砂砖、蒸压粉煤灰砖等块体的产品龄期不应小于 28d。

大纲考点：混凝土结构工程施工质量验收的有关规定

知识点 一　模板分项工程

1. 在浇筑混凝土之前，应对模板工程进行验收。
2. 涂刷模板隔离剂时，不得沾污钢筋和混凝土接槎处。

知识点 二　混凝土分项工程

取样与试件留置应符合下列规定：
1. 每拌制 100 盘且不超过 100m³ 同配合比的混凝土，取样不得少于一次。
2. 每工作班拌制的同一配合比混凝土不足 100 盘时，取样不得少于一次。
3. 当一次连续浇筑超过 1000m³ 时，同一配合比的混凝土每 200m³ 取样不得少于一次。
4. 每一楼层、同一配合比的混凝土，取样不得少于一次。
5. 每次取样至少留置一组标准养护试件，同条件养护试件留置组数根据实际需要确定。

 大纲考点：钢结构工程施工质量验收的有关规定

知识点 一　钢结构焊接工程

1. 焊工必须经考试合格并取得合格证书。持证焊工必须在其考试合格项目及其认可范围内施焊。应全数检查所有焊工的合格证及其认可范围、有效期。
2. 焊缝表面不得有裂纹、焊瘤等缺陷。一级、二级焊缝不得有表面气孔、夹渣、弧坑裂纹、电弧擦伤等缺陷，且一级焊缝不得有咬边、未焊满、根部收缩等缺陷。

 采 分 点

焊工必须经考试合格并取得合格证书。

知识点 二　钢结构涂装工程

薄涂型防火涂料涂层表面裂纹宽度不应大于 0.5mm；厚涂型防火涂料涂层表面裂纹宽度不应大于 1mm。

 大纲考点：屋面工程质量验收的有关规定

知识点　屋面工程质量验收的有关规定

1. 屋面找坡应满足设计排水坡度要求，结构找坡不应小于 3%，材料找坡宜为 2%；檐沟、天沟纵向找坡不应小于 1%，沟底水落差不得超过 200mm。
2. 用块体材料做保护层时，宜设置分格缝，分格缝纵横间距不应大于 10m，分格缝宽度宜为 20mm。用水泥砂浆做保护层时，表面应抹平压光，并应设表面分格缝，分格面积宜为

$1m^2$。用细石混凝土做保护层时，应振捣密实，表面应抹平压光，分格缝纵横间距不应大于6m。缝宽度宜为$10\sim20mm$。

3. 屋面垂直出入口防水屋收头应压在压顶圈下，附加层铺设应符合设计要求。屋面水平出入口防水层收头应压在混凝土踏步下，附加层铺设和护墙应符合设计要求。屋面出入口的泛水高度不应小于250mm。

屋面找坡应满足设计排水坡度要求，结构找坡不应小于3%，材料找坡宜为2%；檐沟、天沟纵向找坡不应小于1%，沟底水落差不得超过200mm。

大纲考点：地下防水工程质量验收的有关规定

知识点 地下防水工程质量验收的有关规定

1. 地下工程防水等级分为4级。

2. 地下防水工程施工期间，必须保持地下水位稳定在工程底部最低高程500mm以下，必要时应采取降水措施。对采用明沟排水的基坑，应保持基坑干燥。

3. 地下防水工程不得在雨天、雪天和五级风及其以上时施工。

4. 连续浇筑的防水混凝土，每$500m^3$应留置一组6个抗渗试件，且每项工程不得少于两组。

5. 后浇带混凝土应一次浇筑，不得留施工缝；混凝土浇筑后应及时养护，养护时间不得少于28d。

连续浇筑的防水混凝土，每$500m^3$应留置一组6个抗渗试件，且每项工程不得少于两组。

大纲考点：建筑地面工程施工质量验收的有关规定

知识点一 基层铺设

1. 灰土垫层应采用熟化石灰与黏土（或粉质黏土、粉土）的拌和料铺设，其厚度不应小于100mm。熟化石灰可采用磨细生石灰，亦可用粉煤灰代替。

2. 砂垫层厚度不应小于60mm；砂石垫层厚度不应小于100mm。

3. 碎石垫层和碎砖垫层厚度不应小于100mm。

4. 三合土垫层采用石灰、砂（可掺入少量黏土）与碎砖的拌和料铺设，其厚度不应小于100mm；四合土垫层应采用水泥、石灰、砂（可掺少量黏土）与碎砖的拌和料铺设，其厚度不应小于80mm。

5. 炉渣垫层采用炉渣、水泥与炉渣或水泥、石灰与炉渣的拌合料铺设，其厚度不应小于80mm。

6. 水泥混凝土垫层的厚度不应小于60mm，陶粒混凝土垫层的厚度不应小于80mm。

7. 厕浴间和有防水要求的建筑地面必须设置防水隔离层。

整体面层施工后，养护时间不应少于 7d；抗压强度应达到 5MPa 后，方准上人行走；抗压强度应达到设计要求后，方可正常使用。

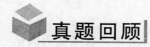 真题回顾

一、单项选择题

1. 抗渗混凝土试件每组（　　）块。

A. 三　　　　　　　　　B. 四　　　　　　　　　C. 五　　　　　　　　　D. 六

【答案】D

【解析】每组试件为六个，试块养护期不少于 28d，不超过 90d。

2. 下列选项中，属于分部工程的是（　　）。

A. 砖砌体工程　　　　　　　　　　　　B. 土方开挖工程

C. 建筑屋面工程　　　　　　　　　　　D. 防雷击接地工程

【答案】C

【解析】一般工业与民用建筑工程的分部工程包括：地基与基础工程、主体结构工程、装饰装修工程、屋面工程、给排水及采暖工程、电气工程、智能建筑工程、通风与空调工程、电梯工程。

3. 根据《混凝土结构工程施工质量验收规范》（GB 50204）规定：检验批中的一般项目，其质量经抽样检验应合格；当采用计数检验时，除有专门要求外，合格点率应达到（　　）及以上，且不得有严重缺陷。

A. 50%　　　　　　　　　B. 70%　　　　　　　　　C. 80%　　　　　　　　　D. 90%

【答案】C

【解析】检验批合格质量符合下列规定：①主控项目的质量经抽样检验合格。②一般项目的质量经抽样检验合格；当采用计数检验时，除有专门要求外，一般项目的合格点率达到80% 及以上，且不得有严重缺陷。③具有完全的施工操作依据和质量验收记录。

二、案例分析题

【背景资料】

某房屋建筑工程，建筑面积 6000m²，钢筋混凝土独立基础，现浇钢筋混凝土框架结构，填充墙采用蒸压加气混凝土砌块砌筑。根据《建筑工程施工合同》和《建设工程监理合同》，建设单位分别与中标的施工总承包单位和监理单位签订了施工总承包合同和监理合同。

监理工程师巡视第四层填充墙砌筑施工现场时，发现加气混凝土砌块填充墙体直接从结构楼面开始砌筑，砌筑到梁底并间歇 2d 后立即将其补齐挤紧。

【问题】

根据《砌体工程施工质量验收规范》，指出填充墙砌筑过程中的错误做法，并分别写出正确做法。

【参考答案】

错误做法：加气混凝土砌块填充墙墙体直接从结构楼面开始砌筑，砌筑完 2d 后补齐挤紧。

正确做法：填充墙砌体砌筑前，块材应提前 2d 浇水湿润；墙底部应砌烧结普通或多孔

砖，或普通混凝土小型空心砌块砖或现浇混凝土坎台等，其高度不应小于200mm。填充墙砌至接近梁、板底时，等填充墙砌至完并应至少间隔7d后，再将其补砌挤紧。

知识拓展

一、单项选择题

1. 某钢筋混凝土结构工程的框架柱表面出现局部蜂窝麻面，经调查分析，其承载力满足设计要求，则对该框架柱表面质量问题一般的处理方式是（　　　）。

A. 加固处理　　　　　　　　　　　B. 修补处理
C. 返工处理　　　　　　　　　　　D. 不作处理

2. 依据桩基础一般规定，单排桩的桩位放样允许偏差是（　　　）。

A. 40mm　　　　B. 30mm　　　　C. 20mm　　　　D. 10mm

3. 依据混凝土小型空心砌块砌体工程一般规定，施工时所用的小砌块的产品龄期不应小于（　　　）。

A. 28d　　　　B. 21d　　　　C. 14d　　　　D. 7d

4. 三级基坑为开挖深度（　　　），且周围环境无特别要求时的基坑。

A. 大于7m　　　B. 小于7m　　　C. 大于10m　　　D. 小于10m

二、多项选择题

1. 混凝土应按国家现场标准《普通混凝土配合比设计规程》（JGJ 55）的有关规定，根据混凝土（　　　）等要求进行配合比设计。

A. 吸水率　　　　　　　　　　　B. 强度等级
C. 耐久性　　　　　　　　　　　D. 工作性
E. 分层度

2. 经返修或加固处理的分项、分部工程，虽然改变外形尺寸但仍能满足安全使用要求，可按（　　　）进行验收。

A. 设计变更文件　　　　　　　　　B. 协商文件
C. 技术变更文件　　　　　　　　　D. 技术处理方案
E. 原设计文件

3. 混凝土结构工程现场质量管理应有相应的（　　　）。

A. 施工技术标准　　　　　　　　　B. 施工进度规划
C. 健全的质量管理体系　　　　　　D. 施工质量控制
E. 质量检验制度

4. 主体现浇结构拆模后，应由（　　　）对外观质量和尺寸偏差进行检查。

A. 设计单位　　　　　　　　　　　B. 施工单位
C. 监理单位　　　　　　　　　　　D. 建设单位
E. 勘察单位

三、案例分析题

1. 【背景资料】

某单位新建一车间，建筑面积860m²，建筑物檐高8.75m，砖混结构，屋面结构为后张法预应力梯形屋架，混凝土强度等级为C40，每层均设置构造柱和圈梁，现浇钢筋混凝土楼板，卷材屋面。施工中发生了如下事件：

事件一：四层砌筑砂浆强度不合格（偏低），但经原设计核算满足结构安全和使用功能要求。

事件二：屋架制作完成后，发现有一组屋架试块达不到设计强度，经现场回弹测得其强度仍达不到设计强度。

【问题】

（1）事件一是否需要补强加固？为什么？

（2）事件二如何处理？

2.【背景资料】

某工程建筑面积 25000m²，采用现浇混凝土结构，为筏板式基础，地下 3 层，地上 12 层，基础埋深 12.4m，该工程位于繁华市区，施工场地狭小。

主体结构施工到第 7 层时，由于甲方提出设计变更，因此使工程暂停施工，致使部分水泥运到现场的时间已达 100d。复工后，为了赶工，施工单位认为材料保管良好，直接将水泥投入使用，施工完毕后检查符合要求。

【问题】

施工单位认为材料保管良好，直接将水泥投入使用的做法是否正确？说明理由。

参考答案

一、单项选择题

1. B　2. D　3. A　4. B

二、多项选择题

1. BCD　2. BD　3. ACDE　4. BCD

三、案例分析题

1.（1）不需要补强加固。按现行规范规定可按核算结果予以验收。

（2）屋架的处理措施必须与设计师协商，通常可采取加固补强或返工重做。

2. 施工单位认为材料保管良好，直接将水泥投入使用的做法不正确。原因是按照规定，在使用中对水泥出厂超过 3 个月时，应进行复验，并按复验结果使用，而该批水泥运到现场已达 100d。

第三节　建筑装饰装修工程相关技术标准

 大纲考点：建筑幕墙工程技术规范中的有关规定

知识点　幕墙工程技术规范中的有关规定

1. 隐框和半隐框玻璃幕墙，其玻璃与铝型材的粘结必须采用中性硅酮结构密封胶；全玻幕墙和点支承玻璃幕墙采用镀膜玻璃时，不应采用酸性硅酮结构密封胶粘结。

2. 硅酮结构密封胶使用前，应经国家认可的检测机构进行与其相接触材料的相容性和剥离粘结性试验，并对邵氏硬度、标准状态拉伸粘结性能进行复验。检验不合格的产品不得使用。进口硅酮结构密封胶应具有商检报告。

3. 全玻幕墙的板面不得与其他刚性材料直接接触。板面与装修面或结构面之间的空隙不应小于8mm，且应采用密封胶密封。

4. 采用胶缝传力的全玻幕墙，其胶缝必须采用硅酮结构密封胶。

5. 除全玻幕墙外，不应在现场打注硅酮结构密封胶。

6. 当高层建筑的玻璃幕墙安装与主体结构施工交叉作业时，在主体结构的施工层下方应设置防护网；在距离地面约3m高度处，应设置挑出宽度不小于6m的水平防护网。

 采 分 点

1. 采用胶缝传力的全玻幕墙，其胶缝必须采用硅酮结构密封胶。

2. 除全玻幕墙外，不应在现场打注硅酮结构密封胶。

 大纲考点：住宅装饰装修工程施工的有关规定

知识点一 施工基本要求

1. 施工中，严禁损坏房屋原有绝热设施；严禁损坏受力钢筋；严禁超载集中堆放物品；严禁在预制混凝土空心楼板上打孔安装埋件。

2. 施工中，严禁擅自改动建筑主体、承重结构或改变房间主要使用功能；严禁擅自拆改燃气、暖气、通信等配套设施。

3. 施工现场用电应符合下列规定：

（1）施工现场用电应从户表以后设立临时施工用电系统。

（2）安装、维修或拆除临时施工用电系统，应由电工完成。

（3）临时施工供电开关箱中应装设漏电保护器。进入开关箱的电源线不得用插销连接。

（4）临时用电线路应避开易燃、易爆物品堆放地。

（5）暂停施工时应切断电源。

知识点二 防火安全

1. 易燃易爆材料的施工，应避免敲打、碰撞、摩擦等可能出现火花的操作。配套使用的照明灯、电动机、电气开关，应有安全防爆装置。

2. 施工现场动用电气焊等明火时，必须清除周围及焊渣滴落区的可燃物质，并设专人监督。

3. 严禁在运行中的管道、装有易燃易爆的容器和受力构件上进行焊接和切割。

4. 消防设施的保护。

知识点三 施工工艺要求

抹灰应分层进行，每遍厚度为5~7mm。抹石灰砂浆和水泥混合砂浆每遍厚度宜为7~9mm。当抹灰总厚度超出35mm，应采取加强措施。嵌入墙体、地面的管道其厚度应符合下列

要求：墙内冷水管不小于10mm，热水管不小于15mm，嵌入地面的管道不小于10mm。嵌入墙体、地面或暗敷的管道应进行隐蔽工程验收。

 大纲考点：建筑内部装修设计防火的有关规定

 **装修材料分级**

装修材料按其燃烧性能应划分为四级：A级——不燃性；B1级——难燃性；B2级——可燃性；B3级——易燃性。

钢龙骨上燃烧性能达到B1级的纸面石膏板、矿棉吸声板，可作为A级装修材料使用。

当胶合板表面涂覆一级饰面型防火涂料时，可作为B1级装修材料使用。

常用建筑内部装修材料燃烧性能等级划分（《建筑内部装修设计防火规范》GB 50222附录B）：各部位材料A级：天然石材、混凝土制品、石膏板、玻璃、瓷砖、金属制品等。

采 分 点

装修材料按其燃烧性能分级：

A级——不燃性；B1级——难燃性；B2级——可燃性；B3级——易燃性。

知识点二 **民用建筑的一般规定**

1. 除地下建筑外，无窗房间的内部装修材料的燃烧性能等级，除A级外，应在本规范规定的基础上提高一级。

2. 图书室、资料室、档案室和存放文物的房间，其顶棚、墙面应采用A级，地面应采用不低于B1级的装修材料。

3. 大中型电子计算机房、中央控制室、电话总机房等放置特殊贵重设备的房间，其顶棚和墙面应采用A级装修材料，地面及其他装修应采用不低于B1级的装修材料。

4. 建筑内部装修不应遮挡消防设施、疏散指示标志及安全出口，并且不应妨碍消防设施和疏散走道的正常使用。因特殊要求做改动时，应符合国家有关消防规范和法规的规定。

5. 建筑内部的厨房，其顶棚、墙面、地面均应采用A级装修材料。

6. 当歌舞厅、卡拉OK厅（含具有卡拉OK功能的餐厅）、夜总会、录像厅、放映厅、桑拿浴室（除洗浴部分外）、游艺厅（含电子游艺厅）、网吧等歌舞娱乐放映游艺场所（以下简称歌舞娱乐放映游艺场所）设置在一、二级耐火等级建筑的四层及四层以上时，室内的顶棚材料应采用A级，其他部位应采用不低于B1级；当设置在地下一层时，室内装修的顶棚、墙面材料应采用A级，其他部位应采用不低于B1级。

 大纲考点：建筑内部装修防火施工及验收的有关规定

知识点一 **建筑内部防火施工的基本规定**

1. 建筑内部装修工程的防火施工与验收，应按装修材料种类划分为纺织织物子分部装修工程、木质材料子分部装修工程、高分子合成材料子分部装修工程、复合材料子分部装修工程及其他材料子分部装修工程。

2. 装修施工应按设计要求编写施工方案，并应按规范要求填写有关记录；装修施工前，应对各部位装修材料的燃烧性能进行技术交底。

3. 装修材料进入施工现场后，应按本规范的有关规定，在监理单位或建设单位监督下，由施工单位有关人员现场取样，并应由具备相应资质的检验单位进行见证取样检验。

4. 装修施工过程中，应分阶段对所选用的防火装修材料按本规范的规定进行抽样检验。对隐蔽工程的施工，应在施工过程中及完工后进行抽样检验。现场进行阻燃处理、喷涂、安装作业的施工，应在相应的施工作业完成后进行抽样检验。

知识点 二 建筑内部防火施工应进行抽样检验的材料

1. 现场阻燃处理的纺织织物，每种取 $2m^2$ 检验燃烧性能。
2. 施工过程中受湿浸、燃烧性能可能受影响的纺织织物，每种取 $2m^2$ 检验燃烧性能。
3. 现场阻燃处理后的木质材料，每种取 $4m^2$ 检验燃烧性能。
4. 表面进行加工后的 B1 级木质材料，每种取 $4m^2$ 检验燃烧性能。
5. 现场阻燃处理后的泡沫塑料每种取 $0.1m^3$ 检验燃烧性能。
6. 现场阻燃处理后的复合材料每种取 $4m^2$ 检验燃烧性能。
7. 现场阻燃处理后的其他材料应进行抽样检验燃烧性能。

知识点 三 有关主控项目的规定

1. 木质材料表面进行防火涂料处理时，应对木质材料的所有表面进行均匀涂刷，且不应少于两次，第二次涂刷应在第一次涂层表面干后进行，涂刷防火涂料用量不应少于 $500g/m^2$。

2. 建筑隔墙或隔板、楼板的孔洞需要封堵时，应采用防火堵料严密封堵。采用防火堵料封堵孔洞、缝隙及管道井和电缆竖井时，应根据孔洞、缝隙及管道井和电缆竖井所在位置的墙板或楼板的耐火极限要求选用防火堵料。

3. 防火门的表面加装贴面材料或其他装修时，不得减小门框和门的规格尺寸，不得降低防火门的耐火性能，所用贴面材料的燃烧性能等级不应低于 B1 级。

知识点 四 工程质量验收

工程质量验收应符合下列要求：
1. 技术资料应完整。
2. 所用装修材料或产品的见证取样检验结果应满足设计要求。
3. 装修施工过程中的抽样检验结果，包括隐蔽工程的施工过程中及完工后的抽样检验结果应符合设计要求。
4. 现场进行阻燃处理、喷涂、安装作业的抽样检验结果应符合设计要求。
5. 施工过程中的主控项目检验结果应全部合格。
6. 施工过程中的一般项目检验结果合格率应达到 80%。

大纲考点：建筑装饰装修工程质量验收的有关规定

知识点 有关安全和功能的检测项目

表3-2 有关安全和功能的检测项目

项次	子分部工程	检测项目
1	门窗工程	建筑外墙金属（塑料）窗的抗风压性能、空气渗透性能和雨水渗漏性能
2	饰面板（砖）工程	1. 饰面板后置埋件的现场拉拔强度 2. 饰面砖样板件的粘结强度
3	幕墙工程	1. 硅酮结构胶的相容性试验 2. 幕墙后置埋件的现场拉拔强度 3. 幕墙的抗风压性能、空气渗透性能、雨水渗漏性能及平面变形性能

 真题回顾

一、单项选择题

施工现场所用供电开关箱必须安装（   ）装置。

A. 防雷　　　　　　　　　　　　　　B. 接地保护

C. 熔断器　　　　　　　　　　　　　D. 漏电保护

【答案】D

【解析】临时施工供电开关箱中应装设漏电保护器。

二、多项选择题

下列常用建筑内部装修材料的燃烧性能为 B1 级的有（   ）。

A. 玻璃　　　　　　　　　　　　　　B. 纸面石膏

C. 矿棉装饰吸声板　　　　　　　　　D. 天然石材

E. 瓷砖

【答案】BC

【解析】装修材料按其燃烧性能应划分为四级：A 级——不燃性；B1 级——难燃性；B2 级——可燃性；B3 级——易燃性。属于 A 级材料燃烧性能的有：天然石材、混凝土制品、石膏板、玻璃、瓷砖、金属制品等。属于 B 级材料燃烧性能的有：纸面石膏板、天然材料、木制人造板、挥发性有机化合物、三聚氰胺、聚苯烯等。

2. 根据《建筑装饰装修工程质量验收规范》，外墙金属窗工程必须进行的安全与功能检测项目有（   ）。

A. 硅酮结构胶相容性试验　　　　　　B. 抗风压性能

C. 空气渗透性能　　　　　　　　　　D. 雨水渗漏性能

E. 后置埋件现场拉拔试验

【答案】BCD

【解析】外墙金属窗工程必须进行抗风压性能、空气渗透性能和雨水渗透性能复验，也称"三性检验"。

一、单项选择题

1. 关于装修材料按其燃烧性能划分，用于墙面的各类天然材料、木制人造板属于（　　）材料。

A. B1 级难燃性　　　　　　　　　　B. B2 级可燃性

C. B3 级易燃性　　　　　　　　　　D. A 级不燃性

2. 除地下建筑外，无窗房间的内部装修材料的燃烧性能等级，除 A 级外，应在规定的基础上（　　）。

A. 降低一级　　　　　　　　　　　B. 提高一级

C. 降低二级　　　　　　　　　　　D. 提高二级

3. 单位重量小于（　　）g/m^2 的纸质、布质壁纸，当直接粘贴在 A 级基材上时，可作为 B1 级装修材料使用。

A. 200　　　　　　B. 300　　　　　　C. 400　　　　　　D. 500

4. 关于装修材料燃烧性能分级，正确的是（　　）。

A. A 级：不燃性　　　　　　　　　B. B 级：阻燃性

C. C 级：可燃性　　　　　　　　　D. D 级：易燃性

5. 检验批中一般项目的合格标准至少达到（　　）。

A. 60%　　　　　　B. 70%　　　　　　C. 80%　　　　　　D. 90%

6. 下列有关《玻璃幕墙工程技术规范》的说法正确的是（　　）。

A. 进口硅酮结构密封胶应具有商检报告

B. 石材幕墙与主体结构连接的预埋件，当无设计要求时，其标高偏差不应大于 20mm

C. 采用胶缝传力的全玻璃幕墙，其胶缝必须采用硅酮耐候结构密封胶

D. 在距离地面约 5m 高度处，应设置挑出宽度不小于 6m 的水平防护网

7. 抹灰应分层进行，每遍厚度为（　　）mm。

A. 5～7　　　　　　B. 5～8　　　　　　C. 6～7　　　　　　D. 6～8

二、多项选择题

幕墙工程有关安全和功能的检测项目包括（　　）。

A. 抗风压性能　　　　　　　　　　B. 保温隔热性能

C. 平面变形性能　　　　　　　　　D. 空气渗透性能

E. 变形性能

参考答案

一、单项选择题

1. B　2. B　3. B　4. A　5. C　6. A　7. A

二、多项选择题

ACD

第四节 建筑工程节能相关技术标准

 大纲考点：节能建筑评价的有关规定

知识点 节能建筑评价的有关规定

1. 建筑材料和产品进行的复检项目应符合下表规定：

表3－3 建筑材料和产品进行的复验项目

序号	分项工程	性能指标
1	墙体节能工程	保温隔热材料的导热系数、密度、抗压强度或压缩强度；粘结材料的粘结性能；增强网的力学性能、抗腐蚀性能
2	门窗节能工程	严寒、寒冷地区气密性、传热系数和中空玻璃露点；夏热冬冷地区遮阳系数
3	屋面节能工程	保温隔热材料的导热系数、密度、抗压强度或压缩强度
4	地面节能工程	
5	严寒地区墙体保温工程粘结材料	冻融循环

2. 建筑中每个房间的外窗可开启面积不小于该房间外窗面积的30%；透明幕墙具有不小于房间透明面积10%的可开启部分。

3. 公共建筑夏季室内空调温度设置不应低于28℃，冬季室内空调温度设置不应高于20℃。

 大纲考点：建筑节能工程施工质量验收的有关规定

知识点一 墙体节能工程

1. 墙体节能工程使用的保温隔热材料，其导热系数、密度、抗压强度或压缩强度、燃烧性能应符合设计要求。

2. 墙体节能工程采用的保温材料和粘结材料等，进场时应对其下列性能进行复验，复验应为见证取样送检：

（1）保温板材的导热系数、密度、抗压强度或压缩强度。

（2）粘结材料的粘结强度。

（3）增强网的力学性能、抗腐蚀性能。

知识点 二 门窗节能工程

建筑外门窗工程的检查数量应符合下列规定:

1. 建筑门窗每个检验批应至少抽查5%,并不少于3樘,不足3樘时应全数检查;高层建筑的外窗,每个检验批应至少抽查10%,并不得少于6樘,不足6樘时应全数检查。

2. 特种门每个检验批应至少抽查50%,并不得少于10樘,不足10樘时应全数检查。

知识点 三 建筑节能工程围护结构现场实体检验

当围护结构节能保温做法或建筑外窗气密性现场实体检验出现不符合设计要求和标准规定的情况时,应委托有资质的检测单位扩大一倍数量抽样,对不符合要求的项目或参数再次检验,仍然不符合要求时应给出"不符合设计要求"的结论。

 真题回顾

【背景资料】

某房屋建筑工程,建筑面积6800m²,钢筋混凝土框架结构,外墙外保温节能体系。根据《建设工程施工合同(示范文本)》(GF—2013-0201)和《建设工程监理合同(示范文本)》(GF—2012-0202),建设单位分别与中标的施工单位和监理单位签订了施工合同和监理合同。

工程开工前,施工单位的项目技术负责人主持编制了施工组织设计,经项目负责人审核、施工单位技术负责人审批后,报项目监理机构审查。监理工程师认为该施工组织设计的编制、审核(批)手续不妥,要求改正;同时,要求补充建筑节能工程施工的内容。施工单位认为,在建筑节能工程施工前还要编制、报审建筑节能技术专项方案,施工组织设计中没有建筑节能工程施工内容并无不妥,不必补充。

【问题】

施工单位关于建筑节能工程的说法是否正确?说明理由。

【参考答案】

施工单位认为,在建筑节能工程施工前还要编制、报审建筑节能技术专项方案,施工组织设计中没有建筑节能工程施工内容的说法不妥。

 知识拓展

单项选择题

1. 门窗节能工程进行复验的项目不包括( )。

A. 导热系数   B. 传热系数
C. 寒冷地区气密性   D. 夏热冬冷地区遮阳系数

2. 建筑中每个房间的外窗可开启面积不小于该房间外窗面积的( )%。

A. 10   B. 20   C. 30   D. 50

3. 公共建筑夏季室内空调温度设置不应低于( )℃。

A. 5   B. 10   C. 20   D. 26

4. 下列有关门窗抽检数量的说法正确的是（　　　）。

A. 每个检验批应至少抽查5%，并不少于3樘

B. 特种门每个检验批应至少抽查50%，并不得少于6樘

C. 特种门不足6樘时应全数检查

D. 高层建筑的外窗，每个检验批应至少抽查20%，并不得少于6樘

参考答案

单项选择题

1. A 2. C 3. D 4. A

第五节　建筑工程室内环境控制相关技术标准

大纲考点：民用建筑工程室内环境污染控制的有关规定

知识点一　总则

民用建筑根据控制室内环境污染的不同要求分为两类：

1. Ⅰ类民用建筑工程：住宅、医院、老年建筑、幼儿园、学校教室等。

2. Ⅱ类民用建筑工程：办公楼、商店、旅馆、文化娱乐场所、书店、图书馆、展览馆、体育馆、公共交通等候室、餐厅、理发店等。

知识点二　材料

1. 民用建筑工程室内人造木板及饰面人造木板，必须测定游离甲醛的含量或游离甲醛的释放量，并应根据游离甲醛含量或游离甲醛释放量限量划分为E1类和E2类。

2. 游离甲醛释放量测试方法有环境测试舱法、穿孔法和干燥器法三种：

（1）当采用环境测试舱法测定游离甲醛释放量，并依此对人造木板进行分类时，其限量应符合E1≤0.12（mg/m³）。

（2）当采用穿孔测定游离甲醛含量，并依此对人造木板进行分类时，其限量应符合E1≤9.0（mg/100g，干材料），E2>9.0，≤30.0（mg/100g，干材料）。

（3）当采用干燥器测定游离甲醛释放量，并依此对人造木板进行分类时，其限量应符合E1≤1.5（mg/L），E2>1.5，≤5.0（mg/L）。

3. 饰面人造木板可采用环境测试舱法或干燥法测定游离甲醛释放量，当发生争议时应以环境测试舱法的测定结果为准；胶合板、细木工板宜采用干燥器法测定游离甲醛释放量；刨花板、中密度纤维板等宜采用穿孔法测定游离甲醛含量。

知识点三　材料进场检验

1. 民用建筑工程室内装修采用天然花岗石材或瓷质砖使用面积大于200m²时，应对不同

产品、不同批次材料分别进行放射性指标复验。

2. 民用建筑工程室内装修中采用的某一种人造木板或饰面人造木板面积大于 $500m^2$ 时，应对不同产品、批次材料的游离甲醛含量或游离甲醛释放量分别进行复验。

知识点四 室内环境验收

1. 民用建筑工程及室内装修工程的室内环境质量验收，应在工程完工至少 7d 以后、工程交付使用前进行。

2. 环境污染物浓度现场检测点应距内墙面不小于 0.5m、距楼地面高度 0.8~1.5m。检测点应均匀分布，避开通风道和通风口。

3. 民用建筑工程验收时，应抽验有代表性的房间室内环境污染物浓度，抽验数量不少于 5%，并不少于 3 间；房间总数少于 3 间时，应全数检测。凡进行了样板间室内环境污染物浓度检测且检测结果合格的，抽检数量减半，并不少于 3 间。

4. 民用建筑工程室内环境中甲醛、苯、氨、总挥发性有机化合物（TVOC）浓度检测时，对采用集中空调的民用建筑工程，应在空调正常运转的条件下进行；对采用自然通风的民用建筑工程，检测应在对外门窗关闭 1h 后进行。

5. 民用建筑工程室内环境中对氡浓度检测时，对采用集中空调的民用建筑工程，应在空调正常运转的条件下进行；对采用自然通风的民用建筑工程，应在房间的对外门窗关闭 24h 以后进行。

6. 室内环境污染物浓度检测结果不符合本规范的规定时，应查找原因并采取措施进行处理，并可对不合格项进行再次检测。再次检测时，抽检数量应增加 1 倍，并应包含同类型房间及原不合格房间。再次检测结果符合本规定时，应判定为室内环境质量合格。

采 分 点

1. 检测时间工程完工至少 7d 以后、工程交付使用前进行。
2. 甲醛等挥发性有机化合物浓度检测：
(1) 对采用集中空调的民用建筑工程，应在空调正常运转的条件下进行。
(2) 对采用自然通风的民用建筑工程，检测应在对外门窗关闭 1h 后进行。
3. 氡浓度检测。
(1) 对采用集中空调的民用建筑工程，应在空调正常运转的条件下进行。
(2) 对采用自然通风的民用建筑工程，应在房间的对外门窗关闭 24h 以后进行。

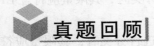 **真题回顾**

一、单项选择题

1. 下列污染物中，不属于民用建筑工程室内环境污染物浓度检测时必须检测的项目是（　　）。

A. 氡　　　　　　B. 氯　　　　　　C. 氨　　　　　　D. 甲醛

【答案】B

【解析】民用建筑工程室内环境中应对甲醛、苯、氨、氡、总挥发性有机化合物（TVOC）浓度进行检测。

2. 民用建筑工程根据控制室内环境污染的不同要求分为Ⅰ类和Ⅱ类，属于Ⅰ类民用建筑工程的是（　　）。

A. 办公楼　　　　　B. 旅馆　　　　　C. 餐厅　　　　　D. 住宅

【答案】D

【解析】民用建筑根据控制室内环境污染的不同要求分为两类。Ⅰ类民用建筑工程包括：住宅、医院、老年建筑、幼儿园、学校教室等；Ⅱ类民用建筑工程：办公楼、商店、旅馆、文件娱乐场所、书店、图书馆、展览馆、体育馆、公共交通等候室、餐厅、理发店等。

二、案例分析题

1.【背景资料】

某高校建宿舍楼工程，地下一层，地上五层，钢筋混凝土框架结构，采用悬臂式钻孔灌注桩作为基坑支护结构，施工总承包单位按规定在土方开挖过程中实施桩顶位移监测，并设定了检测预警值。

由于学校开学在即，建设单位要求施工总承包单位在完成室内装饰装修工程后立即进行室内环境质量验收，并邀请了具有相应检测资质的机构到现场进行检测，施工总承包单位对此做法提出异议。

【问题】

施工总承包单位提出异议是否合理？并说明理由。根据《民用建筑工程室内环境污染控制规范》，室内环境污染物浓度检测应包括哪些检测项目？

【参考答案】

总承包单位做法合理，根据《民用建筑工程室内环境污染控制规范》，室内装饰工程完成至少7d后，工程交付使用前，方可进行室内环境质量验收。室内污染物浓度检测的项目有：游离甲醛、苯、氨、总挥发性有机化合物（TVOC）和氡。

2.【背景资料】

某建设单位新建办公楼，与甲施工单位签订施工总承包合同。该工程门厅大堂内墙设计做法为干挂石材，多功能厅隔墙设计做法为石膏板骨架隔墙。

工程完工后进行室内环境污染物浓度检测，结果不达标，经整改后再次检测达到相关要求。

【问题】

室内环境污染物浓度再次检测时，应如何取样？

【参考答案】

抽检数量应增加1倍，检测数量不少于10%，不得少于6间。

 知识拓展

一、单项选择题

1. Ⅱ类民用建筑工程中地下室及不与室外直接自然通风的房间粘贴塑料地板时，不宜采用（　　）。

A. 水性胶黏剂　　　　　　　　　　　B. 溶剂型胶黏剂

C. 水性处理剂　　　　　　　　　　　D. 溶剂型处理剂

2. 下列属于Ⅰ类民用建筑工程的是（　　）。

A. 书店   B. 餐厅   C. 办公楼   D. 医院

3. 民用建筑工程及室内装修工程的室内环境质量验收，应在工程完工后至少（   ）以后、工程交付使用前进行。

A. 5d   B. 6d   C. 7d   D. 8d

4. 环境污染物浓度现场检测点应距内墙面不小于（   ）、距楼地面高度 0.8 ~ 1.5m，且均匀分布，避开通风道和通风口。

A. 0.4m   B. 0.5m   C. 0.6m   D. 0.7m

5. 民用建筑工程室内装修采用的某种人造木板或饰面人造木板面积最少大于（   ）m^2 时，应对不同产品、不同批次材料的游离甲醛含量或游离甲醛释放量分别进行复验。

A. 200   B. 500   C. 700   D. 1000

二、多项选择题

1. 民用建筑控制室内环境污染施工中，不应采用（   ）除油和清除旧油漆作业。

A. 苯、甲苯   B. 二甲苯

C. 重质苯   D. 汽油

E. 工业苯

2. 关于民用建筑工程室内环境质量验收的说法，正确的有（   ）。

A. 应在工程完工至少 7d 以后、工程交付使用前进行

B. 抽检的房间应有代表性

C. 房间内有 2 个及以上检测点时，取各点检测结果的平均值

D. 对采用自然通风的工程，检测可在通风状态下进行

E. 抽检不合格，再次检测时，应包含原不合格房间

参考答案

一、单项选择题

1. B   2. D   3. C   4. B   5. B

二、多项选择题

1. ABD   2. ABCE

第三章　二级建造师（建筑工程）注册执业管理规定及相关要求

 大纲考点：二级建造师（建筑工程）注册执业工程规模标准

知识点一　房屋建筑专业工程规模标准

1. 一般房屋建筑工程

（1）工业、民用与公共建筑工程

大型：建筑物层数 ≥ 25 层；建筑物高度 ≥ 100m；单跨跨度 ≥ 30m；单体建筑面积 ≥ 30000m²。

中型：建筑物层数 5 ~ 25 层；建筑物高度 15 ~ 100m；单跨跨度 15 ~ 30m；单体建筑面积 3000 ~ 30000m²。

小型：建筑物层数 < 5 层；建筑物高度 < 15m；单跨跨度 < 15m；单体建筑面积 < 3000m²。

（2）住宅小区或建筑群体工程

大型：建筑群建筑面积 ≥ 100000m²；中型：建筑群建筑面积 3000 ~ 100000m²；小型：建筑群建筑面积 < 3000m²。

2. 地基与基础工程

（1）房屋建筑地基与基础工程

大型：建筑物层数 ≥ 25 层；中型：建筑物层数 5 ~ 25 层；小型：建筑物层数 < 5 层。

（2）构筑物地基与基础工程

大型：构筑物高度 ≥ 100m；中型：构筑物高度 25 ~ 100m；小型：构筑物高度 < 25m。

（3）基坑围护工程

大型：基坑深度 ≥ 8m；中型：基坑深度 3 ~ 8m；小型：基坑深度 < 3m。

3. 土石方工程

挖方或填方工程：

大型：土石方量 ≥ 600000m³；中型：土石方量 150000 ~ 600000m³；小型：土石方量 < 150000m³。

知识点二　装饰装修专业工程规模标准

1. 装饰装修工程

大型：单项工程合同额 ≥ 1000 万元；中型：单项工程合同额 100 万 ~ 1000 万元；小型：

单项工程合同额＜100 万元。

2. 幕墙工程

大型：单体建筑幕墙高度≥60m 或面积≥6000m²；中型：单体建筑幕墙墙高度＜60m 且面积＜6000m²；小型：无。

项目负责人有关规定

1. 大中型工程项目负责人必须由本专业注册建造师担任。

2. 一级注册建造师可担任大中小型工程项目负责人，二级注册建造师可担任中小型工程项目负责人。

 大纲考点：二级建造师（建筑工程）施工管理签章文件目录

建筑工程专业签章文件说明

1. 建筑工程专业签章文件说明

（1）房屋建筑工程包括一般房屋建筑工程、高耸构筑物工程、地基与基础、土石方工程、园林古建筑工程、钢结构工程、建筑防水工程、防腐保温工程、附着升降脚手架工程、金属门窗工程、预应力工程、爆破与拆除工程、体育场地设施工程和特种专业工程；装饰装修工程包括建筑装修装饰工程和建筑幕墙工程。

（2）凡是担任建筑工程项目的施工负责人，根据工程类别必须在房屋建筑、装饰装修工程施工管理签章文件上签字并加盖本人注册建造师专用章。

2. 房屋建筑工程施工管理签章文件

房屋建筑工程施工管理签章文件代码为 CA，分为七个部分，共43 个文件（CA 开头）。

3. 装饰装修工程施工管理签章文件

装饰装修工程施工管理签章文件代码为 CN，分为七个部分，共47 个文件（CN 开头）。

凡是担任建筑工程项目的施工负责人，签章文件上签字并加盖本人注册建造师专用章。

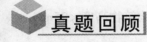

单项选择题

1. 凡是担任建筑工程项目的施工负责人，根据工程类别必须在房屋建筑、装饰装修工程施工管理签章文件上签字并加盖本人（　　　）专用章。

A. 项目资料员 　　　　　　　　　　B. 项目监理工程师

C. 项目经理 　　　　　　　　　　　D. 注册建造师

【答案】D

【解析】凡是担任建筑工程项目的施工负责人，根据工程类别必须在房屋建筑、装饰装修工程施工管理签章文件上签字并加盖本人注册建造师专用章。

2. 建筑装饰装修工程施工管理过程中，注册建筑师签章文件代码为 CN，下列说法正确的是（　　　）。

　　A. 工程延期申请表是施工进度管理文件

　　B. 工程分包合同是施工组织管理文件

　　C. 隐藏工程验收记录是质量管理文件

　　D. 施工现场文明施工措施是安全管理文件

【答案】C

【解析】工程延期申请表是施工组织管理文件，所以 A 项错误；工程分包合同是合同管理文件，所以 B 项错误；施工现场文明施工措施是施工环保文明施工管理文件，所以 D 项错误。

 知识拓展

单项选择题

1. 大中型项目的项目经理必须取得工程建设类相应（　　　）。

A. 专业注册执业资格证书

B. 专业注册造价师资格证书

C. 专业注册项目管理资格证书

D. 专业注册监理资格证书

2. 某一公共建筑工程，建筑物层数 20 层，建筑高度 96m，则该建筑属于（　　　）建筑工程。

　　A. 大型　　　　　　　B. 中型　　　　　　　C. 小型　　　　　　　D. 中小型

3. 房屋建筑工程施工管理签章文件代码为 CA，包括的部分、文件各是（　　　）个。

A. 7，47　　　　　　　B. 7，43　　　　　　　C. 8，47　　　　　　　D. 8，43

4. 幕墙工程中对其规模标准说法正确的是（　　　）。

A. 面积大于 6000m² 的为大型工程

B. 面积小于 3000m² 的为小型工程

C. 面积大于 3000m²，小于 8000m² 的为中型工程

D. 面积小于 2000m² 的为小型工程

5. 二级注册建造师注册证书有效期为（　　　）年。

A. 1　　　　　　　　　B. 2　　　　　　　　　C. 3　　　　　　　　　D. 4

参考答案

单项选择题

1. A　2. B　3. B　4. A　5. C